W0273085

Ich bin fit fürs Gymnasium! | Das will ich noch mal wiederholen.

# Inhalt

# Sicher ins Gymnasium

## Mathematik 3. Klasse · Das Übungsbuch für den Übertritt. Der komplette Lernstoff

# Lösungen mit

## Elternratgeber

**Mathematik 3. Klasse**
**Das Übungsbuch für den Übertritt**
**Der komplette Lernstoff**

**Das Extra für Eltern!**

- Was muss Ihr Kind können, damit es auf das Gymnasium gehen kann?
- Lerntypen-Test und Checklisten: Ist mein Kind fit fürs Gymnasium?
- Die beste Unterstützung für das Lernen zu Hause.

Klett Lerntraining

## Elternratgeber



**Die Autoren des Elternratgebers:**

**Detlev Heuchert** arbeitet seit 1989 als Grundschullehrer, seit 2006 ist er Konrektor. Zu seinen Aufgaben zählt u.a. die Information der Eltern der Viertklässler über die weiterführenden Schulen. Die praktische Ausbildung von LehramtsanwärterInnen hat er häufig als Mentor (für den Bereich Mathematik) begleitet. Seit vielen Jahren schreibt er Lernhilfen für den Klett Verlag.

**Stephan Wessolek** ist Bildungsjournalist und Chefredakteur der Zeitschrift „spielen und lernen". Zuvor war er als Diplom-Sozialarbeiter (FH) im Bereich der Schularbeit mit sozialen Randgruppen tätig, als Germanist (B.A., M.A.) unterrichtete er in Kanada und Deutschland „Deutsch als Fremdsprache". Weitere Schwerpunkte seiner Tätigkeit sind Veranstaltungskooperationen mit Akademien, Instituten und Universitäten zu aktuellen Bildungsthemen.


Elternratgeber zu
*Sicher ins Gymnasium · Mathematik 3. Klasse*
*Das Übungsbuch für den Übertritt · Der komplette Lernstoff*
**Autoren:** Detlev Heuchert (Seiten 3–8), Stephan Wessolek (Seiten 9–18)

Auflage 3 2 1 | 2015 2014 2013
Die letzten Zahlen bezeichnen jeweils die Auflage und das Jahr des letzten Druckes.



© Klett Lerntraining c/o Pons GmbH, Stuttgart 2013. Alle Rechte vorbehalten.


Druck: Mediahaus Biering GmbH, München
Printed in Germany
www.klett.de/lernhilfen
Beilage zu 978-3-12-925844-6

## Liebe Eltern,

die Überlegung, welche Schule Ihr Kind nach seiner Grundschulzeit besuchen soll, beginnt bei vielen Eltern bereits dann, wenn ihr Kind gerade in das dritte Schuljahr versetzt worden ist. Die frühe Beschäftigung mit solchen Gedanken ist auf der einen Seite sicherlich sinnvoll, um frühzeitig wichtige Informationen über verschiedene Bildungsgänge zu erhalten. Auf der anderen Seite sollten Sie Ihrem Kind ermöglichen, die Grundschulzeit bis zu seinem Ende ohne zusätzlichen Druck verbringen zu können. Sie können als Eltern gut erkennen, wann Ihr Kind die Kapazitäten hat, Gelerntes zu vertiefen oder sich zusätzlichen Aufgaben zu stellen. Mit dem vorliegenden Band *Sicher ins Gymnasium · Mathematik 3. Klasse · Das Übungsbuch für den Übertritt · Der komplette Lernstoff.* lassen sich derartige Möglichkeiten zur Förderung realisieren.

## Wie kann mein Kind mit dem Buch üben?

Die Inhalte des vorliegenden Bandes orientieren sich an den aktuellen Lernplanvorgaben. Er enthält:

- Lerneinheiten, die den gesamten Stoff des dritten Schuljahres widerspiegeln,
- Aufgaben mit erhöhtem Anspruchsniveau am Ende einer jeden Lerneinheit,
- Tests, die realistische Prüfungssituationen simulieren.

Mit dem Übungsbuch für Ihr Kind und diesem Ratgeber für Sie sind Sie optimal gerüstet, um Ihr Kind außerhalb des Schulunterrichts auf seinem Weg hin zum Gymnasium im Bereich Mathematik zu unterstützen und zusätzlich zu fördern.

## Anforderungen am Ende der Klasse 3

Die Zeugnisse der Klasse 3 enthalten Noten und manchmal zusätzlich Texte, aus denen Stärken und Schwächen ablesbar sind und die die Leistungen Ihres Kindes beschreiben. Gleichzeitig sollen die Zeugnisse aber auch als Anstoß dienen, eventuelle Schwächen oder besondere Stärken durch fördernde Maßnahmen zu verringern bzw. zu erweitern.
Neben der fachlichen Leistungsfähigkeit, die Sie durch die Zeugnisse einschätzen können, sollten Sie auch die Arbeitshaltung Ihres Kindes berücksichtigen. Dazu zählen: Ausdauer, Interesse an Mathematik, Freude am Lösen kniffliger Probleme, planvolles Vorgehen bei umfangreichen Arbeiten, Sorgfalt und Selbstständigkeit beim Arbeiten.
Die Anforderungen an Ihr Kind im mathematisch-fachlichen Bereich sind in folgenden Übersichten aufgeführt.

**Anforderungen im Bereich Arithmetik**

Hier gilt es, im 3. Schuljahr, den Zahlenraum bis 1000 zu erforschen, Zahlen an Zahlenstrahlen darzustellen, Zusammenhänge zwischen den Stellenwerten zu begreifen und natürlich mit Zahlen zu rechnen.

**Checkliste: Arithmetik**

Im Bereich Arithmetik kann mein Kind:

- ☐ klare Vorstellungen im Zahlenraum bis 1 000 entwickeln, indem es Größenvergleiche zwischen Zahlen anstellt, Nachbarzehner und Nachbarhunderter benennt, Zahlen in Form von Symbolen (Quadrat für Hunderter, Strich für Zehner und Punkt für Einer) darstellt, verschiedene Einteilungen auf Zahlenstrahlen interpretiert und sich in Hunderterfeldern oder auf Hundertertafeln zurechtfindet.
- ☐ Zahlen bündeln und zerlegen.
- ☐ schnell im Kopf rechnen.
- ☐ mit Stufenzahlen umgehen (auf volle Hunderter oder volle Zehner ergänzen oder mit Stufenzahlen multiplizieren).
- ☐ die schriftlichen Rechenverfahren zur Addition und Subtraktion und die halbschriftlichen Verfahren zur Multiplikation und Division anwenden. Dabei ist es auch mit Besonderheiten der Rechenarten vertraut (Addition und Multiplikation sind kommutativ (d.h. Summanden und Faktoren können vertauscht werden), bei der Division können Reste auftreten usw.).

Ihr Kind sollte flexibel mit unterschiedlichen Rechenoperationen umgehen können. Außerdem sollten ihm Fachbegriffe geläufig sein. Hier wieder eine detaillierte Übersicht:

**Checkliste: Arithmetik**

Mein Kind kann außerdem:

- ☐ je nach gewähltem Rechenweg flexibel mit den verschiedenen Rechenoperationen umgehen. (So kann die Aufgabe 246 – 138 – 47 gelöst werden, indem nacheinander subtrahiert wird, oder aber durch die Addition von 138 und 47 und anschließende Subtraktion.)
- ☐ erste grundlegende Fachbegriffe richtig verwenden.
- ☐ die Kernaufgaben des kleinen Einmaleins vertiefen und die übrigen Aufgaben des Einmaleins gedächtnismäßg verinnerlichen.
- ☐ Rechenvorteile erkennen, um ökonomisch zu arbeiten.
- ☐ die Möglichkeit des Überschlags als Kontrollinstrumentarium nutzen.
- ☐ kreativ mit Zahlen umgehen. Es kann Zahlenfolgen nach einem Bildungsgesetz erstellen oder Bildungsgesetze aus Zahlenfolgen ableiten.

**Anforderungen im Bereich Rechnen mit Größen**

Im Bereich „Rechnen mit Größen" sind Geld, Längen, Gewichte und Zeit Lernstoff der 3. Klasse.

**Checkliste: Rechnen mit Größen**

Im Bereich Größen kann mein Kind:

- ☐ Vorstellungen zu Geldwerten, Längenmaßen, Gewichten und der Zeit entwickeln und Erfahrungswerte nennen. (So sollte Ihr Kind Preise bekannten Artikeln zuordnen können, eine Fingerbreite als ca. 1 cm identifizieren usw.)
- ☐ halbschriftliche und schriftliche Rechenverfahren anwenden.
- ☐ geeignete Arbeitsmaterialien auswählen, um Messungen vorzunehmen. (So sollte Ihr Kind mit einer Personenwaage nur Gegenstände im Kilogrammbereich wiegen oder Umfänge von Gegenständen mit flexiblen Maßbändern vermessen können.)
- ☐ Größen in andere Einheiten umrechnen, wenn es sinnvoll ist. (So ist es sicher sinnvoller, die Länge des Schulhofes in Metern und Zentimetern anzugeben als nur in Zentimetern. Andererseits kann es leichter sein, mit Geldbeträgen ohne Komma zu rechnen, indem man sie in Cent umwandelt und erst später wieder in Euro und Cent zurückverwandelt.)
- ☐ die Kommaschreibweise bei Geldbeträgen, Längen- und Gewichtsangaben kennen.

**Anforderungen im Umgang mit Textaufgaben**

Der Umgang mit Textaufgaben bereitet vielen Kindern besondere Schwierigkeiten, weil vor der mathematischen Bewältigung der Aufgabe zunächst eine sprachliche steht. Textverständnis und die Übersetzung des Textes in Mathematikaufgaben greifen hier fest ineinander.

**Checkliste: Textaufgaben**

Im Bereich Textaufgaben kann mein Kind:

- ☐ Aufgabentexten, die seine Lebenswelt betreffen, sinnvolle Fragen zuordnen, sodass es sie durch rechnerische Bearbeitung beantworten kann.
- ☐ Fragen entwickeln, die Bezüge zu den Aufgabentexten haben.
- ☐ zusätzlichen Bildern, Grafiken, Skizzen oder Tabellen Informationen entnehmen. Es kann diese Informationen in Bezug zur Aufgabenstellung setzen und zur Lösung der Aufgabe nutzen.
- ☐ Texte auf ihre Lösbarkeit hin untersuchen und zu verschiedenen Situationen selbst Aufgabentexte planen und formulieren.

☐ zur Lösung Instrumente wie Tabellen oder Skizzen selbst erstellen und sie nutzbringend einsetzen. (So kann es hilfreich sein, eine Tabelle anzulegen, wenn bekannt ist, dass z. B. vier Gläser Limonade auf einem Schulfest für eine Familie 1,80 € kosten und der Preis für ein Glas errechnet werden soll:

| **Limo** | 4 | 2 | 1 |
|---|---|---|---|
| **Preis (€)** | 1,80 | 0,90 | 0,45 |

So oder so ähnlich könnte die Tabelle zu dieser Aufgabe aussehen.)

☐ Wörter oder Textsequenzen aufspüren, die Hinweise auf die Rechenart geben, wie z. B. „hinzufügen" für „addieren", „zweimal" für „multiplizieren" usw.

**Anforderungen im Bereich Geometrie**

In diesem Bereich sammelt Ihr Kind im dritten Schuljahr grundlegende Erfahrungen zu Figuren, Ebenen und Räumen. Dabei orientiert es sich an Vorbildern seiner Lebensumwelt und sein Vorstellungsvermögen zu Lagen und Perspektiven wird geschult.

**Checkliste: Geometrie**

Mein Kind kann im Bereich Geometrie:

☐ erkennen, ob eine Figur symmetrisch (spiegelgleich) ist oder nicht. Dabei kennt es den Begriff der Spiegelachse und kann seine Vermutungen mit Hilfe eines „wirklichen" Spiegels überprüfen.

☐ eine Figur oder Figurenhälfte an einer Spiegelachse ergänzen. Dabei kann es ggf. die Rechenkästchen im Heft als Hilfen nutzen.

☐ mit vorgegebenen Flächenformen eine Grundfläche ausfüllen.

☐ mit Würfelbauplänen umgehen, indem es fertige Pläne liest und den dazugehörenden Würfelgebäuden zuordnet. Es kann aus der Betrachtung von Würfelgebäuden passende Pläne erstellten.

☐ die Menge der für ein Würfelgebäude benötigten Würfel nennen und seine Lösungsgedanken darlegen (nicht alle Würfel sind in einer zeichnerischen Darstellung sichtbar - also auch nicht einfach abzählbar).

☐ sich mit Hilfe eines Planes, zum Beispiel der Skizze einer Straßenkarte, orientieren.

☐ sich Objekte aus verschiedenen Perspektiven vorstellen und deren Ansichten benennen.

☐ verschiedene Würfelnetze angeben und Muster wiedererkennen und fortführen.

## Wie kann ich mein Kind fördern?

*Sicher ins Gymnasium · Mathematik 3. Klasse · Das Übungsbuch für den Übertritt · Der komplette Lernstoff* bietet Ihrem Kind zu allen genannten Bereichen abwechslungsreiches Übungsmaterial.
Sie kennen Ihr Kind und haben sicher eine Vorstellung seiner Vorlieben, Stärken oder Schwachpunkte im Bereich Mathematik. Wenn Sie gemeinsam mit Ihrem Kind das Buch durchblättern, werden Sie an den Reaktionen Ihres Kindes merken, wofür es sich interessiert oder welche Aufgaben es aus der Schule wiedererkennt. Nehmen Sie sich Zeit und bitten Sie Ihr Kind, Ihnen seine Eindrücke zu erzählen. Dabei erfahren Sie noch genauer, in welchen Bereichen Ihr Kind Schwierigkeiten hat oder welche Aufgaben es ganz besonders motivieren.
Die ersten Schritte im Umgang mit diesem Buch sollen Ihr Kind nicht überfordern. Schlagen Sie Ihrem Kind für den Anfang Aufgaben vor, die es schon aus dem Mathematikunterricht kennt. Nach erfolgreichem Beginn wird sich Ihr Kind nach und nach selbst den Aufgaben widmen, die es entweder bislang gemieden hat oder die es noch nicht so gut kennt. Schließlich wird die Auswahl an noch nicht bearbeiteten Aufgaben mit jeder Übungsphase kleiner. Die Menge der bereits gelösten Aufgaben spornt Ihr Kind zur Weiterarbeit an und weckt seinen Ehrgeiz, auch den Bereich der „schwierigen" Aufgaben zu bewältigen.
Begleiten Sie Ihr Kind auf seinem Weg durch die Aufgaben. Setzen Sie Ihr Kind dabei aber nicht unter Druck. Ist Ihr Kind nicht konzentriert und motiviert, hilft weitere Übung nicht.
Planen Sie die Übungsphasen so, dass Ihr Kind immer weiß, was, wie viel und wie lange es üben soll.
Loben Sie Ihr Kind so oft wie möglich. Ein Lob motiviert und freut jeden. Wenn Sie Fehler entdecken, machen Sie Ihr Kind darauf aufmerksam, dass etwas nicht stimmt. Sie helfen Ihrem Kind nicht, indem Sie ihm Lösungswege verraten. Gehen Sie die Aufgabe Schritt für Schritt gemeinsam durch. Lassen Sie Ihr Kind erklären, wie es vorgehen möchte. Suchen Sie gemeinsam nach Lösungswegen. Weisen Sie auf die Tipps hin, die Ihr Kind auf den einzelnen Übungsseiten findet, und leiten Sie es zur selbstständigen Arbeit an.

**→ Tipp**

**7 goldene Tipps zum Üben mit dem Buch**

1. Ihr Kind sollte sich vor der Übungsphase kurz „warmrechnen". Thematisch passend finden sich immer Kopfrechenaufgaben. Ist dies nicht möglich, wie bei einigen Übungen im Bereich Geometrie, stellen Sie Ihrem Kind vermischte Aufgaben.
2. Grenzen Sie die Übungsphase unter Abschätzung des aktuellen Leistungsvermögens Ihres Kindes zeitlich ein. Hatte Ihr Kind einen schweren Tag, ist es sinnvoll, die Übungszeit zu verkürzen. Üben Sie Aufgaben, die Ihrem Kind leichter fallen.
3. Wählen Sie einen passenden Einstieg in das Buch. Beginnen Sie ruhig mit den herausfordernden Spezialaufgaben am Ende einer Lerneinheit, wenn Ihr Kind dieses Thema problemlos beherrscht. Die übrigen Aufgaben in einer Lerneinheit können an arbeitsintensiven Tagen zur Vertiefung bearbeitet werden (vgl. auch Punkt 2). Problematische Themenbereiche sollten Sie mit Ihrem Kind immer vollständig bearbeiten.
4. Neben der Übungsphase ist eine Kontrollzeit sinnvoll. Ihr Kind soll am Ende der Übungszeit seine Lösungen sorgfältig mit dem Lösungsteil überprüfen. Dieser Schritt ist so wichtig wie das Lösen der Aufgaben selbst. Dabei kann es sein, dass der Lösungsweg Ihres Kindes vom vorgegebenen abweicht.

   Stimmen die Endergebnisse überein, so ist dies unerheblich. Fällt Ihnen jedoch auf, dass der Lösungsweg Ihres Kindes sehr umständlich ist, so lassen Sie Ihr Kind den vorgegebenen Weg gedanklich nachvollziehen und mit eigenen Worten erklären.
5. Sorgen Sie für Abwechslung. Lassen Sie Ihr Kind innerhalb der vier Bereiche Arithmetik, Rechnen mit Größen, Textaufgaben und Geometrie abwechselnd üben.
6. Entdecken Sie gemeinsam unterschiedliche Rechenwege. Lassen Sie sich die Rechenwege Ihres Kindes erklären und begründen. Kann es Sie überzeugen? Regen Sie Diskussionen an.
7. Am Ende eines jeden Bereiches finden Sie im Übungsbuch Tests, die in der Art von Klassenarbeiten zu bewältigen sind. Üben Sie den Ernstfall „Klassenarbeit". Achten Sie dabei auf die Einhaltung der Zeit. Sie können Ihr Kind so optimal auf Klassenarbeiten vorbereiten und nehmen ihm auch die Angst davor.

# Neue Schule, neues Glück!

Bereits im Laufe des 3. Schuljahres (in Berlin und Brandenburg ist es in Klassenstufe 5), beschäftigt Eltern und Kinder die Frage, wie es nach der Grundschule weitergehen soll. Dies zeigt: Der Übertritt ins Gymnasium bzw. in eine andere weiterführende Schule wird von allen Beteiligten, Eltern, Lehrern und Schülern, als eine wichtige Weichenstellung wahrgenommen.
Voraussetzung für eine fundierte Entscheidung über die schulische Zukunft Ihres Kindes ist eine möglichst genaue Kenntnis seines individuellen Leistungsvermögens, seiner Talente, Begabungen und Fähigkeiten im Hinblick auf die Anforderungen, die die verschiedenen Schultypen an ihre Schülerinnen und Schüler stellen.
Einfach ist die Entscheidung, wenn Ihr Kind zu den besten Schülern in seiner Klasse gehört, eine schnelle Auffassungsgabe besitzt, gerne lernt, Herausforderungen grundsätzlich als Chance begreift und damit ein potenzieller Kandidat fürs Gymnasium ist. Doch längst nicht alle Kinder lassen sich eindeutig einem bestimmten Leistungsniveau zuordnen.

Umso wichtiger ist es für Eltern, sich rechtzeitig vor dem Schulwechsel ein genaues Bild von der Lernbereitschaft und dem Leistungsvermögen ihres Kindes zu machen. Wichtige Hinweise liefern Gespräche zwischen Eltern und Lehrern über das Lernverhalten des Kindes in der Schule und zu Hause, die Empfehlung, die jedes Kind im letzten Grundschuljahr erhält sowie die jüngsten Zeugnisnoten. All diese Indikatoren geben Auskunft über den Leistungsstand, die Lernentwicklung und die individuellen Fähigkeiten des Kindes.
Sind Eltern mit der Empfehlung nicht einverstanden und überzeugt, dass ihr Kind mehr leisten kann, können sie sich in den meisten Bundesländern über das Gutachten hinwegsetzen und ihr Kind auch dann aufs Gymnasium schicken, wenn es „nur“ eine Realschulempfehlung hat. Achten Sie bei Ihrer Entscheidung aber darauf, dass Sie Ihr Kind weder über- noch unterfordern. Ob Ihr Kind den Anforderungen des Gymnasiums gewachsen ist, können Sie anhand der Checkliste (S. 10) überprüfen. Bedenken Sie dabei immer, dass Ihrem Kind mehrere Wege zum Bildungsziel Abitur offenstehen, das Gymnasium hierzu also nur den direktesten Zugang bietet.

**Info**

**Grundschulempfehlung**
In der Beurteilung durch den Klassenlehrer fließen außer dem Leistungsstand das Arbeitsverhalten, der Leistungswille, das Lerntempo, die Intelligenz und die Begabung des Kindes ein.

**Checkliste:** Ist mein Kind fit fürs Gymnasium?

Je mehr Antworten positiv ausfallen, desto besser die Aussichten:

- ☐ Mein Kind kann gut rechnen und beherrscht die Grundrechenarten sowie das Einmaleins.
- ☐ Mein Kind erfasst schnell Aufgabenstellungen und ist clever bei der Suche nach Lösungswegen.
- ☐ Mein Kind liest flüssig und gerne, verfügt über einen großen Wortschatz und erfasst Texte schnell.
- ☐ Mein Kind schreibt fast fehlerfrei und teilt sich auch gerne schriftlich mit.
- ☐ Mein Kind hat Spaß am Lernen und ist Neuem gegenüber aufgeschlossen.
- ☐ Mein Kind geht gerne in die Schule und beteiligt sich aktiv am Unterricht.
- ☐ Mein Kind kann systematisch denken und findet Lösungen ohne Unterstützung von außen.
- ☐ Mein Kind ist einfallsreich und kreativ.
- ☐ Mein Kind hat selten Schwierigkeiten mit den Hausaufgaben, erledigt sie zügig und selbstständig.
- ☐ Mein Kind schreibt vorwiegend Einsen und Zweien und gehört in seiner Klasse zu den leistungsstarken Schülern.

# Das Lernen lernen

Auch das Lernen will gelernt sein! Den Schritt vom spielerischen zum systematischen Lernen hat Ihr Kind in der Grundschule vollzogen. Folgende Kniffe und Strategien erleichtern ihm auch in seiner neuen Schule effektives und zielgerichtetes Lernen:

**→ Tipp**

**10 Tricks für besseres Lernen**

- in kleinen Häppchen statt in großen Portionen lernen
- mit dem Einfachen beginnen und sich langsam zum Schwierigen vorarbeiten
- möglichst zwischen verschiedenen Stoffgebieten wechseln, d.h. nach Deutsch lieber Mathematik als Englisch lernen
- genügend Pausen zwischen einzelnen Lernschritten einlegen
- neues Wissen mit bereits Bekanntem verknüpfen
- neuen Lernstoff in regelmäßigen Abständen wiederholen
- möglichst viele Lernkanäle benutzen, indem man den Lernstoff z. B. aufschreibt, liest, selbst erzählt oder bildlich darstellt
- das Gelernte so oft wie möglich im Alltag anwenden
- für eine optimale Lernumgebung sorgen (vgl. S. 13 ff)
- nach dem Lernen lieber toben als sich durch emotional aufwühlende PC-Spiele klicken, damit sich der Lernstoff besser im Gedächtnis verankern kann

# Welcher Lerntyp ist mein Kind?

Jedes Kind lernt anders. Warum? Der Lernstoff, den wir aufnehmen, gelangt über die Sinnesorgane ins Gedächtnis. Da die Sinne je nach Erfahrung und Veranlagung bei jedem Kind unterschiedlich ausgeprägt sind, bedeutet dies, dass es unterschiedliche Lerntypen gibt. Wer weiß, welchen Sinn sein Kind beim Lernen bevorzugt, kennt seine Stärke und kann sie entsprechend fördern. Lernforscher unterscheiden drei Grundtypen des Lernens:

**Info**

**Die drei häufigsten Lerntypen:**

**Der Sehtyp**

Visuell begabte Kinder nehmen Informationen am besten auf, wenn sie optisch ansprechend aufbereitet sind – beispielsweise durch Skizzen, Bilder, Illustrationen, Filme, Dias und Grafiken.

**Förderung:**

Ermuntern Sie Ihr Kind, im Unterricht mitzuschreiben. Als Sehtyp, der ohnehin gerne liest, kann es sich Fakten so leicht merken. Achten Sie auch auf eine angenehme Lernumgebung, einen aufgeräumten Schreibtisch und darauf, dass Ihr Kind farbige Stifte, Textmarker, Mindmaps, Nachschlagewerke, Bücher, das Internet und optisch anspruchsvolle Lernhilfen benutzt. Mit regelmäßigen Besuchen in Buchhandlungen oder öffentlichen Büchereien schaffen Sie zusätzliche Lese- und Lernanreize.

**Der Hörtyp**

Auditiv lernende Kinder nehmen gehörte Informationen leicht auf, können sie gut behalten und ebenso gut wiedergeben. Vorgetragenes, Gedichte und Melodien prägen sich ihnen schnell ein, an Gesehenes hingegen können sie sich meist schlechter erinnern.

**Förderung:**

Bieten Sie Ihrem Kind an, Dinge, die es sich merken will, auf Kassette aufzusprechen, damit es sie sich anschließend mehrmals anhören kann. Auch lautes Vorlesen hilft ihm, sich Sachen zu merken. Gegenseitiges Abfragen im Familien- oder Freundeskreis ist eine seiner bevorzugten Lernmethoden. Da Hörtypen meist sehr geräuschempfindlich sind, sollten Sie für eine ruhige Lernumgebung sorgen.

**Der Bewegungstyp**

Der motorische Lerntyp ist praktisch veranlagt, lernt am besten durch eigenes Tun, Erleben und Experimentieren. „Lernen durch Handeln" lautet die Maxime, nach der er eigenständige Erfahrungen macht und theoretisches Wissen am besten „begreift".

**Förderung:**

Beziehen Sie, wo immer es geht, Bewegung und Handeln ins Üben ein. Lassen Sie Ihr Kind zum Beispiel beim Auswendiglernen im Zimmer auf und ab gehen oder neue Vokabeln mit ausholenden Bewegungen in die Luft malen.

Die wichtigsten Tipps zum Üben mit dem Buch sind auf den folgenden Seiten für Sie noch einmal zusammengestellt. Was für ein Lerntyp ist Ihr Kind? Markieren Sie im folgenden Lerntypen-Test die Aussagen, die auf Ihr Kind zutreffen. Der Buchstabe mit den meisten Kreuzen entspricht dem Lerntyp Ihres Kindes. Ist Ihr Kind ein Misch-Typ, gibt es meist trotzdem eine bevorzugte Rangfolge:

**Kleiner Lerntypen-Test**

- ☐ Mein Kind bewegt beim Lesen die Lippen. (H)
- ☐ Mein Kind gestikuliert viel beim Reden. (B)
- ☐ Mein Kind schaut sich gerne Bilder und Grafiken an. (S)
- ☐ Mein Kind kann Gehörtes gut nacherzählen. (H)
- ☐ Mein Kind mag Puzzle und spielt gerne Memory. (S)
- ☐ Mein Kind lernt Vokabeln, indem es sie aufsagt. (H)
- ☐ Mein Kind versteht Schaubilder erst nach Erklärung. (H)
- ☐ Mein Kind bastelt und experimentiert gerne. (B)
- ☐ Mein Kind kann beim Lernen nicht lange still sitzen. (B)
- ☐ Mein Kind lernt am liebsten alleine. (S)
- ☐ Mein Kind merkt sich Gesichter eher als Namen. (S)
- ☐ Mein Kind prägt sich Erlebtes besser ein als Erzähltes. (B)
- ☐ Mein Kind mag Radio mehr als Fernsehen. (H)

S = Sehtyp   H = Hörtyp   B = Bewegungstyp

## Auf das Umfeld kommt es an

Wie erfolgreich Ihr Kind in der Schule ist, hängt nicht zuletzt vom häuslichen Umfeld und der unmittelbaren familiären Lernsituation ab. Sie sollte geprägt sein von Offenheit, Toleranz, Gelassenheit, Anerkennung – und Vertrauen in die Fähigkeiten Ihres Kindes.

Je wohler sich Ihr Kind zu Hause fühlt, desto besser lernt es. Notendruck, familiäre Probleme, Versagensangst und mangelndes Interesse der Eltern am Schulgeschehen hingegen behindern die freie Entfaltung der natürlichen Lust am Lernen. Aufgabe der Eltern ist es also, Bedingungen zu schaffen, die es ihrem Kind ermöglichen, seine Talente, Neigungen und Fähigkeiten entdecken und weiterentwickeln zu können.

Zu einer intakten Lernumgebung gehören

- ein geregelter Tagesablauf
- ein anregendes Lernumfeld
- viel Bewegung und eine gesunde Ernährung
- ein ruhiger Arbeitsplatz

### Dem Tag eine Struktur geben

Wecken Sie Ihr Kind so, dass es genug Zeit zum Waschen, Anziehen und für das gemeinsame Frühstück hat. Den Ranzen sollte es bereits am Abend zuvor gepackt haben, sodass es am Morgen nur noch das Pausenfrühstück einpacken muss. Nach der Schule

steht das Mittagessen und eine anschließende Pause zum Ausruhen oder Spielen auf dem Programm. Das Leistungshoch am Nachmittag sollte dazu genutzt werden, die Hausaufgaben zu machen, die je nach Dauer von einer oder mehreren Pausen unterbrochen sein sollten.
Der spätere Nachmittag gehört dann wieder dem Spiel, den Hobbys und der Freizeitgestaltung in- und außerhalb des Hauses. Das gemeinsame Abendessen bietet Gelegenheit zu einer familiären Gesprächsrunde, in der auch schulische Themen und Probleme besprochen werden können. Zeitiges Zubettgehen schließlich sorgt dafür, dass Ihr Kind am nächsten Morgen gut ausgeruht ist und dem Unterricht konzentriert folgen kann.
Wichtig: Ein geregelter Tagesrhythmus mit festen Lernzeiten gibt Ihrem Kind Sicherheit und Orientierung!

**Lernanreize schaffen**
Je mehr Anregungen und Gelegenheiten zum Üben und Vertiefen schulischer Lerninhalte das häusliche Umfeld bietet, desto intensiver und nachhaltiger beschäftigt sich Ihr Kind mit dem in der Schule vermittelten Wissen.
Dabei sollten sich Eltern stets ihrer Rolle als Vorbild bewusst sein: Gehören das Lesen von Zeitungen, Zeitschriften und Büchern, Gespräche über Schulereignisse und der Gedankenaustausch über interessante Themen zum Erfahrungsalltag des Kindes, begreift es die Aneignung von Wissen als Bereicherung und selbstverständlichen Bestandteil seines Lebens.
Zusätzlich unterstützen können Eltern die Neugierde und Lernfreude ihres Kindes, indem sie ihm Informationsquellen und Nachschlagewerke wie das Internet, Wörter- und Sachbücher sowie Lexika zur Verfügung stellen.

**Info**

**Multimediales Kinderzimmer**
Elektronische Medien sind ein fester Bestandteil unserer Arbeits-, Schul- und Freizeitwelt – und können das Lernen sowie die Erkundungskompetenz unterstützen. Eltern sollten ihrem Kind also einen zeitlich begrenzten, an den Lernzielen orientierten Zugriff auf PC-Programme und das Internet ermöglichen.

**Bewegung und gesunde Ernährung**
Ob in der Schule oder zu Hause: Zum aufmerksamen Zuhören und konzentrierten Lernen gehören auch eine gesunde Ernährung und viel Bewegung.
Achten Sie also darauf, dass Ihr Kind – vom Frühstück über das Pausenbrot bis zum Abendessen – mit allen wichtigen Nährstoffen, wie sie vollwertige Ernährung bietet, versorgt ist. Stimmt die Nährstoffbilanz, verfügt Ihr Kind über ausreichend Energie zum Lernen. Und: Natürlich steht einem Schokoriegel oder Snack am Ende eines anstrengenden Lernnachmittags nichts im Weg! Ähnliches gilt für das Thema Bewegung. Auch sie fördert die intellektuelle Entwicklung, die Leistungsfähigkeit und Konzentration, indem sie z. B. dafür sorgt, dass der Körper, insbesondere das Gehirn, gut durchblutet

ist. Ihr Kind sollte sich also in seiner Freizeit und in den Lernpausen viel bewegen – am besten an der frischen Luft.

**Der lernfreundliche Arbeitsplatz**

Macht in den ersten Grundschuljahren ein Arbeitsplatz in der Nähe der Eltern, z.B. am Küchentisch, noch Sinn, so brauchen Kinder mit dem Wechsel auf die weiterführende Schule einen eigenen Schreibtisch, an dem sie – am besten im eigenen Zimmer – ungestört und konzentriert ihre Hausaufgaben erledigen können. Der Tisch sollte groß genug und aufgeräumt, um Ablenkung zu vermeiden. Wichtig: Damit sich Ihr Kind in seiner Arbeitsumgebung wohl fühlt, sollte auf gemütliche Accessoires wie Poster und Grünpflanzen nicht verzichtet werden.

**Checkliste:** Ist der eigene Arbeitsplatz richtig eingerichtet?

- ☐ Schreibtisch und Stuhl sind höhenverstellbar und erlauben bequemes Sitzen und Arbeiten.
- ☐ Utensilien wie Hefte, Schmierpapier, Stifte, Lineal, Spitzer, Radiergummi und Bücher sind in Unterschränken und Regalen leicht erreichbar.
- ☐ Es ist genügend Licht vorhanden – entweder in Form von Tageslicht oder durch eine helle Schreibtischlampe.
- ☐ Zur ausreichenden Sauerstoffversorgung wird der Raum regelmäßig gelüftet.
- ☐ Der Arbeitsplatz ist von Hektik und störenden Geräuschen, z. B. durch Telefon und Radio, abgeschirmt.
- ☐ Die Raumtemperatur beträgt ca. 20°C.

# Die Hausaufgaben

Natürlich steigen mit dem bevorstehenden Übertritt ins Gymnasium oder eine andere weiterführende Schule die Erwartungen und Anforderungen an Ihr Kind – auch in puncto Hausaufgaben. Sie haben den Zweck, das in der Schule Gelernte zu vertiefen, den Wissensstand zu überprüfen und zu selbstständigem Arbeiten anzuregen. Die Schulaufgaben sollten daher eigenständig, zügig, sorgfältig und vollständig gemacht werden.
Feste Zeiten und ein Plan, welche Aufgaben in welcher Reihenfolge erledigt werden, erleichtern Ihrem Kind den täglichen Umgang mit den „Schulis" – und sorgen dafür, dass noch genügend Zeit für andere Aktivitäten bleibt.
Grundsätzlich sollte Ihr Kind bei den Hausaufgaben ohne fremde Hilfe auskommen. Das schließt aber nicht aus, dass Sie ihm nicht dann und wann unter die Arme greifen. Tun Sie das aber grundsätzlich erst dann, wenn Ihr Kind Sie ausdrücklich um Unterstützung bittet – und verfahren Sie dann nach dem Prinzip der minimalen Hilfe.

**Von minimal bis intensiv**
Auf der Rangliste möglicher Hilfen steht das Gespräch an erster Stelle. Oft erledigt sich ein Problem dadurch, dass Ihr Kind es Ihnen gegenüber formuliert – und dabei ganz von selbst auf die Lösung kommt.
Der Tipp, doch im Lehrbuch oder in einem Lexikon nachzuschlagen, geht schon etwas weiter, bestärkt Ihr Kind aber in seiner Unabhängigkeit. Einen gezielten Lösungshinweis zu geben, um dem Kind auf die Sprünge zu helfen, ist wegen des Gewöhnungseffekts nur in Ausnahmefällen ratsam.
Noch vorsichtiger sollten Eltern mit der Möglichkeit umgehen, mehrere Arbeitsschritte gemeinsam zu vollziehen – zu groß ist die Gefahr, dass das Kind am Ende nur aufschreibt, was Mutter oder Vater ihm vorgeben.
Gänzlich verzichten sollten Eltern darauf, die gesamten Hausaufgaben zu kontrollieren oder gar zu verbessern. Damit tun sie nicht nur Ihrem Kind keinen Gefallen, sondern verhindern auch, dass sich der Lehrer ein objektives Bild vom Leistungsstand seiner Schüler machen kann – und nicht einschätzen kann, ob er mit dem Stoff fortfahren kann oder noch eine Übungsschleife einlegen muss.

**→ Tipp**

**So klappt es mit den Hausaufgaben**
- Ermuntern Sie Ihr Kind zum Mitdenken im Unterricht. So prägt es sich den Lernstoff ein – und spart am Nachmittag Zeit bei den Hausaufgaben.
- Die Schulaufgaben gleich an dem Nachmittag erledigen, an dem der Stoff behandelt wurde. So ist er noch präsent und die Aufgaben gehen einfacher und schneller von der Hand.
- Nach etwa 45 Minuten konzentriertem Lernen sollte eine fünf- bis zehnminütige Pause eingelegt werden, in der sich Ihr Kind bewegt, frische Luft schnappt und etwas trinkt.

# Lernblockaden

Auch fleißigen und begabten Schülern kann es passieren: Schlechte Noten und schulische Misserfolge kratzen am Selbstbewusstsein, die Motivation sinkt, der Stresspegel steigt, blockiert das Lernen – und läutet so geradewegs die nächste Niederlage ein. „Lernblockade“ nennen Fachleute diesen Teufelskreis, von einem „Knoten im Kopf“ sprechen betroffene Kinder.

**Symptome erkennen und richtig reagieren**

Zunächst einmal geht es darum, die Symptome einer Lernblockade zu erkennen. Typische Merkmale sind Versagensängste (z. B. vor Klassenarbeiten), anhaltende Lern- und Schulunlust, häufiges körperliches Unwohlsein (z. B. Kopf- oder Bauchweh am Morgen), Selbstzweifel, permanenter Hausaufgabenstress, Konzentrationsstörungen, mangelnde Ausdauer oder Aggressivität.

Um Lernblockaden zu stoppen und den Spaß am Lernen in Ihrem Kind neu zu wecken, müssen die individuellen Ursachen des Problems erkannt und behoben werden. Klar ist, dass ein Hochschrauben der Leistungserwartungen und der damit verbundene Erfolgsdruck den Stress nur vergrößern – und somit kein geeignetes Mittel darstellen.

Ist die Lernblockade auf ein zu hohes Unterrichtstempo, schlecht aufbereiteten Lernstoff, längere Fehlzeiten und dadurch bedingte Verständnis- und Wissenslücken zurückzuführen, sollten Sie mit dem Klassenlehrer über eine Verbesserung der Lernbedingungen sowie den Einsatz spezieller Lernhilfen und Förderprogramme bis hin zu Nachhilfestunden sprechen. Wichtig: Prüfen Sie sorgfältig, ob die Lernblockade auf einer grundlegenden Über- bzw. Unterforderung Ihres Kindes beruht, und ziehen Sie bei Zweifeln Ihren Kinderarzt, einen Beratungslehrer oder Schulpsychologen hinzu.

Bei Blockaden aufgrund falschen Lernverhaltens sollten Sie sowohl die Arbeitsbedingungen als auch die Lernstrategien Ihres Kindes unter die Lupe nehmen und bei Bedarf optimieren (vgl. S. 13 ff.).

**Bloß kein Stress!**

Neben Problemen mit dem Lernverhalten und bestimmten Lerninhalten sind es oft Stress und Angst, die sich hemmend auf das Lernvermögen von Kindern auswirken. Es ist dann Ihre Aufgabe als Eltern, Ihrem Kind das Zutrauen in die eigene Leistungsfähigkeit zurückzugeben, indem Sie ihm den Rücken stärken und auf jeden Druck verzichten.

Im Gegenteil: Sie als Eltern sollten ihr Kind loben, wo immer es angebracht ist, und jeden Schritt würdigen, den es nach vorne macht. Anerkennen Sie seine Anstrengungsbereitschaft, die investierte Zeit und Energie, seine Ausdauer und Konzentration. Vor allem: Machen Sie ihm klar, dass Ergebnisse, insbesondere Noten, nur Momentaufnahmen sind, die keinerlei Rückschlüsse auf das tatsächliche Lernpotenzial erlauben und mit der Persönlichkeit Ihres Kindes nichts zu tun haben. Dann gewinnt Ihr Kind genau das Selbstvertrauen zurück, das für motiviertes und erfolgreiches Lernen so überaus wichtig ist.

Lernblockaden, Denkhemmungen und eine nach unten zeigende Leistungskurve stellen nicht nur für das Kind selbst, sondern auch für betroffene Eltern eine große Belastung und Herausforderung dar. So gelingt es Ihnen, umsichtig und gelassen mit Lernblockaden umzugehen:

**→ Tipp**

**Genau beobachten**
Wo Stress beim Lernen an der Tagesordnung ist, geht der Blick für das, was positiv ist, leicht verloren. Lenken Sie daher Ihre Aufmerksamkeit auf die Stärken Ihres Kindes und beobachten Sie sein Lernverhalten genau: Wie und wann lernt mein Kind? Was mag es, was nicht? Wofür strengt es sich an, und welche seiner Stärken sind nützlich fürs Lernen?

**Fortschritte loben**
Loben Sie Ihr Kind mindestens einmal am Tag für etwas Positives, z. B. bei den Hausaufgaben. Tipp: Führen Sie ein Lobbuch, in dem Sie festhalten, worüber Sie sich gefreut haben – und teilen Sie diese Freude mit Ihrem Kind.

**Erfolge festigen**
Hat Ihr Kind Fortschritte gemacht, indem es z. B. sein Hausaufgabenheft ordentlich führt, die vereinbarten Lernzeiten einhält oder den Gebrauch von Hilfsmitteln wie Lexika, Wörterbücher oder Internet übt, halten Sie weiterhin am Vorrang des Lobs vor der Kritik fest. Nur so verselbstständigt sich der Erfolg und wird, neben dem Spaß, zum eigentlichen Motor des Lernens.

## Was tun bei schlechten Noten?

Nicht die einzelne Note zählt, sondern die Entwicklung der Zensuren über einen längeren Zeitraum. Für Eltern kommt es also darauf an, einen möglichen schulischen Leistungsabfall rechtzeitig zu erkennen und – unabhängig von langfristigen Strategien, z. B. in Form von zusätzlichen Lernangeboten oder Nachhilfe – unmittelbar und angemessen zu reagieren. Dazu gehört vor allem ein ausführliches Gespräch mit dem Kind, in dem es seine Schwierigkeiten beschreibt und Vorschläge macht, wie es seine Noten verbessern könnte. Da Kinder schlechte Noten ohnehin als Niederlage empfinden, sollten Eltern auf Schuldzuweisungen und Vorwürfe verzichten – und ihrem Kind stattdessen ihre Hilfe anbieten.

**→ Tipp**

**So klappt es mit den Noten**
Reagieren Sie nicht erst, wenn ein Problem auftaucht, sondern sprechen Sie regelmäßig mit Ihrem Kind und seinen Lehrern über die Lernsituation zu Hause und in der Schule. Und seien Sie zuversichtlich: Eine verpatzte Arbeit ist noch lange kein Drama.

**WICHTIG:** Sollte Ihr Kind aufgrund seiner Noten den Wechsel aufs Gymnasium am Ende von Klasse 4 nicht schaffen, ist das kein Beinbruch! Die Durchlässigkeit unseres Schulsystems erlaubt es ihm, das Abitur später immer noch zu erreichen.

## Seiten 4 – 5

1. a) Antwort: Ich habe 9 Zehnerbündel gefunden.
   b) Antwort: Es sind insgesamt 97 Buntstifte.

2. a) Antwort: Es gibt 1 Karton und 2 Päckchen.
   b) Antwort: Es bleibt 1 Lolli übrig.

3. Rechnung: $10 \cdot 100 = 1000$.
   Antwort: Es sind insgesamt 1000 Nelken auf der Palette.

4. a) Rechnung: $4 \cdot 100 = 400$; $3 \cdot 10 = 30$; $400 + 30 + 7 = 437$
   Antwort: Es sind insgesamt 437 Radiergummis.
   b) Ich brauche 7 große Kartons und 4 kleine Kartons. 9 Radiergummis bleiben übrig.

## Seiten 6 – 7

1. So solltest du das Tausenderfeld abgedeckt haben:

a)

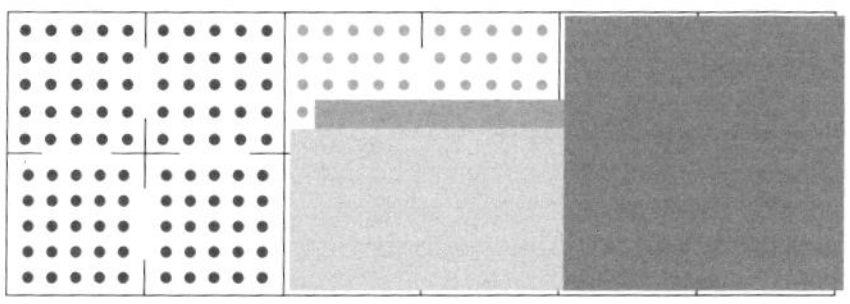

b)

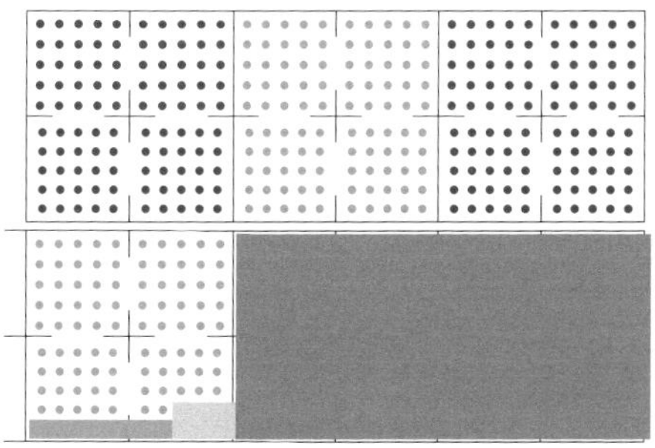

c)

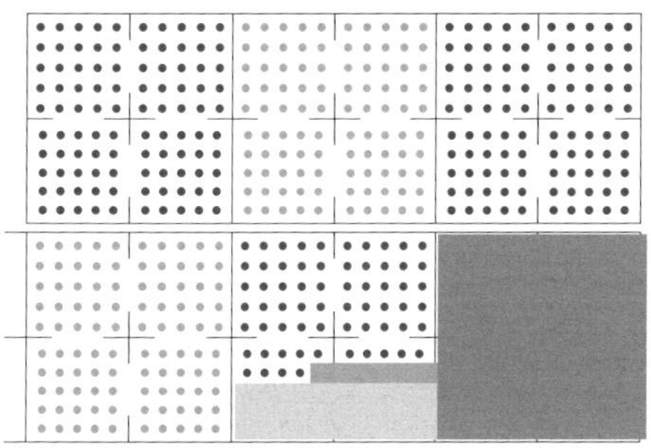

d)

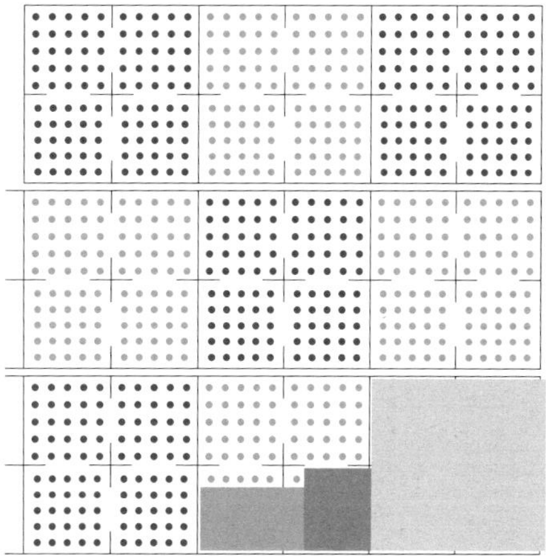

e)

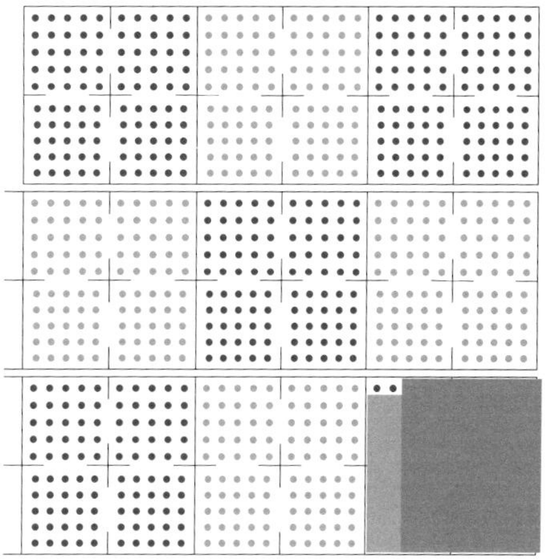

f)

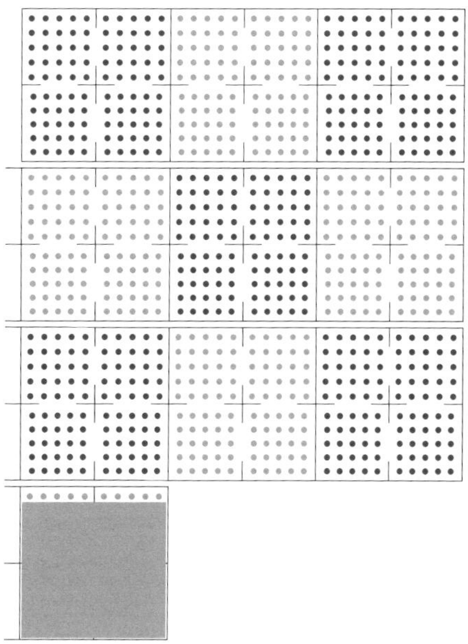

**zu den Seiten 6 – 7:**

| H | Z | E |
|---|---|---|
| 1 | 3 | 1 |
| 3 | 8 | 7 |
| 4 | 6 | 4 |

| H | Z | E |
|---|---|---|
| 7 | 5 | 6 |
| 8 | 0 | 2 |
| 9 | 1 | 0 |

**2.**

| H | Z | E |
|---|---|---|
| 3 | 4 | 5 |
| 6 | 8 | 7 |
| 2 | 2 | 4 |

| H | Z | E |
|---|---|---|
| 9 | 1 | 2 |
| 2 | 5 | 5 |
| 7 | 3 | 8 |

**3.** a) 382
b) 596
c) 203
d) 994

| H | Z | E |
|---|---|---|
| 3 | 8 | 2 |
| 5 | 9 | 6 |
| 2 | 0 | 3 |
| 9 | 9 | 4 |

**4.** a) 300 + 20 + 6 = 326
b) 200 + 90 + 7 = 297
c) 400 + 40 + 7 = 447
d) 600 + 10 + 4 = 614
e) 700 + 70 + 9 = 779
f) 500 + 30 + 7 = 537

| H | Z | E |
|---|---|---|
| 0 | 0 | 6 |
| 0 | 9 | 0 |
| 0 | 4 | 0 |
| 6 | 0 | 0 |
| 0 | 1 | 0 |
| 7 | 0 | 0 |
| 5 | 3 | 7 |

**5.** a)

| H | Z | E |
|---|---|---|
| 2 | 1 | 4 |

b)

| H | Z | E |
|---|---|---|
| 4 | 6 | 3 |

c)

| H | Z | E |
|---|---|---|
| 5 | 3 | 8 |

## Seiten 8 – 9

**1.** a) □ □ | | | ....
b) □ □ □ | | | | | ......
c) □ □ | .........
d) □ □ □ □ □ | | | | | .........
e) □ □ □ □ □ □ □ □ □ □ .
f) □ □ □ □ □ □ □ | | | .

**2.** a) 367
b) 772
c) 308
d) 916
e) 570

| H | Z | E |
|---|---|---|
| 3 | 6 | 7 |
| 7 | 7 | 2 |
| 3 | 0 | 8 |
| 9 | 1 | 6 |
| 5 | 7 | 0 |

**3.** a) 426 = □ □ □ □ | | ......
b) 539 = □ □ □ □ □ | | | .........

**4.** a) 400 + 20 + 5 = 425
b) 500 + 70 + 9 = 579
c) 900 + 40 + 8 = 948

**5.** 319 = □ □ □ | .........
543 = □ □ □ □ □ | | | | ...
830 = □ □ □ □ □ □ □ □ | | |

**6.** a) ⟶ Zahlbild 5
b) ⟶ Zahlbild 3
c) ⟶ Zahlbild 1
d) ⟶ Zahlbild 2
e) ⟶ Zahlbild 4

**7.** a) 354 + 268 = 622
b) 207 + 491 = 698
c) 655 + 77 = 732

**8.** a) □□□□□□ | | . . sechshundertzweiundzwanzig
b) □□□□□□ | | | | | | | | | . . . . . . . . sechshundertachtundneunzig
c) □□□□□□□ | | | . . siebenhundertzweiunddreißig

**Seiten 10 – 11**

**1.** a) 50 c) 300
b) 250 d) 450

**2.**

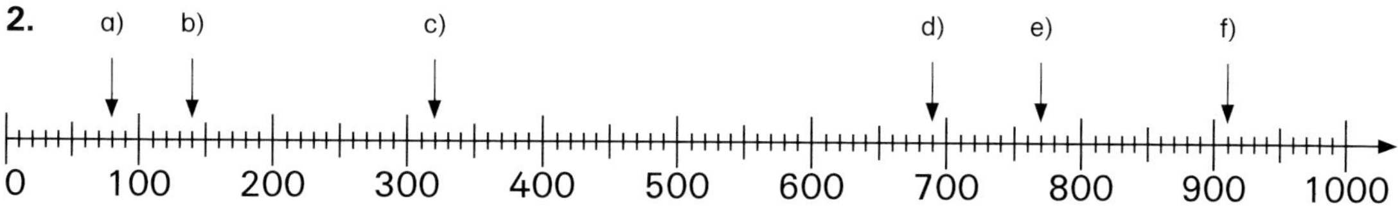


**3.**

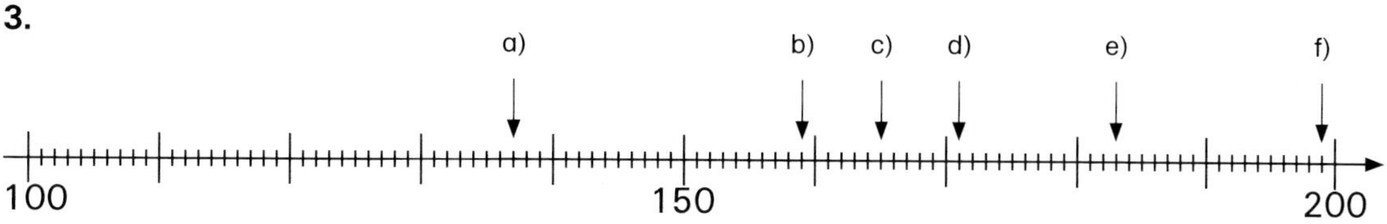


**4.** a) 240 + 60 = 300
b) 450 + 50 = 500
c) 670 + 30 = 700
d) 800 + 100 = 900

**5.** Die Abstände zwischen den Zahlen sind nicht alle gleich groß. Die Zahlen sind nicht der Größe nach geordnet.

**6.** a) 341 + 59 = 400
b) 377 + 23 = 400
c) 428 + 72 = 500
d) 469 + 31 = 500

## Seiten 12 – 13

**1.** a) 23 d) 73
b) 45 e) 87
c) 60 f) 96

**2.** a) 110 f) 155
b) 119 g) 164
c) 128 h) 173
d) 137 i) 182
e) 146 j) 191

**3.** a) 217 < 218 < 219
b) 231 < 232 < 233
c) 266 < 267 < 268
d) 279 < 280 < 281
e) 293 < 294 < 295

**4.** Die Zahlen liegen untereinander.

**5.** Die dunkelgrau gefärbten Felder solltest du mit einem Kreuz markiert haben.
501, 505, 509, 541, 549, 581, 585, 589

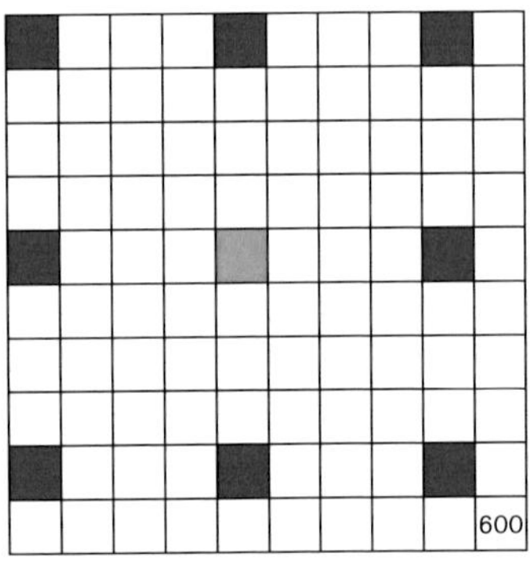


**6.** Die grau gefärbten Felder solltest du mit einem Kreuz markiert haben.
a) 822 + 5 = 827
b) 835 + 5 = 840
c) 857 + 5 = 862
d) 880 + 5 = 885

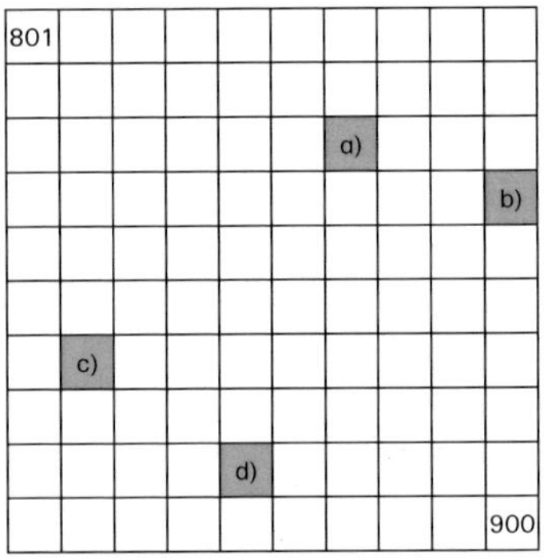


## Seiten 14 – 15

**1.** Wenn du zuerst den Einer deines zweiten Summanden addiert hast und zum selben Ergebnis gekommen bist, ist das genauso richtig.

a) 225 + 43 = 268

225 + 40 = 265
265 + 3 = 268

b) 254 + 39 = 293

254 + 30 = 284
284 + 9 = 293

c) 325 + 61 = 386

325 + 60 = 385
385 + 1 = 386

**2.** Wenn du zuerst den Einer deines zweiten Summanden addiert hast und zum selben Ergebnis gekommen bist, ist das genauso richtig.

a) 657 + 63 = 720

657 + 60 = 717
717 + 3 = 720

b) 249 + 73 = 322

249 + 70 = 319
319 + 3 = 322

c) 736+94=830

736+90=826
826+ 4=830

**3.** Wenn du zuerst den Einer deines zweiten Summanden addiert hast und zum selben Ergebnis gekommen bist, ist das genauso richtig.

a) 427+341=768

427+300=727
727+ 40=767
767+ 1=768

b) 111+836=947

111+800=911
911+ 30=941
941+ 6=947

c) 638+312=950

638+300=938
938+ 10=948
948+ 2=950

d) 756+233=989

756+200=956
956+ 30=986
986+ 3=989

**4.** Wenn du zuerst den Einer deines zweiten Summanden addiert hast und zum selben Ergebnis gekommen bist, ist das genauso richtig.

a) 479+15=494

479+10=489
489+ 5=494

b) 318+17=335

318+10=328
328+ 7=335

c) 319+67=386

319+60=379
379+ 7=386

d) 654+41=695

654+40=694
694+ 1=695

**5.** Über jeder Rechnung siehst du, wie ihre Tauschaufgabe aussehen muss. Hier ist jeweils nur die Rechnung für die erste Aufgabe dargestellt. Die Tauschaufgaben müssen immer zu demselben Ergebnis geführt haben. Wenn du zuerst den Einer deines zweiten Summanden addierst hast und zum selben Ergebnis gekommen bist, ist das genauso richtig.

a) 375 + 464 = 464 + 375
375+464=839

375+400=775
775+ 60=835
835+ 4=839

b) 69 + 457 = 457 + 69
69+457=526

69+400=469
469+ 50=519
519+ 7=526

c) 750 + 132 = 132 + 750
750+132=882

750+100=850
850+ 30=880
880+ 2=882

**zu den Seiten 14 – 15:**

d) 708 + 237 = 237 + 708

708+237=945

708+200=908
908+ 30=938
938+ 7=945

e) 623 + 288 = 288 + 623

623+288=911

623+200=823
823+ 80=903
903+ 8=911

f) 821 + 25 = 25 + 821

821+25=846

821+20=841
841+ 5=846

**6.** a) Die Aussage ist richtig.
b) Die Aussage ist falsch. Das Ergebnis einer Additionsaufgabe heißt Summe.
c) Die Aussage ist richtig.
d) Die Aussage ist falsch. Die Tauschaufgabe einer Additionsaufgabe ist ebenfalls eine Additionsaufgabe, in der die Reihenfolge der Summanden vertauscht wurde.
e) Die Aussage ist falsch. Du kannst beim Addieren mit den Einern beginnen, musst es aber nicht.

**Seiten 16 – 17**

**1.** a) 110 e) 280
b) 360 f) 970
c) 90 g) 650
d) 450 h) 790

**2.** a) 200 e) 600
b) 400 f) 600
c) 100 g) 200
d) 500 h) 700

**3.** a) 451 ≈ 500 c) 249 ≈ 200
b) 392 ≈ 400 d) 263 ≈ 300

**4.** a) 400 + 200 = 600
b) 300 + 200 = 500
c) 300 + 100 = 400
d) 600 + 200 = 800
e) 400 + 400 = 800
f) 200 + 700 = 900

**5.** a) 400 + 200 = 600
b) 70 + 100 = 170
c) 500 + 400 = 900
d) 600 + 90 = 690
e) 200 + 500 = 700
f) 500 + 400 = 900
g) 700 + 200 = 900
h) 80 + 80 = 160
i) 800 + 200 = 1000

**6.** a) In die erste Lücke kannst du jede Zahl einsetzen, die größer oder gleich 1 ist, aber kleiner oder gleich 100.
In der zweiten Lücke muss die Zahl 500 stehen.
b) In die erste Lücke kannst du jede Zahl einsetzen, die größer oder gleich 157 ist, aber kleiner oder gleich 256.
In der zweiten Lücke muss die Zahl 300 stehen.
c) In die erste Lücke kannst du jede Zahl einsetzen, die größer oder gleich 88 ist. In der zweiten Lücke muss die Zahl 200 stehen.

**Seiten 18 – 19**

**1.** Wenn du zuerst den Zehner deiner zweiten Zahl von der ersten Zahl abgezogen hast und anschließend den Einer und zum selben Ergebnis gekommen bist, ist das genauso richtig.

a) 267−43=224

267− 3=264
264−40=224

b) 879−78=801

879− 8=871
871−70=801

c) 696 − 52 = 644

696 − 2 = 694
694 − 50 = 644

d) 354 − 21 = 333

354 − 1 = 353
353 − 20 = 333

**2.** Wenn du zuerst den Zehner deiner zweiten Zahl von deiner ersten Zahl abgezogen hast und anschließend den Einer und zum selben Ergebnis gekommen bist, ist das genauso richtig.

a) 352 − 68 = 284

352 − 8 = 344
344 − 60 = 284

b) 736 − 59 = 677

736 − 9 = 727
727 − 50 = 677

c) 647 − 74 = 573

647 − 4 = 643
643 − 70 = 573

d) 465 − 99 = 366

465 − 9 = 456
456 − 90 = 366

e) 909 − 14 = 895

909 − 04 = 905
905 − 10 = 895

f) 318 − 41 = 277

318 − 1 = 317
317 − 40 = 277

**3.** a) 567 − 251 = 316

567 − 1 = 566
566 − 50 = 516
516 − 200 = 316

b) 492 − 370 = 122

492 − 70 = 422
422 − 300 = 122

**4.** 567 − 43 = 524; 524 − 34 = 481;
481 − 43 = 438; 438 − 43 = 395;
395 − 43 = 352; 352 − 43 = 309;
309 − 43 = 266; 266 − 43 = 223;
223 − 43 = 180; 180 − 43 = 137;
137 − 43 = 94; 94 − 43 = 51;
51 − 43 = 8

**5.**

| **–** | **50** | **138** | **236** | **402** |
|---|---|---|---|---|
| **530** | 480 | 392 | 294 | 128 |
| **487** | 437 | 349 | 251 | 85 |
| **792** | 742 | 654 | 556 | 390 |

Rechnungen:
1. Zeile:
530 − 50 = 480 (im Kopf gerechnet)

530 − 138 = 392

530 − 8 = 522
522 − 30 = 492
492 − 100 = 392

530 − 236 = 294

530 − 6 = 524
524 − 30 = 494
494 − 200 = 294

530 − 402 = 128

530 − 2 = 528
528 − 400 = 128

**zu den Seiten 18 – 19:**
2. Zeile:
487 – 50 = 437 (im Kopf gerechnet)

487 – 138 = 349

487 – 8 = 479
479 – 30 = 449
449 – 100 = 349

487 – 236 = 251

487 – 6 = 481
481 – 30 = 451
451 – 200 = 251

487 – 402 = 85

487 – 2 = 485
485 – 400 = 85

3. Zeile:
792 – 50 = 742 (im Kopf gerechnet)

792 – 138 = 654

792 – 8 = 784
784 – 30 = 754
754 – 100 = 654

792 – 236 = 556

792 – 6 = 786
786 – 30 = 756
756 – 200 = 556

792 – 402 = 390

792 – 2 = 790
790 – 400 = 390

Wenn du zuerst die Hunderter deiner zweiten Zahl von der ersten Zahl abgezogen hast und anschließend Zehner und Einer und zu demselben Ergebnis gekommen bist, ist das genauso richtig.

**6.** Wenn du in der verkürzten Form im Kopf gerechnet hast und zu denselben Ergebnissen gekommen bist, ist das genauso richtig.

a) 238 – 127 = 111

238 – 7 = 231
231 – 20 = 211
211 – 100 = 111

b) 480 – 369 = 111

480 – 9 = 471
471 – 60 = 411
411 – 300 = 111

c) 672 – 473 = 199

672 – 3 = 669
669 – 70 = 599
599 – 400 = 199

d) 309 – 182 = 127

309 – 2 = 307
307 – 80 = 227
227 – 100 = 127

e) 350 – 80 = 270 (im Kopf gerechnet)

f) 505 – 209 = 296

505 – 9 = 496
496 – 200 = 296

g) 711 – 433 = 278

711 – 3 = 708
708 – 30 = 678
678 – 400 = 278

h) 976 – 399 = 577

976 – 9 = 967
967 – 90 = 877
877 – 300 = 577

**Seiten 20–21**

1. a) 19 + 1 = 20; 20 + 80 = 100;
   100 + 115 = 215;
   1 + 80 + 115 = 196
   b) 39 + 1 = 40; 40 + 60 = 100;
   100 + 298 = 398;
   1 + 60 + 298 = 359
   c) 703 − 78 ⟶ 78 + 2 = 80;
   80 + 20 = 100; 100 + 603 = 703;
   2 + 20 + 603 = 625
   d) 432 − 9 ⟶ 9 + 1 = 10;
   10 + 90 = 100; 100 + 332 = 432;
   1 + 90 + 332 = 423

2. a) 468 − 49 = 469 − 50 = 419
   b) 732 − 78 = 734 − 80 = 654
   c) 367 − 77 = 370 − 80 = 290

3. Rechnung: 57 + 3 = 60; 60 + 40 = 100;
   100 + 343 = 443; 3 + 40 + 343 = 386
   Antwort: Er hat 386 Fliesen verarbeitet.

4. Rechnung: 64 € + 6 € = 70 €;
   70 € + 30 € = 100 €; 6 € + 30 € = 36 €
   Antwort: Sie zahlt der Mutter 36 € zurück.

5. a) 252 + 8 = 260; 260 + 40 = 300;
   300 + 151 = 451;
   8 + 40 + 151 = 199
   b) 407 + 3 = 410; 410 + 90 = 500;
   500 + 236 = 736;
   93 + 236 = 329
   c) 639 + 1 = 640; 640 + 60 = 700;
   700 + 274 = 974;
   1 + 60 + 274 = 335

6. a) 407 + 93 = 500; 500 + 500 = 1000;
   500 + 93 = 593
   b) 377 + 23 = 400; 400 + 509 = 909;
   23 + 509 = 532
   c) 199 + 1= 200; 200 + 591 = 791;
   1 + 591 = 592

7. So könntest du die Aufgaben zusammengefasst haben. Wenn du in mehreren Schritten gerechnet hast und zu demselben Ergebnis gekommen bist, ist das auch in Ordnung.
   a) 954 − 238 − 100 = 954 − 338;
   338 + 2 = 340; 340 + 60 = 400;
   400 + 554 = 954; 2 + 60 + 554 = 616
   b) 703 − 207 − 200 = 703 − 407;
   407 + 93 = 500; 500 + 203 = 703;
   93 + 203 = 296
   c) 666 − 210 − 300 = 666 − 510;
   510 + 90 = 600; 600 + 66 = 666;
   90 + 66 = 156

**Seiten 22–23**

1. a) 500 − 200 = 300
   b) 500 − 200 = 300
   c) 700 − 400 = 300
   d) 800 − 200 = 600
   e) 700 − 300 = 400
   f) 600 − 400 = 200

2. Die Rundungsfehler sind hier grau markiert.
   a) falsch:
   345 − 211 ≈ 400 − 200 = 200
   richtig:
   345 − 211 ≈ 300 − 200 = 100

   b) falsch:
   878 − 339 ≈ 900 − 400 = 500
   richtig:
   878 − 339 ≈ 900 − 300 = 600

   c) falsch:
   584 − 444 ≈ 590 − 450 = 140
   richtig:
   584 − 444 ≈ 580 − 440 = 140

3. So oder so ähnlich kann deine Antwort lauten. Du solltest aber zu demselben Ergebnis gekommen sein.
   Antwort: Johannes hat noch mindestens 21 Murmeln. Die kleinste Zahl, die man auf 30 aufrunden kann, ist die 25. Johannes hatte also vorher mindestens 25 Murmeln. Wenn er davon 4 verschenkt, bleiben ihm 21 Murmeln.

**zu den Seiten 22 – 23:**

**4.** 845 – 189 ≈ 600
321 – 111 ≈ 200
551 – 228 ≈ 400
864 – 354 ≈ 500
933 – 648 ≈ 300

**5.** Anzukreuzen ist die Zahl 347.
Begründung: Der Unterschied von 500 und 150 ist 350. Die einzige der angegebenen Zahlen, die gerundet 350 ergibt, ist die 347.

**6.** 76 € ≈ 80 €
32 € ≈ 30 €
29 € ≈ 30 €
36 € ≈ 40 €
65 € ≈ 70 €
22 € ≈ 20 €
21 € ≈ 20 €

Summe der Überschläge: 80 € + 30 € + 30 € + 40 € + 70 € + 20 € +20 € = 290 €
Antwort: Ja, die 300 € reichen aus.

**Seiten 24 – 26**

**1.** a) $\begin{array}{r} 145 \\ +133 \\ \hline 278 \end{array}$ b) $\begin{array}{r} 348 \\ +451 \\ \hline 799 \end{array}$ c) $\begin{array}{r} 267 \\ +\ 32 \\ \hline 299 \end{array}$

**2.** a) $\begin{array}{r} 337 \\ +465 \\ {\scriptstyle 1\,1\ } \\ \hline 802 \end{array}$ b) $\begin{array}{r} 535 \\ +386 \\ {\scriptstyle 1\,1\ } \\ \hline 921 \end{array}$ c) $\begin{array}{r} 187 \\ +436 \\ {\scriptstyle 1\,1\ } \\ \hline 623 \end{array}$

**3.** a) $\begin{array}{r} 92 \\ +525 \\ {\scriptstyle 1\ \ } \\ \hline 617 \end{array}$ b) $\begin{array}{r} 580 \\ +\ 46 \\ {\scriptstyle 1\ \ } \\ \hline 626 \end{array}$ c) $\begin{array}{r} 754 \\ +\ 97 \\ {\scriptstyle 1\,1\ } \\ \hline 851 \end{array}$

**4.** a) 400 + 400 = 800

$\begin{array}{r} 369 \\ +432 \\ {\scriptstyle 1\,1\ } \\ \hline 801 \end{array}$

b) 200 + 600 = 800

$\begin{array}{r} 207 \\ +594 \\ {\scriptstyle 1\,1\ } \\ \hline 801 \end{array}$

c) 738 + 96 ≈ 700 + 100 = 800

$\begin{array}{r} 738 \\ +\ 96 \\ {\scriptstyle 1\,1\ } \\ \hline 834 \end{array}$

**5.** a) $\begin{array}{r} 476 \\ +103 \\ \hline 579 \end{array}$ d) $\begin{array}{r} 466 \\ +232 \\ \hline 698 \end{array}$

b) $\begin{array}{r} 294 \\ +482 \\ {\scriptstyle 1\ \ } \\ \hline 776 \end{array}$ e) $\begin{array}{r} 240 \\ +085 \\ {\scriptstyle 1\ \ } \\ \hline 325 \end{array}$

c) $\begin{array}{r} 738 \\ -249 \\ {\scriptstyle 1\,1\ } \\ \hline 489 \end{array}$ f) $\begin{array}{r} 755 \\ +123 \\ \hline 878 \end{array}$

**6.** a) $\begin{array}{r} 542 \\ 274 \\ +\ 74 \\ {\scriptstyle 1\,1\ } \\ \hline 890 \end{array}$ d) $\begin{array}{r} 210 \\ 559 \\ +105 \\ {\scriptstyle 1\ } \\ \hline 874 \end{array}$

b) $\begin{array}{r} 457 \\ 109 \\ +261 \\ {\scriptstyle 1\,1\ } \\ \hline 827 \end{array}$ e) $\begin{array}{r} 306 \\ 295 \\ +\ \ 7 \\ {\scriptstyle 1\,1\ } \\ \hline 608 \end{array}$

c) $\begin{array}{r} 275 \\ 136 \\ +271 \\ {\scriptstyle 1\,1\ } \\ \hline 682 \end{array}$ f) $\begin{array}{r} 821 \\ 39 \\ +\ \ 8 \\ {\scriptstyle 1\ } \\ \hline 868 \end{array}$

**7.** a)
$$\begin{array}{r} 364 \\ 207 \\ +192 \\ {\scriptstyle 1\,1\,} \\ \hline 763 \end{array}$$
c)
$$\begin{array}{r} 444 \\ 16 \\ +333 \\ {\scriptstyle 1\,} \\ \hline 793 \end{array}$$
b)
$$\begin{array}{r} 219 \\ 357 \\ +381 \\ {\scriptstyle 1\,1\,} \\ \hline 957 \end{array}$$
d)
$$\begin{array}{r} 234 \\ 196 \\ +535 \\ {\scriptstyle 1\,1\,} \\ \hline 965 \end{array}$$

**8.** a)
$$\begin{array}{r} 321 \\ 249 \\ +140 \\ {\scriptstyle 1\,1\,} \\ \hline 710 \end{array}$$
c)
$$\begin{array}{r} 182 \\ 243 \\ +417 \\ {\scriptstyle 1\,1\,} \\ \hline 842 \end{array}$$
b)
$$\begin{array}{r} 409 \\ 120 \\ +\ 62 \\ {\scriptstyle 1\,} \\ \hline 591 \end{array}$$
d)
$$\begin{array}{r} 497 \\ 314 \\ +188 \\ {\scriptstyle 1\,1\,} \\ \hline 999 \end{array}$$

## Seiten 27 – 29

**1.** Da es hier keine Überträge gibt, sehen die Rechnungen nach beiden Möglichkeiten gleich aus.

a)
$$\begin{array}{r} 568 \\ -335 \\ \hline 233 \end{array}$$
d)
$$\begin{array}{r} 398 \\ -187 \\ \hline 211 \end{array}$$
b)
$$\begin{array}{r} 753 \\ -242 \\ \hline 511 \end{array}$$
e)
$$\begin{array}{r} 986 \\ -461 \\ \hline 525 \end{array}$$
c)
$$\begin{array}{r} 683 \\ -571 \\ \hline 112 \end{array}$$
f)
$$\begin{array}{r} 537 \\ -423 \\ \hline 114 \end{array}$$

**2.** Da es hier keine Überträge gibt, sehen die Rechnungen nach beiden Möglichkeiten gleich aus.

a)
$$\begin{array}{r} 654 \\ -541 \\ \hline 113 \end{array}$$
d)
$$\begin{array}{r} 369 \\ -152 \\ \hline 217 \end{array}$$
b)
$$\begin{array}{r} 447 \\ -302 \\ \hline 145 \end{array}$$
e)
$$\begin{array}{r} 777 \\ -555 \\ \hline 222 \end{array}$$
c)
$$\begin{array}{r} 532 \\ -411 \\ \hline 121 \end{array}$$
f)
$$\begin{array}{r} 898 \\ -567 \\ \hline 331 \end{array}$$

**3.** Nach Möglichkeit 1:

a)
$$\begin{array}{r} 683 \\ -256 \\ {\scriptstyle 1\,} \\ \hline 427 \end{array}$$
d)
$$\begin{array}{r} 678 \\ -\ \ 98 \\ {\scriptstyle 1\,} \\ \hline 580 \end{array}$$
b)
$$\begin{array}{r} 682 \\ -246 \\ {\scriptstyle 1\,} \\ \hline 436 \end{array}$$
e)
$$\begin{array}{r} 628 \\ -\ \ 39 \\ {\scriptstyle 1\,1\,} \\ \hline 589 \end{array}$$
c)
$$\begin{array}{r} 475 \\ -284 \\ {\scriptstyle 1\,} \\ \hline 191 \end{array}$$
f)
$$\begin{array}{r} 366 \\ -148 \\ {\scriptstyle 1\,} \\ \hline 218 \end{array}$$

Nach Möglichkeit 2:

a)
$$\begin{array}{r} {\scriptstyle 7\,} \\ 6\not{8}3 \\ -256 \\ \hline 427 \end{array}$$
d)
$$\begin{array}{r} {\scriptstyle 5\,} \\ \not{6}78 \\ -\ \ 98 \\ \hline 580 \end{array}$$
b)
$$\begin{array}{r} {\scriptstyle 7\,} \\ 6\not{8}2 \\ -246 \\ \hline 436 \end{array}$$
e)
$$\begin{array}{r} {\scriptstyle 5\,1\,} \\ \not{6}\not{2}8 \\ -\ \ 39 \\ \hline 589 \end{array}$$
c)
$$\begin{array}{r} {\scriptstyle 3\,} \\ \not{4}75 \\ -284 \\ \hline 191 \end{array}$$
f)
$$\begin{array}{r} {\scriptstyle 5\,} \\ 3\not{6}6 \\ -148 \\ \hline 218 \end{array}$$

**zu den Seiten 27 – 29:**

**4.** Nach Möglichkeit 1:

a) 503 − 198 (Übertrag: 1 1) = 305

b) 730 − 448 (Übertrag: 1 1) = 282

c) 1000 − 91 (Übertrag: 1 1 1) = 909

Nach Möglichkeit 2:

a) 4 9 / ~~5~~~~0~~3 − 198 = 305

b) 6 2 / ~~7~~~~3~~0 − 448 = 282

c) 0 9 9 / ~~1~~~~0~~~~0~~0 − 91 = 909

**5.** a) 635 − 410 ≈ 600 − 400 = 200
Hier sehen die Rechnungen nach beiden Möglichkeiten gleich aus, da es keinen Übertrag gibt.

635
−410
225

b) 786 − 209 ≈ 800 − 200 = 600
Nach Möglichkeit 1:

786
−209 (Übertrag: 1)
577

Nach Möglichkeit 2:

7
7~~8~~6
−209
577

c) 471 − 119 ≈ 500 − 100 = 400
Nach Möglichkeit 1:

471
−119 (Übertrag: 1)
352

Nach Möglichkeit 2:

6
4~~7~~1
−119
352

**6.** a) 132 b) 478 c)142

**7.** Nach Möglichkeit 1:

a) 356 − 181 (Übertrag: 1) = 175

d) 699 − 452 = 247

b) 326 − 239 (Übertrag: 1 1) = 087

e) 204 − 137 (Übertrag: 1 1) = 67

c) 617 − 194 (Übertrag: 1) = 423

Nach Möglichkeit 2:

a) 2 / ~~3~~56 − 181 = 175

d) 699 − 452 = 247

b) 2 1 / ~~3~~~~2~~6 − 239 = 087

e) 1 9 / ~~2~~~~0~~4 − 137 = 67

c) 5 / ~~6~~17 − 194 = 423

## Seiten 30 – 31

1.

| · | 1 | 2 | 3 | 4 | 5 | 6 | 7 | 8 | 9 | 10 |
|---|---|---|---|---|---|---|---|---|---|---|
| 1 | 1 | 2 | 3 | 4 | 5 | 6 | 7 | 8 | 9 | 10 |
| 2 | 2 | 4 | 6 | 8 | 10 | 12 | 14 | 16 | 18 | 20 |
| 3 | 3 | 6 | 9 | 12 | 15 | 18 | 21 | 24 | 27 | 30 |
| 4 | 4 | 8 | 12 | 16 | 20 | 24 | 28 | 32 | 36 | 40 |
| 5 | 5 | 10 | 15 | 20 | 25 | 30 | 35 | 40 | 45 | 50 |
| 6 | 6 | 12 | 18 | 24 | 30 | 36 | 42 | 48 | 54 | 60 |
| 7 | 7 | 14 | 21 | 28 | 35 | 42 | 49 | 56 | 63 | 70 |
| 8 | 8 | 16 | 24 | 32 | 40 | 48 | 56 | 64 | 72 | 80 |
| 9 | 9 | 18 | 27 | 36 | 45 | 54 | 63 | 72 | 81 | 90 |
| 10 | 10 | 20 | 30 | 40 | 50 | 60 | 70 | 80 | 90 | 100 |

**2.** a) 8 · 5 = 40 c) 9 · 8 = 72
b) 7 · 6 = 42 d) 4 · 5 = 20

**3.** a) 9 · 7 = 63, denn 63 : 9 = 7
b) 5 · 4 = 20, denn 20 : 5 = 4
c) 3 · 6 = 18, denn 18 : 3 = 6
d) 8 · 9 = 72, denn 72 : 8 = 9

**4.** a) 6 · 7 = 42 d) 5 · 7 = 35
b) 9 · 5 = 45 e) 2 · 6 = 12
c) 9 · 4 = 36 f) 3 · 5 = 15

**5.** a) 140 d) 90 g) 300
b) 300 e) 320 h) 240
c) 360 f) 420 i) 70

**6.** a) 30 · 5 = 150 denn → 150 : 30 = 5
b) 60 · 8 = 480 denn → 480 : 60 = 8
c) 90 · 7 = 630 denn → 630 : 90 = 7

**7.** a) 60 · 9 + 20 · 7 = 540 + 140 = 680
b) 70 · 5 + 60 · 4 = 350 + 240 = 590
c) 80 · 6 − 6 · 30 = 480 − 180 = 300

## Seiten 32 – 33

**1.** a) Wenn du damit begonnen hast, die Einer zu multiplizieren, und zur richtigen Lösung gekommen bist, ist das genauso richtig.

9 · 16 = 144
9 · 10 = 90
9 · 6 = 54

b) 9 · 37 = 333
9 · 30 = 270
9 · 7 = 63

c) 6 · 17 = 102
6 · 10 = 60
6 · 7 = 42

d) 8 · 44 = 352
8 · 40 = 320
8 · 4 = 32

e) 7 · 24 = 168
7 · 20 = 140
7 · 4 = 28

f) 5 · 93 = 465
5 · 90 = 450
5 · 3 = 15

**2.** a) 4 · 10 + 4 · 8 = 40 + 32 = 72
b) 6 · 10 + 6 · 3 = 60 + 18 = 78
c) 9 · 30 + 9 · 6 = 270 + 54 = 324
d) 7 · 40 + 7 · 4 = 280 + 28 = 308

**3.** a) 200 + 32 = 232 e) 160 + 16 = 176
b) 210 + 49 = 259 f) 350 + 10 = 360
c) 540 + 36 = 576 g) 240 + 12 = 252
d) 300 + 54 = 354 h) 300 + 15 = 315

**4.** a) 5 · 40 − 5 · 2 = 200 − 10 = 190
b) 7 · 60 − 7 · 1 = 420 − 7 = 413
c) 9 · 80 − 9 · 3 = 720 − 27 = 693
d) 6 · 70 − 6 · 4 = 420 − 24 = 396
e) 4 · 30 − 4 · 1 = 120 − 4 = 116

**5.** a) 4 · 9 + 4 · 9 = 36 + 36 = 72
b) 6 · 8 + 6 · 8 = 48 + 48 = 96
c) 9 · 7 + 9 · 7 = 63 + 63 = 126
d) 6 · 7 + 6 · 7 = 42 + 42 = 84

**zu den Seiten 32 – 33:**

**6.** a) 56 · 4 = 224

50 · 4 = 200
6 · 4 = 24

b) 8 · 72 = 576

8 · 70 = 560
8 · 2 = 16

**7.** Möglichkeit 1:
7 · 9 + 7 · 9 = 7 · 18

Möglichkeit 2:
7 · 9 + 7 · 9 = 9 · 14

**Seiten 34 – 35**

**1.** a) 87 : 3 = 29

60 : 3 = 20
27 : 3 = 9

c) 57 : 3 = 19

30 : 3 = 10
27 : 3 = 9

b) 78 : 6 = 13

60 : 6 = 10
18 : 6 = 3

d) 84 : 7 = 12

70 : 7 = 10
14 : 7 = 2

**2.** a) 384 : 8 = 48

320 : 8 = 40
64 : 8 = 8

d) 648 : 8 = 81

640 : 8 = 80
8 : 8 = 1

b) 288 : 9 = 32

270 : 9 = 30
18 : 9 = 2

e) 258 : 6 = 43

240 : 6 = 40
18 : 6 = 3

c) 117 : 9 = 13

90 : 9 = 10
27 : 9 = 3

f) 268 : 4 = 67

240 : 4 = 60
28 : 4 = 7

**3.** a) Rechnung:
636 : 6 = 106

600 : 6 = 100
36 : 6 = 6
**U:** 106 · 6 = 636

b) Rechnung:
518 : 7 = 74

490 : 7 = 70
28 : 7 = 4
**U:** 74 · 7 = 518

c) Rechnung:
176 : 4 = 44

160 : 4 = 40
16 : 4 = 4
**U:** 4 · 44 = 176

d) Rechnung:
192 : 6 = 32

180 : 6 = 30
12 : 6 = 2
**U:** 6 · 32 = 192

**4.** a) 53 : 4 = 13 R1

40 : 4 = 10
12 : 4 = 3 R1
**U:** 13 · 4 = 52;
52 + 1 = 53

b) 93 : 6 = 15 R3

60 : 6 = 10
30 : 6 = 5 R3
**U:** 15 · 6 = 90;
90 + 3 = 93

c) 77 : 5 = 15 R2

50 : 5 = 10
**U:** 15 · 5 = 75;
75 + 2 = 77

d) 79 : 6 = 13 R1

60 : 6 = 10
18 : 6 = 3 R1
**U:** 13 · 6 = 78;
78 + 1 = 79

**5.** a) 105 : 8 = 13 R1

80 : 8 = 10
24 : 8 = 3 R1

b) 405 : 7 = 57 R6

350 : 7 = 50
49 : 7 = 7 R6

**6.** a) 342 : 3 = 114

300 : 3 = 100
30 : 3 = 10
12 : 3 = 4

**U:** 114 · 3 = 342

b) 379 : 9 = 42 R1

360 : 9 = 40
18 : 9 = 2 R1

**U:** 42 · 9 = 378;
378 + 1 = 379

c) 257 : 6 = 42 R5

240 : 6 = 40
12 : 6 = 2 R5

**U:** 42 · 6 = 252;
252 + 5 = 257

d) 819 : 8 = 102 R3

800 : 8 = 100
16 : 8 = 2 R3

**U:** 102 · 8 = 816;
816 + 3 = 819

**7.** Die Aufgaben a) und d) sind richtig. Daher sind hier nur die Lösungen zu b) und c) dargestellt:

b) 706 : 8 = 88 R2

640 : 8 = 80
64 : 8 = 8 R2

c) 176 : 5 = 35 R1

150 : 5 = 30
25 : 5 = 5 R1

## Seiten 36 – 37

**1.** a) 20, 40, 60, 80, 100, 120, 140, 160, 180, 200, 220, 240, 260, 280, 300
b) Regel: Addiere zu jeder Zahl 20.

**2.** a) 40, 70, 100, 130, 160, 190, 220, 250, 280, 310, 340, 370, 400
b) Regel: Addiere zu jeder Zahl 30.

**3.** a) Führe die Zahlenfolge weiter bis zur Endzahl 0.
400, 375, 350, 325, 300, 275, 250, 225, 200, 175, 150, 125, 100, 75, 50, 25, 0
b) Regel: Subtrahiere von jeder Zahl 25.

**4.** 4 · 36 , 8 · 32, 12 · 28, 16 · 24, 20 · 20, 24 · 16, 28 · 12, 32 · 8, 36 · 4, 40 · 0
Regel: Addiere zur ersten Zahl 4. Subtrahiere von der zweiten Zahl 4.

**5.** a) 1, 2, 4, 8, 16, 32, 64, 128, 256, 512
b) Regel: Multipliziere jede Zahl mit 2.

**6.** 10, 25, 40, 55, 70, 85, 100, 115, 130, 145, 160, 175, 190, 205, 220, 235, 250
Regel: Addiere zu jeder Zahl 15.

**7.** 60 · 80, 55 · 70, 50 · 60, 45 · 50, 40 · 40, 35 · 30, 30 · 20, 25 · 10, 20 · 0
Regel: Subtrahiere von der ersten Zahl 5. Subtrahiere von der zweiten Zahl 10.

**zu den Seiten 36 – 37:**

**8.** a) Folgende Regel ist richtig:
Dividiere die erste Zahl durch 2, und multipliziere die zweite Zahl mit 3.

b) 800 · 3, 400 · 9, 200 · 27, 100 · 81, 50 · 243, 25 · 729

## Seiten 38 – 39

1. Für jedes richtig ausgefüllte Feld gibt es **1 P. = 4 P.**

| | | | | | | | | | |
|---|---|---|---|---|---|---|---|---|---|
| | | | | | | | | | 410 |
| | | | 414 | | | | | 419 | |
| | | | | | 426 | | | | |

**2.** Für jede richtige Lösung gibt es **2 P. = 4 P.** Wenn du beim halbschriftlichen Addieren richtig untereinandergeschrieben hast, aber höchstens einen Fehler beim Rechnen gemacht hast, ziehe dir **1 P.** ab. Wenn du damit begonnen hast, die Einer deiner Summanden zu addieren, und zu demselben Ergebnis gekommen bist, ist das genauso richtig.

a) 384 + 237 = 621

384 + 200 = 584
584 + 30 = 614
614 + 7 = 621

b) 417 + 531 = 948

417 + 500 = 917
917 + 30 = 947
947 + 1 = 948

**3.** Für jede richtige Lösung gibt es **2 P. = 4 P.** Wenn du beim halbschriftlichen Subtrahieren richtig untereinander geschrieben hast, aber höchstens einen Fehler beim Rechnen gemacht hast, ziehe dir **1 P.** ab. Wenn du zuerst die Hunderter deiner zweiten Zahl von der ersten Zahl abgezogen hast und zu demselben Ergebnis gekommen bist, ist das genauso richtig.

a) 608 – 432 = 176

608 – 2 = 606
606 – 30 = 576
576 – 400 = 176

b) 471 – 109 = 362

471 – 9 = 462
462 – 100 = 362

**4.** Für jeden richtigen Überschlag gibt es **2 P.**, für jede richtige Lösung ebenfalls **2 P. = 8 P.** Hast du beim Runden nur einen Fehler gemacht, ziehe dir **1 P.** ab. Hast du beim schriftlichen Addieren und Subtrahieren richtig untereinandergeschrieben, aber höchstens einen Fehler beim Rechnen gemacht, ziehe dir ebenfalls **1 P.** ab.

a) **Ü:** 459 + 237 ≈ 500 + 200 = 700

```
  459
 +237
   1
 ----
  696
```

b) **Ü:** 949 - 314 ≈ 900 – 300 = 600

```
  949
 -314
 ----
  635
```

**5.** Für jedes richtig ausgefüllte Feld gibt es **1 P. = 9 P.**

```
a)  279     c)  864    oder:    5
   +106        -516            8̸64
     1           1            -516
   ----        ----           ----
    385         348            348

b)  438
   +298
    11
   ----
    736
```

**6.** Für jede richtige Lösung gibt es **2 P.** = **6 P.** Wenn du richtig untereinandergeschrieben hast, beim Rechnen aber einen Fehler gemacht hast, ziehe dir je Aufgabe **1 P.** ab. Wenn du zuerst die Einer multipliziert hast und zu demselben Ergebnis gekommen bist, ist das genauso richtig.

a) 3 · 18 = 54
———
3 · 10 = 30
3 · 8 = 24

b) 7 · 23 = 161
———
7 · 20 = 140
7 · 3 = 21

c) 5 · 147 = 735
———
5 · 100 = 500
5 · 40 = 200
5 · 7 = 35

**7.** Für jede richtige Lösung gibt es **2 P.** = **8 P.** Wenn du auf einem anderen Weg zu der Lösung gekommen bist, ist das auch richtig.

a) 32 − 12 = 20 oder: 5 · 4 = 20
b) 20 + 15 = 35 oder: 7 · 5 = 35
c) 12 · 7 + 45 · 7 = 57 · 7 = 50 · 7 + 7 · 7
= 350 + 49 = 399
d) 29 · 6 = 20 · 6 + 9 · 6 = 120 + 54 = 174

**8.** Für jede richtige Aufgabe gibt es **2 P.** = **4 P.**

a) 418 : 4 = 104 R2
———
400 : 4 = 100
16 : 4 = 4 R2

b) 379 : 7 = 54 R1
———
350 : 7 = 50
28 : 7 = 4 R1

**Noten-Übersicht für den Test „Arithmetik“**
Lies an dieser Tabelle ab, welche Note du für deine Punktzahl bekommst, und trage sie unter deinem Test ein.

| Punkte | Note |
|---|---|
| 47–46 | 1 |
| 45–43 | 1,5 |
| 42–40 | 2 |
| 39–35 | 2,5 |
| 34–31 | 3 |
| 30–27 | 3,5 |
| 26–24 | 4 |
| 23–16 | 4,5 |
| 15–9 | 5 |
| 8–5 | 5,5 |
| 4–0 | 6 |

## Seiten 40–41

**1.**

| 10 € | 1 € | 10 ct | 1 ct | |
|---|---|---|---|---|
| 0 | 5 | 2 | 5 | 5,25 € |
| 0 | 4 | 2 | 3 | 4,23 € |
| 0 | 9 | 9 | 4 | 9,94 € |
| 0 | 1 | 0 | 6 | 1,06 € |
| 0 | 0 | 1 | 0 | 0,10 € |
| 1 | 1 | 7 | 6 | 11,76 € |

**2.**

| 500 € | 200 € | 100 € | 50 € | 20 € | 10 € |
|---|---|---|---|---|---|
| 0 | 0 | 0 | 0 | 1 | 0 |
| 0 | 2 | 0 | 2 | 0 | 0 |
| 0 | 0 | 5 | 0 | 0 | 7 |
| 1 | 0 | 0 | 0 | 0 | 6 |
| 0 | 0 | 0 | 4 | 6 | 0 |

| 5 € | 2 € | 1 € | 10 ct | 1 ct |
|---|---|---|---|---|
| 2 | 0 | 5 | 3 | 7 |
| 0 | 4 | 0 | 2 | 0 |
| 0 | 0 | 5 | 0 | 9 |
| 5 | 0 | 0 | 0 | 7 |
| 5 | 0 | 4 | 1 | 5 |

Gesamtbeträge von oben nach unten:
35,37 €; 508,20 €; 575,09 €; 585,07 €; 349,15 €

**zu den Seiten 40 – 41:**

**3.** a) 4 € 75 ct = 4,75 € + 0,25 € = 5,00 €
b) 6 € 54 ct = 6,54 € + 0,46 € = 7,00 €
c) 8 € 07 ct = 8,07 € + 0,93 € = 9,00 €
d) 2 € 95 ct = 2,95 € + 0,05 € = 3,00 €

**4.** a) Es sind insgesamt 8 026 ct.
b) Es sind insgesamt 80,26 €.

**5.**

| ct | € und ct | € |
|---|---|---|
| 57 | 0 € und 57 ct | 0,57 |
| 1 601 | 16 € und 1 ct | 16,01 |
| 2 800 | 28 € und 0 ct | 28,00 |
| 399 | 3 € und 99 ct | 3,99 |
| 473 | 4 € und 73 ct | 4,73 |

**6.** a) 320 ct = 3,20 €
98 ct = 0,98 €
1 000 ct = 10,00 €

b) 5 € 20 ct = 520 ct
14 € 09 ct = 1409 ct
7 € 98 ct = 798 ct

**7.** a)
1,3 5 €
\+ 9,1 8 €
1
10,5 3 €

b)
15,1 1 €
\+ 37,9 9 €
1 1 1
53,1 0 €

c)
9,8 7 €
−6,9 0 €
1
2,9 7 €

oder:

8
9,8 7 € (9 durchgestrichen)
−6,9 0 €
2,9 7 €

**Seiten 42 – 43**

**1.**
1,99 € · 2 = 3,98 €
\+ 0,99 € · 3 = 2,97 €

5,9 9 €
\+ 3,9 8 €
\+ 2,9 7 €
2 2
12,9 4 €

Antwort: Alles zusammen kostet 12,94 €.

**2.**
1,49 € · 2 = 2,98 €

1,4 9 €
+0,9 9 €
+2,9 8 €
2 2
5,4 6 €

Antwort: Herr Kunz muss 5,46 € bezahlen.

**3.**
3,98 € · 2 = 7,96 €
\+ 0,99 € · 2 = 1,98 €
\+ 1,49 € · 2 = 2,98 €
\+ 1,80 € · 2 = 3,60 €

7,9 6 €
\+ 5,9 9 €
\+ 1,9 8 €
\+ 2,9 8 €
\+ 3,6 0 €
2 4 3
22,5 1 €

Antwort: Frau Müller gibt insgesamt 22,51 € aus.

**4.** Ja, sein Erspartes reicht aus.

**5.** a)
5,99 € · 2 = 11,98 €
0,99 € · 3 = 2,97 €
1,49 € · 2 = 2,98 €
1,49 € · 2 = 2,98 €
3,98 € · 2 = 7,96 €

11,9 8 €
2,9 7 €
2,9 8 €
2,9 8 €
\+ 7,9 6 €
1 4 3
28,8 7 €

Antwort: Das Geld von Frau Wenz reicht aus. Sie muss insgesamt 28,87 € bezahlen.

b) 50,00 € – 28,87 € = 21,13 €
Antwort: Frau Wenz hat 21,13 € übrig.

**Seiten 44 – 45**

**1.**

| einfacher Betrag | verdoppelter Betrag |
|---|---|
| a) 3,50 € | 7,00 € |
| b) 12,30 € | 24,60 € |
| c) 9,60 € | 19,20 € |
| d) 25,00 € | 50,00 € |
| e) 8,45 € | 16,90 € |
| f) 17,55 € | 35,10 € |

**2.**

| einfacher Betrag | halbierter Betrag |
|---|---|
| a) 6,40 € | 3,20 € |
| b) 18,90 € | 9,45 € |
| c) 7,00 € | 3,50 € |
| d) 46,64 € | 23,32 € |
| e) 5,94 € | 2,97 € |
| f) 85,38 € | 42,69 € |

**3.**

| Euro | 500 € | 200 € | 100 € | 50 € | 20 € | 10 € | 5 € |
|---|---|---|---|---|---|---|---|
| 865 € | 1 | 1 | 1 | 1 | | 1 | 1 |
| 760 € | 1 | 1 | | 1 | | 1 | |
| 995 € | 1 | 2 | | 1 | 2 | | 1 |
| 370 € | | 1 | 1 | 1 | 1 | | |
| 90 € | | | | 1 | 2 | | |
| 410 € | | 2 | | | | 1 | |

**4.**

| einfacher Betrag | verdoppelter Betrag | halbierter Betrag |
|---|---|---|
| 10,34 € | 20,68 € | 5,17 € |
| 26,98 € | 53,96 € | 13,49 € |
| 1,74 € | 3,48 € | 0,87 € |
| 31,46 € | 62,92 € | 15,73 € |

**5.**

| Euro | 500 € | 200 € | 100 € | 50 € | 20 € | 10 € | 5 € |
|---|---|---|---|---|---|---|---|
| 555 € | 1 | | | 1 | | | 1 |
| 380 € | | 1 | 1 | 1 | 1 | 1 | |
| 295 € | | | 2 | 1 | 2 | | 1 |
| 175 € | | | 1 | 1 | 1 | | 1 |

## Seiten 46 – 47

**1.** a)

| Produkt | Anzahl · Preis | Überschlag |
|---|---|---|
| Milch | 2 · 0,97 € | ≈ 2,00 € |
| Brot | 1 · 2,60 € | ≈ 3,00 € |
| Gulasch | 2 · 6,99 € | ≈ 14,00 € |
| Kondensmilch | 3 · 0,49 € | ≈ 1,00 € |
| Spülmittel | 1 · 1,98 € | ≈ 2,00 € |
| Waschpulver | 1 · 12,75 € | ≈ 13,00 € |
| Salat | 2 · 1,49 € | ≈ 3,00 € |
| Äpfel | 1 · 2,99 € | ≈ 3,00 € |
| Rechenhefte | 2 · 0,60 € | ≈ 1,00 € |
| Toilettenpapier | 1 · 4,30 € | ≈ 4,00 € |

So könnten deine Nebenrechnungen aussehen. Wenn du durch Multiplizieren zu denselben Lösungen gekommen bist, ist das genauso richtig.

Milch:

$$\begin{array}{r} 0{,}97\ € \\ +0{,}97\ € \\ \hline 1{,}94\ € \approx 2\ € \end{array}$$

(Überträge: 1 1)

Gulasch:

$$\begin{array}{r} 6{,}99\ € \\ +\ 6{,}99\ € \\ \hline 13{,}98\ € \approx 14\ € \end{array}$$

(Überträge: 1 1)

Kondensmilch:

$$\begin{array}{r} 0{,}49\ € \\ 0{,}49\ € \\ +0{,}49\ € \\ \hline 1{,}47\ € \approx 1\ € \end{array}$$

(Überträge: 1 2)

Salat:

$$\begin{array}{r} 1{,}49\ € \\ +1{,}49\ € \\ \hline 2{,}98\ € \approx 3\ € \end{array}$$

(Übertrag: 1)

Rechenhefte:

$$\begin{array}{r} 0{,}60\ € \\ +0{,}60\ € \\ \hline 1{,}20\ € \approx 1\ € \end{array}$$

(Übertrag: 1)

b) Summe der Überschläge: 46,00 €

c) Antwort: Ich muss etwa 50,00 € mitnehmen.

**2.**

| Artikelnummer | Überschlag |
|---|---|
| 1. | ≈ 28,00 € |
| 2. | ≈ 12,00 € |
| 3. | ≈ 78,00 € |
| 4. | ≈ 8,00 € |
| 5. | ≈ 7,00 € |
| 6. | ≈ 13,00 € |
| 7. | ≈ 18,00 € |
| | |
| Summe | 164,00 € |

So könnten deine Nebenrechnungen aussehen. Wenn du durch Multiplikation zu denselben Lösungen gekommen bist, ist das genauso richtig.

**zu den Seiten 46 – 47:**

Tischtennisschläger: 38,98 € ≈ 39 €;
39 € · 2 = 78 €

Rollen für Inliner: 8,99 € ≈ 9 €;
9 € · 2 = 18 €

Antwort: Nein, die Summe auf dem Kassenbon kann nicht stimmen.

**3.**

| | | |
|---|---|---|
| | 5,79 € ≈ | 6,00 € |
| | 138,55 € ≈ | 139,00 € |
| | 289,70 € ≈ | 290,00 € |
| | 18,15 € ≈ | 18,00 € |
| | 8,99 € ≈ | 9,00 € |
| | 331,50 € ≈ | 332,00 € |
| + | 12,69 € ≈ + | 13,00 € |
| | 2 4 4 3 | 2 3 |
| | 805,37 € ≈ | 807,00 € |

**Seiten 48 – 49**

**1.**

| mm | cm |
|---|---|
| 45 | 4,5 |
| 87 | 8,7 |
| 32 | 3,2 |
| 48 | 4,8 |
| 69 | 6,9 |

**2.**

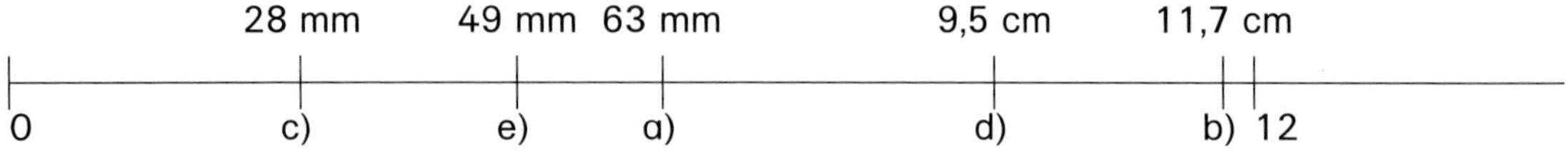


**3.**

| | | | |
|---|---|---|---|
| 30 mm | 48 mm | 88 mm | 25 mm |
| 3,0 cm | 4,8 cm | 8,8 cm | 2,5 cm |

| | | | | |
|---|---|---|---|---|
| | 127 mm | 139 mm | 147 mm | 257 mm |
| | 12,7 cm | 13,9 cm | 14,7 cm | 25,7 cm |

**4.** 80 mm = 8 cm
3,5 cm = 35 mm
1,2 cm = 12 mm
4 cm 5 mm = 45 mm
137 mm = 13,7 cm

**5.**

| | mm | cm |
|---|---|---|
| a) | 22 | 2,2 |
| b) | 99 | 9,9 |
| c) | 51 | 5,1 |
| d) | 73 | 7,3 |
| e) | 47 | 4,7 |

**6.**

| mm | cm | cm und mm |
|---|---|---|
| 257 mm | 25,7 cm | 25 cm 7 mm |
| 137 mm | 13,7 cm | 13 cm 7 mm |
| 224 mm | 22,4 cm | 22 cm 4 mm |
| 621 mm | 62,1 cm | 62 cm 1 mm |
| 9 mm | 0,9 cm | 0 cm 9 mm |

## Seiten 50 – 51

**1.**

| cm | m | m und cm |
|---|---|---|
| 369 cm | 3,69 m | 3 m 69 cm |
| 89 cm | 0,89 m | 0 m 89 cm |
| 547 cm | 5,47 m | 5 m 47 cm |
| 934 cm | 9,34 m | 9 m 34 cm |
| 291 cm | 2,91 m | 2 m 91 cm |
| 901 cm | 9,01 m | 9 m 1 cm |

**2.**

```
    8,6 0 m
    3,2 4 m
    9,3 6 m
    0,0 2 m
+   0,4 3 m
   2 1 1
-----------
   2 1,6 5 m
```

**3.**

a) 5,76 m + 1,24 m = 7,00 m = 700 cm
b) 3,69 m + 15,81 m = 19,50 m = 1 950 cm
c) 8,07 m + 1,93 m = 10,00 m = 1 000 cm
d) 0,74 m + 15,76 m = 16,50 m = 1 650 cm

**4.** a) 2,41 m + 12,09 m = 14,50 m
b) 9,24 m + 1,76 m = 11,00 m
c) 4,50 m + 4,80 m = 9,30 m
d) 8,54 m + 4,72 m = 13,26 m

**5.** a) 18,60 m > 6,04 m > 1,86 m > 0,99 m > 0,33 m
b) 0,23 m < 0,79 m < 4,32 m < 5,07 m < 16,35 m

**6.**

| cm | m | m und cm |
|---|---|---|
| 409 cm | 4,09 m | 4 m 9 cm |
| 1 000 cm | 10,00 m | 10 m 0 cm |
| 733 cm | 7,33 m | 7 m 33 cm |
| 50 cm | 0,50 m | 0 m 50 cm |
| 299 cm | 2,99 m | 2 m 99 cm |

## Seiten 52 – 53

**1.** a) 6,5 cm: Nagel
b) 18 cm: Bleistift
c) 76 cm: Regenschirm
d) 200 cm: Zollstock

**2.** 300 m – Eiffelturm; 5 m – Auto, 18 m – Lastzug, 120 m – Riesenrad

**3.** a) 20 m
b) 20 cm
c) 20 m
d) 100 m

**4.** a) 300 mm
b) 80 mm
c) 2 m
d) 45 cm
e) 25 m
f) 1 mm

**5.**

| Linie | gemessen in cm |
|---|---|
| a) | 4,9 cm |
| b) | 3 cm |
| c) | 9,5 cm |
| d) | 6,3 cm |
| e) | 5,7 cm |

## Seiten 54 – 55

**1.**

| 1 km | 100 m | 10 m | 1 m | |
|---|---|---|---|---|
| 1 | 6 | 3 | 5 | 1 635 m |
| 0 | 7 | 3 | 8 | 738 m |
| 2 | 0 | 2 | 3 | 2 023 m |
| 4 | 8 | 7 | 0 | 4 870 m |
| 1 | 0 | 0 | 9 | 1 009 m |

**2.** a) 673 m = 0,673 km
b) 3 547 m = 3,547 km
c) 97 m = 0,097 km
d) 1 450 m = 1,450 km
e) 8 m = 0,008 km

**3.** a) 547 m + 453 m = 1 km
b) 97 m + 903 m = 1 km
c) 781 m + 219 m = 1 km
d) 8 m + 992 m = 1 km

**4.**

```
   0,5 5 4 km
   2,7 6 2 km
   0,0 9 0 km
   1,1 1 2 km
  +0,4 3 2 km
     1 2 1
-------------
   4,9 5 0 km
```

**zu den Seiten 54 – 55:**

**5.** Rechnung: 2,65 km = 2650 m; 3 km und 760 m = 3,76 km = 3760 m; 770 m = 0,77 km.

$$\begin{array}{r} 2{,}6\,5\text{ km} \\ 3{,}7\,6\text{ km} \\ +0{,}7\,7\text{ km} \\ {\scriptstyle 2\;1}\phantom{\text{ km}} \\ \hline 7{,}1\,8\text{ km} \end{array}$$

Wenn du zunächst die Meterangaben addiert hast und erst anschließend in Kommaschreibweise umgewandelt hast, ist das genauso richtig.

Antwort: Alle zusammen sind 7,18 km gefahren.

**6.**

| = 10 m | = 100 m | = 1 km |
|---|---|---|
| 4,55 m + 5,45 m | 17,8 m + 82,2 m | 287 m + 713 m |
| 3,10 m + 6,90 m | 1,9 m + 98,1 m | 97 m + 903 m |
| 8,12 m + 1,88 m | 19,6 m + 80,4 m | 709 m + 291 m |
| 1,93 m + 8,07 m | 52,7 m + 47,3 m | 6 m + 994 m |
| 0,81 m + 9,19 m | 89,3 m + 10,7 m | 466 m + 534 m |

## Seiten 56 – 57

**1.**

| | 1 kg | 100 g | 10 g | 1 g |
|---|---|---|---|---|
| 1 865 g | 1 | 8 | 6 | 5 |
| 481 g | 0 | 4 | 8 | 1 |
| 3,740 kg | 3 | 7 | 4 | 0 |
| 7 kg 20 g | 7 | 0 | 2 | 0 |
| 1 591 g | 1 | 5 | 9 | 1 |

**2.**

| g | kg | kg und g |
|---|---|---|
| 569 g | 0,569 kg | 0 kg 569 g |
| 3 712 g | 3,712 kg | 3 kg 712 g |
| 5 070 g | 5,070 g | 5 kg 70 g |
| 2 500 g | $2\frac{1}{2}$ kg | 2 kg 500 g |

**3.** Die grau gedruckte Null kannst du auch weglassen.

a) 0,513 kg = 513 g
b) 1 070 g = 1,070 kg
c) 3,900 kg = 3 900 g
d) 17 g = 0,017 kg
e) $1\frac{1}{2}$ kg = 1 500 g
f) 901 g = 0,901 kg

**4.** a) 605 g + 395 g = 1 kg
b) 950 g + 50 g = 1 kg
c) 14 g + 986 g = 1 kg
d) 623 g + 377 g = 1 kg
e) 602 g + 398 g = 1 kg

**5.**

| Gewicht in g | 1 kg | 100 g | 10 g | 1 g |
|---|---|---|---|---|
| 7 254 | 7 | 2 | 5 | 4 |
| 5 045 | 5 | 0 | 4 | 5 |
| 3 009 | 3 | 0 | 0 | 9 |
| 301 | 0 | 3 | 0 | 1 |

**6.** a) 4 kg 567 g + 433 g = 5 kg
b) 810 g + 3 kg 190 g = 4 kg
c) 1 kg 902 g + 98 g = 2 kg

## Seiten 58 – 59

**1.**

| Lebensmittel | Gewicht |
|---|---|
| Tafel Schokolade | 100 g |
| Bonbons | 125 g |
| Butter | 250 g |
| Cornflakes | 275 g |
| Reis | 500 g |
| Zucker | 1 kg |
| Brot | 1,5 kg |
| Kartoffeln | 5 kg |

**2.** Die grau gedruckten Nullen kannst du auch weglassen.

1. 9,570 kg
2. 7,002 kg
3. 3,670 kg
4. 2,506 kg
5. 0,023 kg
6. 0,007 kg

**3.**

| 1 kg | 100 g | 10 g | 1 g |
|---|---|---|---|
| 7 | 0 | 0 | 5 |
| 3 | 0 | 4 | 0 |
| 2 | 4 | 6 | 0 |
| 1 | 0 | 4 | 0 |
| 0 | 2 | 5 | 9 |
| 0 | 2 | 5 | 7 |
| 0 | 0 | 0 | 4 |

**4.**

| | 1 kg | 500 g | 200 g | 100 g | 50 g | 20 g | 10 g | 5 g | 2 g | 1 g |
|---|---|---|---|---|---|---|---|---|---|---|
| 847 g | 0 | 1 | 1 | 1 | 0 | 2 | 0 | 1 | 1 | 0 |
| 1,045 kg | 1 | 0 | 0 | 0 | 0 | 2 | 0 | 1 | 0 | 0 |
| 795 g | 0 | 1 | 1 | 0 | 1 | 2 | 0 | 1 | 0 | 0 |
| 648 g | 0 | 1 | 0 | 1 | 0 | 2 | 0 | 1 | 1 | 1 |
| 0,894 kg | 0 | 1 | 1 | 1 | 1 | 2 | 0 | 0 | 2 | 0 |

**5.** 2590 g > 1600 g > 987 g > 500 g > 195 g > 97 g

**6.**

| Gewicht in g | 1 kg | 500 g | 200 g | 100 g | 50 g | 20 g | 10 g | 5 g | 2 g | 1 g |
|---|---|---|---|---|---|---|---|---|---|---|
| 497 | 0 | 0 | 2 | 0 | 1 | 2 | 0 | 1 | 1 | 0 |
| 951 | 0 | 1 | 2 | 0 | 1 | 0 | 0 | 0 | 0 | 1 |
| 2 008 | 2 | 0 | 0 | 0 | 0 | 0 | 0 | 1 | 1 | 1 |
| 3 987 | 3 | 1 | 2 | 0 | 1 | 1 | 1 | 1 | 1 | 0 |

**Seiten 60 – 61**

**1.** Folgende Gewichtsangaben solltest du angekreuzt haben:
Tischtennisball 2 g
Erwachsener 75 kg
Kind im 3. Schuljahr 30 kg
Eimer Farbe 10 kg
Hühnerei 60 g
Kohlmeise 20 g
Katze 4 kg

**2.** Mehl: 1 kg
Schwein: 200 kg
Bleistift: 5 g
Hai: 2 t

**3.** Sack Kartoffeln: 5 kg
Schokolade: 100 g
Honigmelone: 1 kg
Butter: 250 g
Vanillin-Zucker: 10 g

**4.**

a)

| Tiere | Futter | Gewicht |
|---|---|---|
| Hasen | Möhren | 2 500 g |
| Löwen | Fleisch | 100 kg |
| Schildkröten | Salat | 1 500 g |
| Robben | Fisch | 30 kg |
| Affen | Bananen | 15 kg |

b) Die grau gedruckten Nullen kannst du in der Rechnung auch weglassen.

```
    2,500 kg
  100,000 kg
    1,500 kg
   30,000 kg
+  15,000 kg
     1
-----------
  149,000 kg
```

Antwort: Alles zusammen wiegt 149 kg.

c) Richtig ist: Das Futter wiegt etwa so viel wie ein Auto.

**Seiten 62 – 63**

**1.** Auto: 1 t
LKW: 7,5 t
Container: 3 t
Jumbo-Jet: 350 t

**zu den Seiten 62 – 63:**

**2.**

| Tier | Gewicht |
|---|---|
| Blauwal | 130 t |
| Elefant | 6 t |
| Nashorn | 1,850 t |
| Nilpferd | 1,600 t |
| Büffel | 1 t |
| Eisbär | 0,500 t |
| Tiger | 0,350 t |
| Seelöwe | 0,090 t |

**3.** 1,5 t = 1 500 kg
2 500 = 2,5 t
1 012 kg = 1 t 012 kg
0 t 425 kg = 425 kg

**4.** a) 468 kg + 532 kg = 1 t
b) 256 kg + 744 kg = 1 t
c) 631 kg + 369 kg = 1 t
d) 19 kg + 981 kg = 1 t
e) 793 kg + 207 kg = 1 t

**5.**

| kg | t | t und kg |
|---|---|---|
| 103 kg | 0,103 t | 0 t 103 kg |
| 2 369 kg | 2,369 t | 2 t 369 kg |
| 7 971 kg | 7,971 t | 7 t 971 kg |
| 4 500 kg | 4,5 t | 4 t 500 kg |

**6.** a) 5 kg + 995 kg = 1 t
378 kg + 622 kg = 1 t
407 kg + 593 kg = 1 t
69 kg + 931 kg = 1 t
111 kg + 889 kg = 1 t

b)
```
     5 kg
   378 kg
   407 kg
    69 kg
 + 111 kg
    13
 ---------
   970 kg
```

c) 1t = 1 000 kg;
1 000 kg – 970 kg = 30 kg

**Seiten 64 – 65**

**1.** a) 1 min = 60 s
b) $\frac{1}{2}$ min = 30 s
c) $2\frac{1}{2}$ min = 2 · 60 s + 30 s = 150 s
d) 12 min = 12 · 60 s = 10 · 60 s + 2 · 60 s
= 600 s + 120 s = 720 s
e) 15 min = 15 · 60 s = 10 · 60 s + 5 · 60 s
= 600 s + 300 s = 900 s
f) $\frac{3}{4}$ min = 45 s

**2.** a) 360 s = 6 min
b) 30 s = $\frac{1}{2}$ min
c) 180 s = 3 min
d) 660 s = 11 min
e) 420 s = 7 min
f) 240 s = 4 min

**3.** 80 Sekunden = 1 Minute 20 Sekunden
138 Sekunden = 2 Minuten 18 Sekunden
222 Sekunden = 3 Minuten 42 Sekunden

**4.**

| Stunden | Minuten |
|---|---|
| 3 h | 180 min |
| $2\frac{1}{4}$ h | 135 min |
| $1\frac{1}{2}$ h | 90 min |
| $1\frac{1}{4}$ h | 75 min |
| $4\frac{1}{4}$ h | 255 min |
| $2\frac{1}{2}$ h | 150 min |

Rechnungen:
1. Zeile: 3 · 60 = 180; 3 h = 180 min
2. Zeile: 135 : 60 = 2 R 15;
15 min = $\frac{1}{4}$ h; 135 min = $2\frac{1}{4}$ h
3. Zeile: 1 h = 60 min; $\frac{1}{2}$ h = 30 min;
60 min + 30 min = 90 min
4. Zeile: 75 : 60 = 1 R 15;
15 min = $\frac{1}{4}$ h; 175 min = $1\frac{1}{4}$ h

5\. Zeile: $4 \cdot 60 = 240$; $\frac{1}{4}$ h = 15 min;

240 min + 15 min = 255 min

6\. Zeile: $2 \cdot 60 = 120$; $\frac{1}{2}$ h = 30 min;

120 min + 30 min = 150 min = $2\frac{1}{2}$ h

**5.** a) 9.09 Uhr + 51 min = 10.00 Uhr
c) 0.14 Uhr + 46 min = 1.00 Uhr
d) 22.11 Uhr + 49 min = 23.00 Uhr

**6.** a)

| **Kurzstrecken-Läufer** | **s** | **min und s** |
|---|---|---|
| Max | 82 | 1 min 22 s |
| Johnny | 100 | 1 min 40 s |
| Theo | 99 | 1 min 39 s |

Rechnungen:
Max: 82 : 60 = 1 R 22;
82 s = 1 min 22 s
Johnny: 100 : 60 = 1 R 40;
100 s = 1 min 40 s
Theo: 99 : 60 = 1 R 39;
99 s = 1 min 39 s

b)

| **Langstrecken-Läufer** | **min** | **h und min** |
|---|---|---|
| Antonia | 325 | 5 h 25 min |
| Lea | 297 | 4 h 57 min |
| Jule | 301 | 5 h 1 min |

Rechnungen:
Antonia: 325 : 60 = 5 R 25;
325 min = 5 h 25 min
Lea: 297 : 60 = 4 R 57;
297 min = 4 h 57 min
Jule: 301 : 60 = 5 R 1;
301 min = 5 h 1 min

## Seiten 66 – 67

**1.**
a)

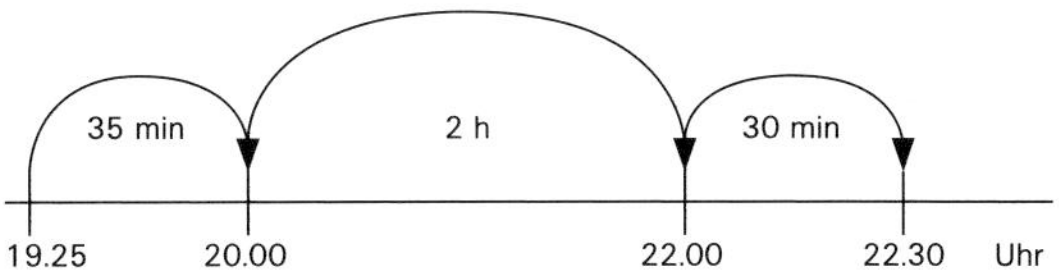


Antwort: Die Zeitspanne beträgt 3 h 5 min.

b)

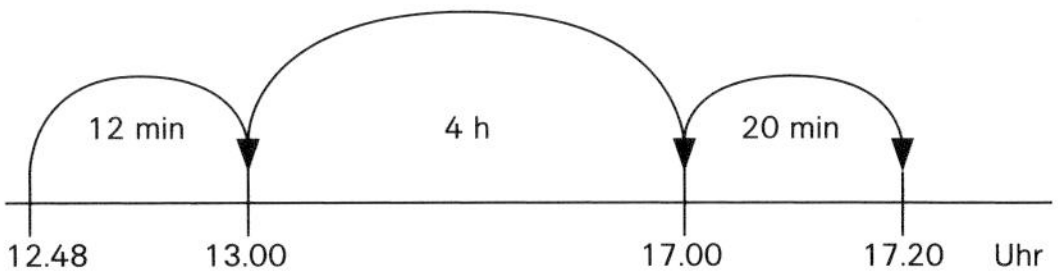


Antwort: Die Zeitspanne beträgt 4 h 32 min.

**2.**

| | **Montag** | **Dienstag** | **Mittwoch** | **Donnerstag** | **Freitag** |
|---|---|---|---|---|---|
| **Beginn** | 14.10 Uhr | 15.20 Uhr | 13.30 Uhr | 16.20 Uhr | 13.45 Uhr |
| **Ende** | 15.30 Uhr | 17.05 Uhr | 14.25 Uhr | 17.55 Uhr | 15.10 Uhr |
| **Dauer** | 1 h 20 min | 1 h 45 min | 55 min | 1 h 35 min | 1 h 25 min |

Rechnungen:
Montag:

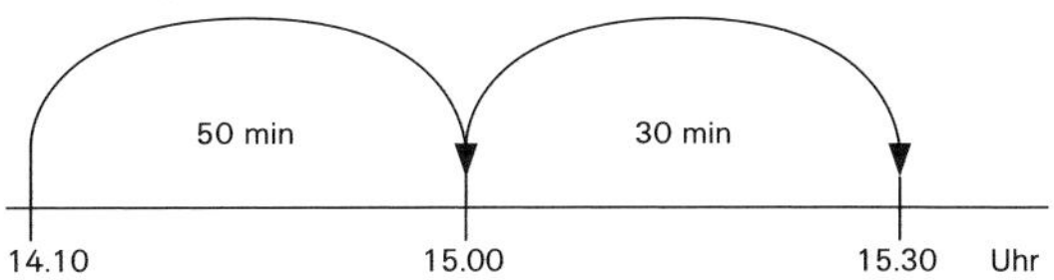


50 min + 30 min = 80 min = 1 h + 20 min

Dienstag:

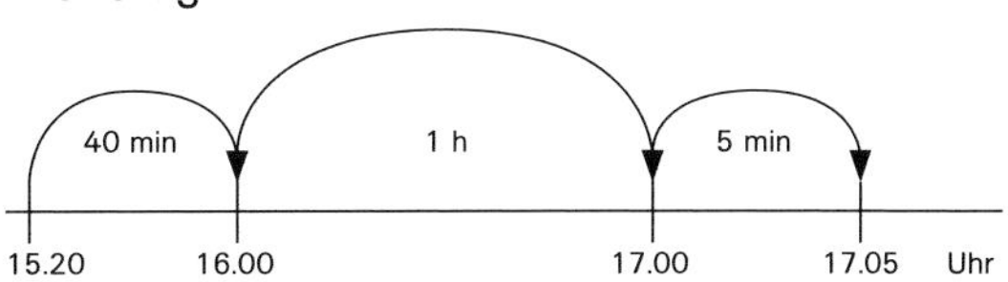


40 min + 1 h + 5 min = 1 h 45 min

**zu den Seiten 66 – 67:**

Mittwoch:

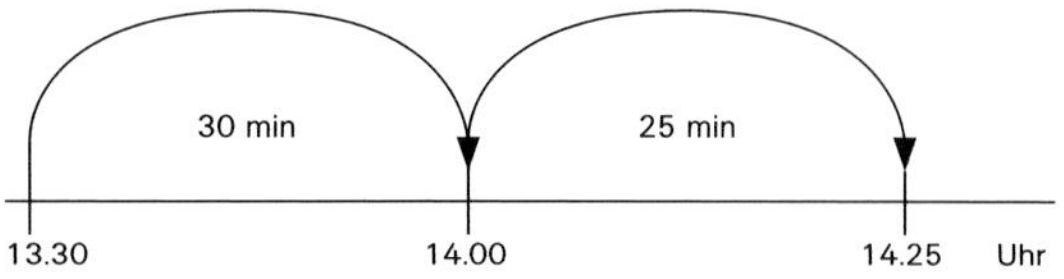


30 min + 25 min = 55 min

Donnerstag:

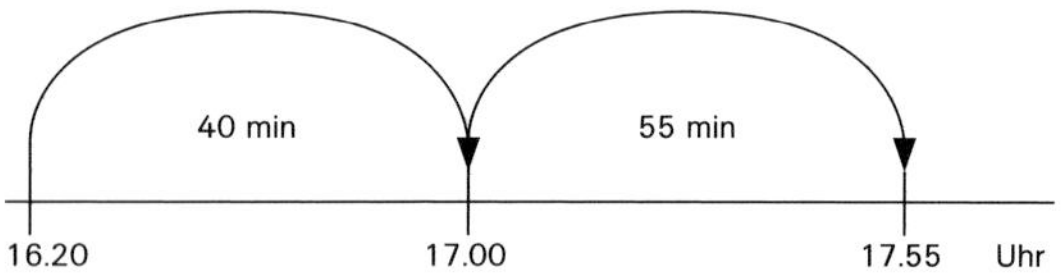


40 min + 55 min = 95 min = 1 h 35 min

Freitag:

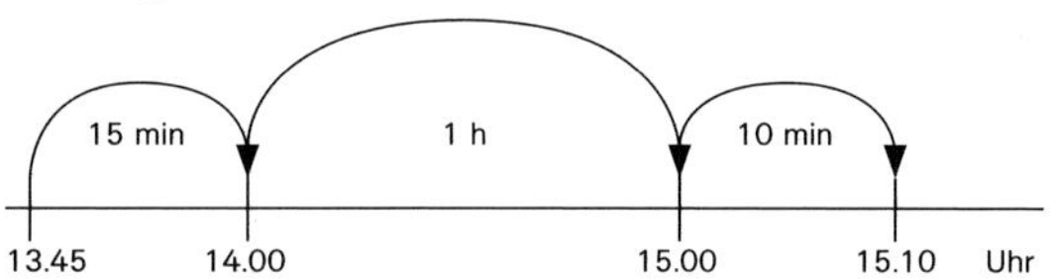


15 min + 1 h + 10 min = 1 h 25 min

**3.**

| | **Montag** | **Dienstag** |
|---|---|---|
| **Beginn** | 14.20 Uhr | 15.45 Uhr |
| **Ende** | 15.45 Uhr | 18.15 Uhr |
| **Dauer** | 1 h 25 min | 2 h 30 min |

| | **Mittwoch** | **Donnerstag** | **Freitag** |
|---|---|---|---|
| | 13.38 Uhr | 16.25 Uhr | 13.55 Uhr |
| | 14.23 Uhr | 19.05 Uhr | 15.10 Uhr |
| | 45 min | 2 h 40 min | 1 h 15 min |

Rechnungen:

Montag:
14.20 Uhr + 1 h = 15.20 Uhr;
15.20 Uhr + 25 min = 15.45 Uhr

Dienstag:
15.45 Uhr + 2 h = 17.45 Uhr;
17.45 Uhr + 30 min = 18.15 Uhr

Mittwoch:
13.38 Uhr + 45 min = 14.23 Uhr

Donnerstag:
16.25 Uhr + 2 h = 18.25 Uhr;
18.25 Uhr + 40 min = 19.05 Uhr

Freitag:
13.55 Uhr + 1 h = 14.55 Uhr;
14.55 Uhr + 15 min = 15.10 Uhr

**4.**

| **Abfahrt** | **Fahrtdauer** | **Ankunft** |
|---|---|---|
| 4.58 Uhr | 6 h 11 min | 11.09 Uhr |

Rechnung:
4.58 Uhr + 6 h = 10.58 Uhr;
10.58 Uhr + 11 min = 11.09 Uhr

**5.**

| | **Abfahrt** | **Fahrtdauer** | **Ankunft** |
|---|---|---|---|
| **Fahrt 1** | 11.34 Uhr | 4 h 46 min | 16.20 Uhr |
| **Fahrt 2** | 13.18 Uhr | 2 h 10 min | 15.28 Uhr |
| **Fahrt 3** | 20.43 Uhr | 47 min | 21.30 Uhr |
| **Fahrt 4** | 19.55 Uhr | 3 h 21 min | 23.16 Uhr |
| **Fahrt 5** | 7.58 Uhr | 1 h 40 min | 9.38 Uhr |

Rechnungen:

Fahrt 1:

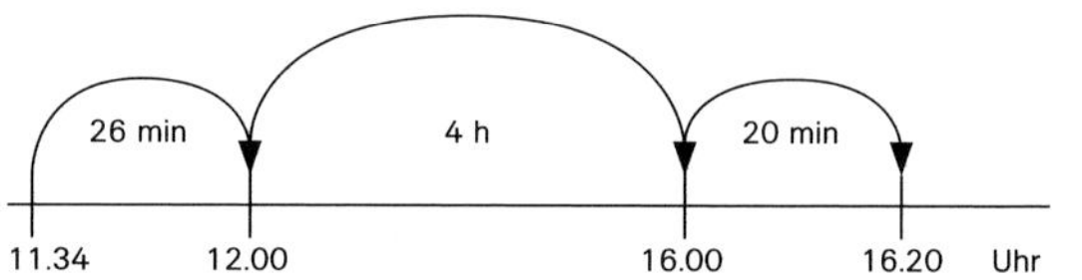


26 min + 4 h + 20 min = 4 h 46 min

Fahrt 2: 13.18 Uhr + 2 h = 15.18 Uhr;
15.18 Uhr + 10 min = 15.28 Uhr

Fahrt 3: Du kannst die Fahrtdauer zerlegen, und in mehreren Schritten rechnen:
21.30 Uhr – 30 min = 21.00 Uhr;
21.00 Uhr – 10 min = 20.50 Uhr;
20.50 Uhr – 7 min = 20.43 Uhr

Fahrt 4:

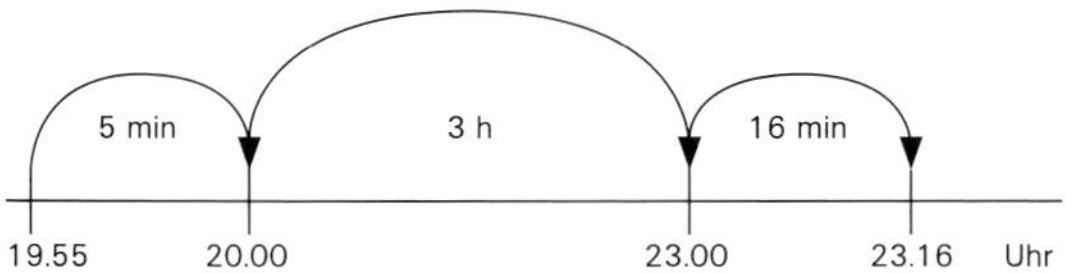


5 min + 3 h + 16 min = 3 h 21 min

Fahrt 5: 7.58 Uhr + 1 h = 8.58 Uhr;
8.58 Uhr + 40 min = 9.38 Uhr

## Seiten 68 – 69

**1.** Für jede richtige Rechnung und jeden richtigen Eintrag in die Tabelle gibt es **1 P. = 4 P.**

Rechnungen:

a)
```
   9,0 6 €
+  9,0 6 €
      1
----------
  1 8,1 2 €
```

b)
```
  1 7,9 5 €
+ 1 7,9 5 €
  1  1  1
----------
  3 5,9 0 €
```

Wenn du durch Multiplikation zu denselben Lösungen gekommen bist, ist das genauso richtig.

| einfacher Betrag | verdoppelter Betrag |
|---|---|
| 9,06 € | 18,12 € |
| 17,95 € | 35,90 € |

**2.** Für jede richtige Rechnung und jeden richtigen Eintrag in die Tabelle gibt es **1 P. = 4 P.**

Rechnungen:

a)
```
6,7 8 € : 2 = 3,3 9 €
---------------------
6,0 0 € : 2 = 3,0 0 €
0,6 0 € : 2 = 0,3 0 €
0,1 8 € : 2 = 0,0 9 €
```

b)
```
35,6 6 € : 2 = 1 7,8 3 €
------------------------
20,0 0 € : 2 = 1 0,0 0 €
14,0 0 € : 2 =   7,0 0 €
 1,6 0 € : 2 =   0,8 0 €
 0,0 6 € : 2 =   0,0 3 €
```

| einfacher Betrag | halbierter Betrag |
|---|---|
| 6,78 € | 3,39 € |
| 35,66 € | 17,83 € |

**3.** Für jeden richtigen Eintrag in die Tabellen gibt es **1 P. = 8 P.**

a)

| cm | m | m und cm |
|---|---|---|
| 63 cm | 0,63 m | 0 m 63 cm |
| 703 cm | 7,03 m | 7 m 3 cm |

b)

| m | km | km und m |
|---|---|---|
| 149 m | 0,149 km | 0 km 149 m |
| 7 341 km | 7,341 km | 7 km 341 m |

**4.** Für jede richtige Entscheidung gibt es **1 P = 6 P.**

Richtig sind folgende Aussagen:
- Ein Bleistift ist etwa 17 cm lang.
- Der Berliner Fernsehturm ist 368 m hoch.
- Der höchste Berg ist etwa 8850 m hoch.

Falsch sind folgende Aussagen:
- Ein Zollstock ist 200 mm lang.
- Eine Pfauenfeder ist etwa 320 m lang.
- Ein Springseil ist etwa 14 mm lang.

**5.** Für jede richtige Umwandlung gibt es **1 P. = 4P.**

a) 4,703 kg = 4 703 g
b) 2 540 g = 2,540 kg
c) 0,547 kg = 547 g
d) 45 g = 0,045 kg

**6.** Für jede richtige Umwandlung in g gibt es **1 P.**, für die richtige Addition nochmals **1 P.** Insgesamt sind das **5 P.**

Umwandlungen:
1,568 kg = 1 568 g; 0 kg 640 g = 640 g;
3 kg 9 g = 3009 g; 0,380 kg = 380 g

**zu den Seiten 68–69:**

Rechnung:

1 5 6 8 g
6 4 0 g
3 0 0 9 g
\+ 3 8 0 g
1 1 1
5 5 9 7 g

**7.** Für jede richtig ausgefüllte Lücke gibt es **1 P. = 8 P.**

a) 279 s = 4 min 39 s
b) 669 s = 11 min 9 s
c) 254 min = 4 h 14 min
d) 568 min = 9 h 28 min

**8.** Für jedes richtig ausgefüllte Feld der Tabelle gibt es **1 P. = 4 P.**

| | | | | |
|---|---|---|---|---|
| **Abfahrtszeit** | 12.54 Uhr | 14.22 Uhr | 20.50 Uhr | 20.55 Uhr |
| **Fahrtdauer** | 3 h 34 min | 2 h 30 min | 45 min | 3 h 21 min |
| **Ankunftszeit** | 16.28 Uhr | 16.52 Uhr | 21.35 Uhr | 0.16 Uhr |

Rechnungen:

1. Spalte:

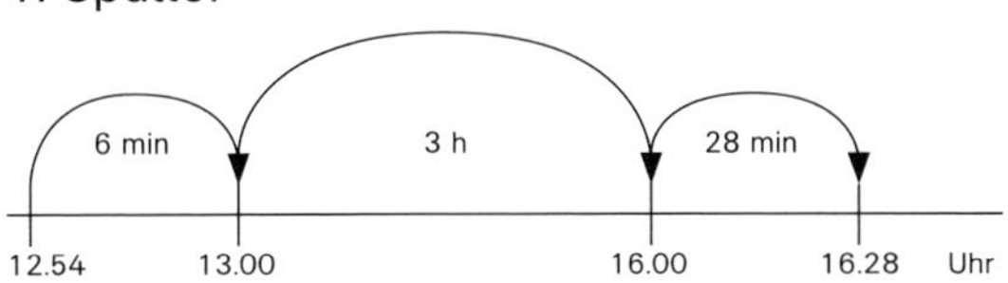


6 min + 3 h + 28 min = 3 h 34 min

2. Spalte: 14.22 Uhr + 2 h = 16.22 Uhr;
16.22 Uhr + 30 min = 16.52 Uhr

3. Spalte: 21.35 Uhr – 35 min = 21.00 Uhr;
21.00 Uhr – 10 min = 20.50 Uhr

4. Spalte:

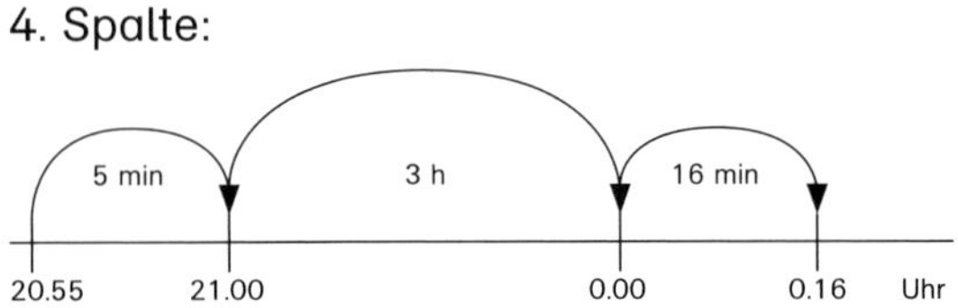


5 min + 3 h + 16 min = 3 h 21 min

**Punkte und Noten:**

Lies an dieser Tabelle ab, welche Note du für deine Punktzahl bekommst, und trage sie unter deinem Test ein.

| Punkte | Note |
|---|---|
| 43–42 | 1 |
| 41–40 | 1,5 |
| 39–37 | 2 |
| 36–32 | 2,5 |
| 31–28 | 3 |
| 27–25 | 3,5 |
| 24–22 | 4 |
| 21–15 | 4,5 |
| 14–9 | 5 |
| 8–4 | 5,5 |
| 3–0 | 6 |

**Seiten 70–71**

**1.** a) nicht lösbar
b) nicht lösbar
c) lösbar
Rechnung: 12 m : 3 = 4 m
d) nicht lösbar

**2.** a) lösbar
Rechnung: 9 – 3 = 6
b) lösbar
Rechnung: 6 · 106 € = 636 €
c) nicht lösbar
d) lösbar
Rechnung: 9 · 106 € = 954 €

**3.** a) lösbar
Rechnung: 5 · 13 min = 65 min (Hinweg)
65 min · 2 = 130 min
(Hin- und Rückweg)

Du kannst aber auch diese Lösungsmöglichkeit gewählt haben:
Um den Hin- und Rückweg in einer Rechnung zu berücksichtigen, kann man auch einen der Faktoren verdoppeln, und dann multiplizieren.
Rechnung: 10 · 13 min = 130 min
oder 5 · 26 min = 130 min

b) nicht lösbar

**4.** Rechnung: 82 + 84 = 166
Folgender Aufgabentext passt: Gereon hat ein spannendes Buch bekommen. 82 Seiten hat er schon gelesen. Für morgen hat er sich die restlichen 84 Seiten vorgenommen.

**5.** Frank hat 50 Fußballbilder. Seinem besten Freund schenkt er 17 Bilder.
Rechnung: 50 − 17 = 33

**6.** Tinas Mutter kauft beim Bäcker 6 Brötchen, 1 Vollkornbrot und 2 Stücke Streuselkuchen. Wie viel Euro bezahlt sie insgesamt?
Rechnung:
6 · 25 ct = 150 ct
2 · 60 ct = 120 ct
150 ct + 120 ct + 130 ct = 400 ct;
400 ct = 4,00 €
Antwort: Sie bezahlt insgesamt 4,00 €.

**7.** Einzukreisen sind: kauft, Supermarkt, Kasten, 5, €
Klaus kauft im Supermarkt 3 Kästen Apfelsaft mit je 8 Flaschen (der Kasten kostet 5,50 €) und 5 Becher Joghurt zu je 40 ct. Er bezahlt insgesamt 18,50 €.
Rechnung:
3 · 5,50 € = 16,50 €
5 · 40 ct = 200 ct; 200 ct = 2 €
16,50 € + 2 € = 18,50 €

### Seiten 72 – 73

**1.** Frage 1 und Frage 2 können beantwortet werden.
zu Frage 1: Rechnung:
6,95 € + 8,50 € + 1,20 € = 16,65 €
20 € − 16,65 € = 3,35 €
Antwort: Iris kommt mit 20 € aus.

zu Frage 2: Rechnung:
6,95 € + 8,50 € + 1,20 € = 16,65 €
Antwort: Iris gibt insgesamt 16,65 € aus.

**2.** Fragemöglichkeit 3 ist zu beantworten.
Rechnung: 4 · 225 kg = 900 kg
Antwort: Alle gelieferten Steine wiegen insgesamt 900 kg.

**3.** Fragemöglichkeit 2 ist zu beantworten.
Rechnung: 6,40 € : 4 = 1,60 €
Antwort: Der Obstsalat für einen Tag kostet 1,60 €.

**4.** Frage 1: Um wie viel Uhr beginnt Katharinas Klavierunterricht?
Rechnung:
12.35 Uhr + 30 min = 13.05 Uhr
13.05 Uhr + 15 min = 13.20 Uhr
Antwort: Katharinas Klavierunterricht beginnt um 13.20 Uhr.

Frage 2: Wie viel Uhr ist es jetzt?
Rechnung:
12.35 Uhr + 30 min = 13.05 Uhr
Antwort: Jetzt ist es 13.05 Uhr.

**5.** Der Wortlaut der Fragen zu dieser Aufgabe muss nicht genau mit den Lösungen übereinstimmen. Sinngemäß muss er aber stimmen.
Frage: Wie alt ist Carolin?
Rechnung: 12 : 2 = 6
Antwort: Carolin ist 6 Jahre alt.

Frage: Wie alt ist Max?
Rechnung: 6 + 2 = 8
Antwort: Max ist 8 Jahre alt.

Frage: Wie alt ist Nick?
Rechnung: 8 + 1 = 9
Antwort: Nick ist 9 Jahre alt.

**6.** Antwort: An den Wochentagen außer Sonntag zählte Moritz 49 Autos.

Die Frage könnte so oder so ähnlich lauten: Wie viele Autos zählte Moritz an den Wochentagen außer Sonntag?

### Seiten 74 – 75

**1.** a) richtig
Rechnung: 29,50 € − 25,60 € = 3,90 €
b) falsch
c) richtig
d) richtig

**zu den Seiten 74 – 75:**

**2.** a) falsch
b) richtig
Rechnung: 25 + 7 = 32; 43 − 32 = 11
c) falsch
d) falsch

**3.** Antwort 1 – Verbesserung:
Sie haben nun noch 10 **km** vor sich.
Rechnung:
16 km · 2 = 32 km
16 km + 6 km = 22 km
32 km − 22 km = 10 km

Antwort 2 – Verbesserung:
Sie haben bereits **22** km geschafft.
Rechnung:
16 km + 6 km = 22 km

**4.** Antwort 1 – Verbesserung:
Bis oben braucht Inga noch 36 **Stufen**.
Rechnung: 224 − 188 = 36

Antwort 2 – Verbesserung:
Ruth braucht noch 79 **Stufen**.
Rechnung: 224 − 145 = 79

**5.** Die Antworten könnten so oder so ähnlich lauten:
Antwort 1: Torsten bräuchte für sechs Roboter 60 weiße und 42 gelbe Steckwürfel.
Rechnung:
10 · 6 = 60
7 · 6 = 42

Antwort 2: Torsten bräuchte für sechs Roboter insgesamt 102 Steckwürfel.
Rechnung:
10 · 6 = 60 oder 10 + 7 = 17
7 · 6 = 42 17 · 6 = 102
60 + 42 = 102

**Seiten 76 – 77**

**1.** Im Supermarkt wurden bis zum Mittag 28 Kästen mit leeren Wasserflaschen abgegeben. Am Nachmittag kamen noch einmal 15 Kästen hinzu. Wie viele Wasserkästen wurden an diesem Tag insgesamt abgegeben?

Die Wörter kamen und hinzu deuten auf eine Additionsaufgabe (Plusaufgabe) hin. Auch das Wort insgesamt kann auf eine Summe hindeuten.

Rechnung: 28 + 15 = 43

Antwort: Insgesamt wurden 43 Kästen abgegeben.

**2.** Von den 314 €, die Marius gespart hat, hat er inzwischen 72 € für Computerspiele ausgegeben. Wie viel Erspartes hat er?

Das Wort ausgegeben deutet auf eine Subtraktionsaufgabe (Minusaufgabe) hin.

Rechnung: 314 € − 72 € = 242 €

Antwort: Er hat noch 242 €.

**3.** Iris baute ein Haus mit 124 Bausteinen. Anschließend kam noch eine Garage aus 32 Steinen hinzu. Am Ende nahm sie aus einer Hauswand 16 Steine weg. Aus wie vielen Steinen bestehen das Haus und die Garage nun insgesamt?

Die Wörter kam und hinzu deuten auf eine Addition (Plusaufgabe) hin.
Die Wörter nahm und weg deuten auf eine Subtraktion (Minusaufgabe) hin.

Rechnung:
124 + 32 = 156
156 − 16 = 140

Antwort: Haus und Garage bestehen nun aus insgesamt 140 Steinen.

**4.** Kai erzählt stolz, dass er 45 Fußballbilder hat. Ein Mitschüler behauptet, er hätte dreimal so viele Bilder wie Kai.

Das Wort dreimal deutet auf eine Multiplikationsaufgabe (Malaufgabe) hin.
Frage: Wie viele Bilder hat Kais Mitschüler?
Rechnung: $3 \cdot 45 = 135$

Antwort: Kais Mitschüler hat 135 Bilder.

**5.** Marita will ihre 48 Gummibärchen mit ihren beiden Freundinnen teilen. Wie viele Bärchen bekommt dann jedes Mädchen?

Das Wort teilen deutet auf eine Divisionsaufgabe (Geteiltaufgabe) hin.

Rechnung: $48 : 3 = 16$

Antwort: Jedes Mädchen bekommt 16 Gummibärchen.

**6.** Herr Müller ist Schreiner, und kauft im Baumarkt 56 große Holzschrauben. Von den mittelgroßen braucht er nur halb so viele. An kleinen Schrauben benötigt er so viele wie große und mittelgroße zusammen. Wie viele mittelgroße und wie viele kleine Schrauben kauft Herr Müller?

Die Wortgruppe halb so viele deutet auf eine Divisionsaufgabe (Geteiltaufgabe) hin. Das Wort zusammen deutet auf eine Additionsaufgabe (Plusaufgabe) hin.

Rechnung: $56 : 2 = 28$
$56 + 28 = 84$

Antwort: Herr Müller kauft 28 mittelgroße Schrauben und 84 kleine Schrauben.

**7.** Frank misst mit seinem Lineal vier seiner Buntstifte. Der grüne ist doppelt so lang wie der rote. Der rote ist 2 cm kürzer als der gelbe. Der gelbe ist 1 cm länger als der blaue. Der blaue ist 9 cm lang. Wie lang sind die anderen drei Stifte?

Das Wort doppelt deutet auf eine Multiplikationsaufgabe (Malaufgabe) hin.
Das Wortpaar kürzer als deutet auf eine Subtraktionsaufgabe (Minusaufgabe) hin.
Das Wortpaar länger als deutet auf eine Additionsaufgabe (Plusaufgabe) hin.

Rechnung:
9 cm + 1 cm = 10 cm (gelber Stift)
10 cm − 2 cm = 8 cm (roter Stift)
$2 \cdot 8$ cm = 16 cm (grüner Stift)

Antwort: Der gelbe Stift ist 10 cm lang, der rote 8 cm und der grüne 16 cm.

## Seiten 78 – 79

**1.** So solltest du die Skizze weitergeführt haben:

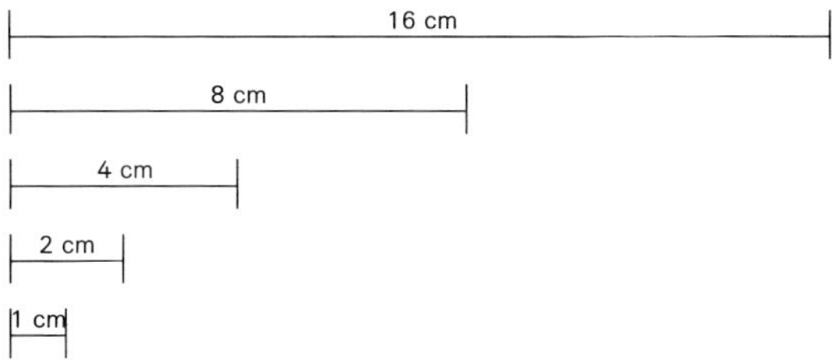


Antwort a): Katrin kann 5 Linien zeichnen.
Rechnung:
16 cm : 2 = 8 cm
8 cm : 2 = 4 cm
4 cm : 2 = 2 cm
2 cm : 2 = 1 cm

Antwort b): Zusammen sind die Linien 31 cm lang.
Rechnung:
16 cm + 8 cm + 4 cm + 2 cm + 1 cm
= 31 cm

**2.** So solltest du die Skizze weitergeführt haben:

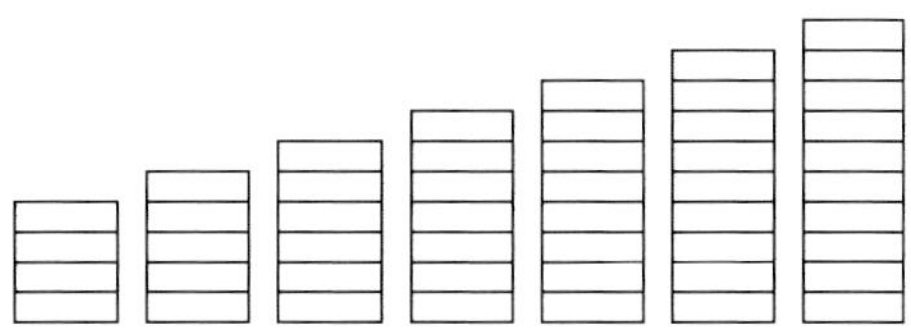

**zu den Seiten 78 – 79:**

Antwort a): Markus kann mit den Steinen 7 Türme bauen.

Antwort b): Der letzte Turm besteht aus 10 Steinen.

**3.** So sollte deine Skizze aussehen – ein Strich steht für ein Kind, ein Kreis für einen Reifen:

O | O | O | O | O | O | O | O | O | O | O | O |
Kopf

O | O | O | O | O | O | O | O | O | O | O
Schwanz

Antwort: Für eine Kette aus 22 Kindern werden 23 Reifen benötigt.

Regel: Man kann sehen, dass zu einem Kind 2 Reifen gehören, zu 2 Kindern 3 Reifen, zu 3 Kindern 4 Reifen, und so weiter. Bei 22 Kindern werden daher 23 Reifen benötigt.

**4.** So sollte deine Skizze aussehen:

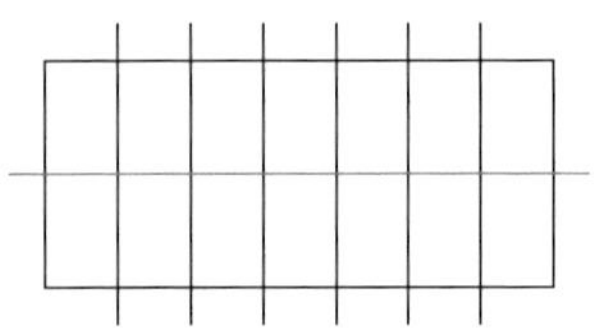

a) Es sind 6 Schnitte nötig.
b) Um 14 Stücke zu bekommen, muss Klaas mindestens einen weiteren Schnitt machen.

**5.** So könnte deine Skizze aussehen:

Antworten:
a) Sigi hat den längsten Stab.
b) Sigis Stab ist 7 cm länger als Carstens Stab.
c) Sigis Stab ist 19 cm lang, und Marcs Stab ist 17 cm lang.

Rechnung:
12 cm + 7 cm = 19 cm (Sigis Stab)
19 cm – 2 cm = 17 cm (Marcs Stab)

**6.** So könnte deine Skizze aussehen:

Rechnung:
8 cm + 4 cm + 2 cm + 1 cm = 15 cm
15 cm + 2 cm + 2 cm = 19 cm

Antwort: Die Schnur muss 19 cm lang sein.

**Seiten 80 – 81**

**1.** a)

· 2 ↓

| Eiskugeln | Preis (€) |
|---|---|
| 1 | 0,70 |
| 2 | 1,40 |
| 3 | 2,10 |
| 4 | 2,80 |
| 5 | 3,50 |
| 6 | 4,20 |
| 7 | 4,90 |
| 8 | 5,60 |
| 9 | 6,30 |
| 10 | 7,00 |

↓ · 2

b) Wenn ich doppelt so viel kaufen möchte, muss ich auch doppelt so viel bezahlen.

**2.**

| Schokoriegel | 1 | 2 | 4 | 8 | 16 | 32 | 64 |
|---|---|---|---|---|---|---|---|
| Preis (€) | 0,40 | 0,80 | 1,60 | 3,20 | 6,40 | 12,80 | 25,60 |

**3.** So sollte deine Tabelle aussehen:

| Limo (Becher) | Preis (€) |
|---|---|
| 1 | 0,30 |
| 2 | 0,60 |
| 3 | 0,90 |
| 5 | 1,50 |

**4.** a) und b)

| | km | Zeit (min) |
|---|---|---|
| Sebastian | 2 | 6 |
| Ingo | 4 | 12 |
| Marie | 6 | 18 |
| Johannes | 8 | 24 |
| | 20 | 60 |

**5.**

| Heft | Preis (€) |
|---|---|
| 1 | 0,20 |
| 2 | 0,40 |
| 3 | **0,60** |
| 4 | 0,80 |
| 5 | 1,00 |
| 6 | **1,20** |
| 7 | **1,40** |
| 8 | 1,60 |

**6.** a)

| **Bild** | 1 | 2 | 3 | 4 | 5 |
|---|---|---|---|---|---|
| **cm** | 30 | 60 | 90 | 120 | 150 |

| | | | | |
|---|---|---|---|---|
| | 6 | 7 | 8 | 9 |
| | 180 | 210 | 240 | 270 |

Antwort: Auf die erste Wand passen 4 Bilder, auf die zweite Wand passen 6 Bilder, und auf die dritte Wand passen 9 Bilder.

b) Rechnung: 4 + 6 + 9 + 5 = 24

Antwort: Die Kinder haben insgesamt 24 Bilder gemalt.

**Seiten 82 – 83**

**1.** Rechnung: 45 ct = 0,45 €; 65 ct = 0,65 €

```
  1,7 0 €
+0,4 5 €
+0,6 5 €
+2,1 5 €
    1 1
--------
  4,9 5 €
```

Antwort: Marco hat 4,95 € ausgegeben.

**2.** Rechnung:

```
   6 9,5 0 €
+  6 9,5 0 €
   1 1 1
-----------
 1 3 9,0 0 €
```

oder 2 · 69,50 € = 139,00 €

Antwort: Der Computer kostet 139,00 €.

Die grauen Nullen und Kommas darfst du weglassen!

**3.** Rechnung:

```
  1 2,4 0 €
+   8,9 0 €
+   3,0 0 €
+   5,7 0 €
  2 2
----------
  3 0,0 0 €
```

Antwort: Hans hat 30,00 € gespart.

Die grauen Nullen und das graue Komma darfst du weglassen!

**4.** Rechnungen:
6 · 5 € = 30 €
8 · 2 € = 16 €
23 · 1 € = 23 €
7 · 20 ct = 140 ct; 140 ct = 1,40 €

**zu den Seiten 82 – 83:**

```
  30,00 €
+ 16,00 €
+ 23,00 €
+  1,40 €
   1
---------
  70,40 €
```

Antwort: Pierre hat insgesamt 70,40 € in seiner Kasse.

| 10 € | 1 € | 10 ct | 1 ct |
|---|---|---|---|
| 3 | 0 | 0 | 0 |
| 1 | 6 | 0 | 0 |
| 2 | 3 | 0 | 0 |
| 0 | 1 | 4 | 0 |

**5.** Rechnung:
4,20 € : 3 = 1,40 €
Du kannst zuerst rechnen:
3,00 € : 3 = 1,00 €
1,20 € bleibt noch übrig.
1,20 € : 3 = 0,40 €
1,00 € + 0,40 € = 1,40 €

Antwort: Jedes Mädchen bekommt 1,40 €.

**6.** a) Rechnung:
4 · 95 ct = 380 ct; 380 ct = 3,80 €
2 · 55 ct = 110 ct; 110 ct = 1,10 €
1 · 1,05 € = 1,05 €
1 · 1,70 € = 1,70 €

```
  3,80 €
+ 1,10 €
+ 1,05 €
+ 1,70 €
  1
--------
  7,65 €
```

Antwort: Mutter gibt für jedes Kind 7,65 € aus.

b) Rechnung: 2 · 7,65 € = 15,30 €

Antwort: Insgesamt gibt Mutter 15,30 € aus.

**7.** Rechnungen:
770 € : 2 = 385 €
66 ct : 2 = 33 ct; 33 ct = 0,33 €

```
  385,00 €
+   0,33 €
----------
  385,33 €
```

Antwort: Für den Sandkasten werden 385,33 € ausgegeben.

Wenn du auf anderen Rechenwegen zu dem gleichen Ergebnis gekommen bist, ist das auch in Ordnung.

## Seiten 84 – 85

**1.** Rechnung:
1 km und 300 m = 1 300 m
1 km und 250 m = 1 250 m

```
  1 300 m
+ 1 250 m
+   460 m
  1 1
---------
  3 010 m
```

Antwort: Sabine hat insgesamt 3 km und 10 m zurückgelegt.

Für 3 km und 10 m kannst du auch schreiben: 3 010 m oder 3,010 km. Die graue Null darfst du weglassen!

| 1 km | 100 m | 10 m | 1 m |
|---|---|---|---|
| 1 | 3 | 0 | 0 |
| 0 | 4 | 6 | 0 |
| 1 | 2 | 5 | 0 |

**2.** a) Rechnung: 14 cm : 7 = 2 cm
Antwort: Ein Spitzer misst 2 cm.

b) Rechnung: 100 cm – 14 cm = 86 cm
Antwort: Bis zu einem Meter fehlen 86 cm.

c) Rechnung: 100 cm : 2 cm = 50
Antwort: Für einen Meter braucht man 50 Spitzer.

**3.** Rechnungen:
2 · 11 Hände = 22 Hände
7 cm · 22 = 154 cm

Antwort: Die Hände bedecken 154 cm.

Für 154 cm kannst du auch schreiben:
1 m und 54 cm oder 1,54 m.

**4.** Rechnung:

```
   8 6m
+1 0 2m
+1 1 2m
  1 1
-------
 3 0 0m
```

Antwort: Der Eiffelturm in Paris ist 300 m hoch.

**5.** Isa: 2,15 m = 2 m und 15 cm = 215 cm
Maren: 2,05 m = 2 m und 5 cm
= 205 cm
Frank: 2,10 m = 2 m und 10 cm
= 210 cm
2,05 m < 2,10 m < 2,15 m
oder
2 m und 5 cm < 2 m und 10 cm < 2 m und 15 cm
oder
205 cm < 210 cm < 215 cm

Antwort: Den längsten Halm hat Isa gesteckt, den kürzesten Maren.

**6.** Die gesuchte Zahl heißt 33,33.
Deine Überlegungen:
Die Quersumme von 33,33 ist 12
→ 3 + 3 + 3 + 3 = 12
Die Quersumme 12 ist durch 3 teilbar
→ 12 : 3 = 4
Die Quersumme 12 ist kleiner als 15
→ 12 < 15

Antwort: Die Schnecken haben noch 33,33 m vor sich.

**7.** Deine Überlegungen:
von B nach E = 32 km
von E nach A = 38 km
von A nach B = 6 km

Rechnung:

```
  3 2 km
+ 3 8 km
+   6 km
  1
--------
  7 6 km
```

Antwort: Tobias legt insgesamt 76 km zurück.

## Seiten 86 – 87

**1.** Deine Frage könnte so oder so ähnlich lauten:
Wie viele Einladungen verschickt Ina?

Rechnung: 225 g : 25 g = 9

Folgende Überlegung kann dir beim Berechnen helfen:
250 g : 25 g = 10;
dann sind 225 g : 25 = 9

Antwort: Ina verschickt 9 Einladungen.

**2.** a) Rechnung:

```
13 ·  20g =  260g
 8 ·  15g =  120g
 2 · 260g = +520g
              1
            -----
             900g
```

Antwort: Die Postsachen für die Steinstraße 1a wiegen 900 g.

b) Rechnung: 1 000 g – 900 g = 100 g

Antwort: Bis zu 1 kg fehlen noch 100 g.

**3.** Rechnung:
25 · 40 g = 1 000 g; 1 000 g = 1 kg

Antwort: Das Gesamtgewicht der Klasse erhöht sich um 1 kg.

**zu den Seiten 86 – 87:**

**4.** a) Rechnung: 5 g · 42 = 210 g

Antwort: 42 leere Becher wiegen 210 g.

b) Rechnung:
8 · 125 g = 1 000 g
8 · 5 g = 40 g

Antwort: Der Einkauf ist 1 kg und 40 g schwer.

| 1 kg | 100 g | 10 g | 1g |
|---|---|---|---|
| 1 | 0 | 4 | 0 |

**5.** Rechnung:
1 t 300 kg + 2 t 400 kg = 3 t 700 kg
3 t 700 kg + 500 kg = 4 t 200 kg

Wenn du dir eine Stellenwerttafel angelegt hast, dann sollte sie so aussehen:

| 1 kg | 100 g | 10 g | 1g |
|---|---|---|---|
| 1 | 3 | 0 | 0 |
| 2 | 4 | 0 | 0 |
| 0 | 5 | 0 | 0 |

Du könntest auch gerechnet haben:

```
  1 3 0 0 kg
+ 2 4 0 0 kg
+   5 0 0 kg
   1
-----------
  4 2 0 0 kg
```

→ 4 200 kg = 4 t 200 g = 4,2 t

Antwort: Der Kran darf die drei Stapel nicht auf einmal heben.

**6.** Überlegung:
Um genau 1 t zu erhalten, lädt Herr Schmitz 2 Blöcke zu 300 kg, und einen Block zu 240 kg. Diese 3 Blöcke wiegen zusammen 840 kg. Da 1 t = 1 000 kg sind, fehlen zu 1 t nun noch 160 kg. Die erhält er mit 2 Blöcken zu 80 kg.

Rechnungen:
2 · 300 kg = 600 kg
600 kg + 240 kg = 840 kg
1 t = 1 000 kg; 1 000 kg – 840 kg = 160 kg
2 · 80 kg = 160 kg

Antwort: Herr Schmitz muss 2 Blöcke zu 300 kg, einen Block zu 240 kg und 2 Blöcke zu 80 kg wählen.

**Seiten 88 – 89**

**1.** Rechnung: 90 min : 5 min = 18
Halbschriftliches Dividieren kann dir beim Berechnen helfen:
<u>90 min : 5 min = 18</u>
50 min : 5 min = 10
40 min : 5 min = 8

Nein, Maria hat nicht Recht, weil sie in 1 h 30 min nur 18 Häuser schafft.

**2.** Rechnung:
1 h = 60 min; 60 min : 6 min = 10

Antwort: Insgesamt 10 Busse halten innerhalb einer Stunde an dieser Haltestelle.

**3.** a) Rechnung: 5 min + 6 min = 11 min

Antwort: Karin und Ingo müssen insgesamt 11 Minuten warten.

b) Rechnung: 14.57 Uhr + 6 min = 15.03 Uhr

Antwort: Die Straßenbahn kommt um 15.03 Uhr.

**4.** Rechnung:
15.20 Uhr + 40 min = 16.00 Uhr
16.00 Uhr + 45 min = 16.45 Uhr
40 min + 45 min = 85 min

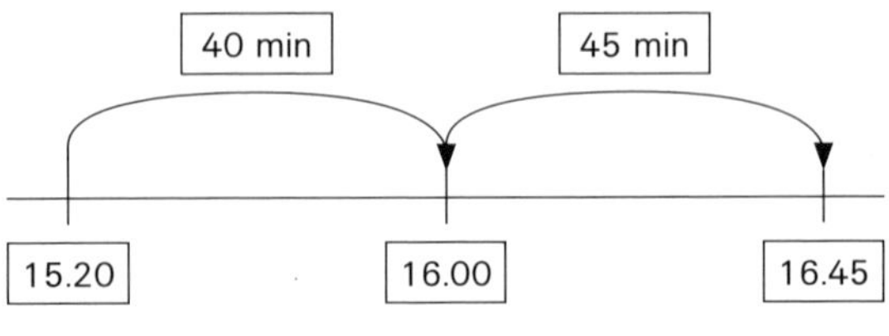

Antwort: Der Film dauert 85 Minuten.
Wenn du 1 Stunde und 25 Minuten oder 1 h 25 min geschrieben hast, ist das auch richtig.

**5.** Für deine Überlegungen solltest du einen Zahlenstrich verwendet haben. Er könnte so oder so ähnlich aussehen:

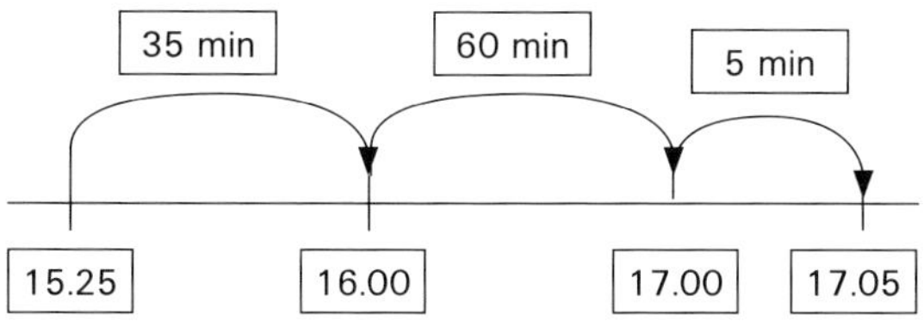


Antwort: Mutter war 100 Minuten unterwegs.
Wenn du 1 Stunde und 40 Minuten oder 1 h 40 min geschrieben hast, ist das auch richtig.

**6.** Überlegung: Vom ersten bis zum letzten Tropfen vergehen insgesamt $9 \cdot 7$ s, das sind 63 s. So könnte eine Skizze dazu aussehen:

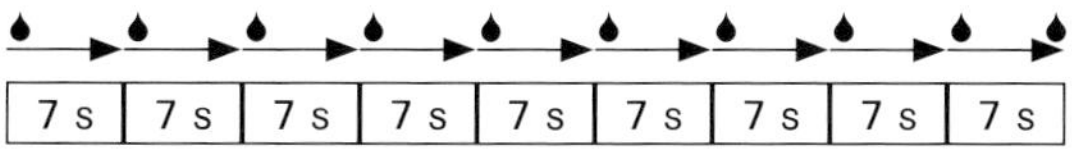


Antwort: Robert hat dem tropfenden Wasserhahn 63 s zugeschaut.

**7.** a) Rechnung:
1 min = 60 s; 4 min = $4 \cdot 60$ s = 240 s
240 s + 26 s = 266 s
266 s < 276 s

Antwort: Carla hat die Arbeit schneller geschafft.

b) Rechnung: 276 s − 266 s = 10 s

Antwort: Die Schnellere war 10 s früher fertig.

**Seiten 90 – 91**

**1.** Rechnung:

$$\begin{array}{r} 409 \\ 28 \\ 49 \\ +217 \\ \scriptstyle 1\,3 \\ \hline 703 \end{array}$$

Antwort: Die Behauptung ist nicht richtig. Das Ergebnis liegt über 700.

**2.** Rechnung:

$$\begin{array}{r} 7{,}19\ € \\ 2{,}05\ € \\ 0{,}45\ € \\ +16{,}79\ € \\ \scriptstyle 1\,1\,2 \\ \hline 26{,}48\ € \end{array} \qquad \begin{array}{r} 26{,}48\ € \\ 0{,}25\ € \\ 0{,}25\ € \\ 0{,}25\ € \\ +\ 3{,}22\ € \\ \scriptstyle 1\,1\,2 \\ \hline 30{,}45\ € \end{array}$$

Wenn du in anderen Schritten gerechnet hast und zu demselben Ergebnis gekommen bist, ist das genauso richtig.

Antwort: Marcos Mutter hat 30,45 € gezahlt.

**3.** Rechnungen:

$$\begin{array}{r} 814 \\ -386 \\ \scriptstyle 1\,1 \\ \hline 428 \end{array} \qquad \text{oder} \qquad \begin{array}{r} \scriptstyle 7\,0\ \\ \not{8}\not{1}4 \\ -386 \\ \hline 428 \end{array}$$

428 : 2 = 214

Probe:

$$\begin{array}{r} 386 \\ 214 \\ +214 \\ \scriptstyle 1\,1 \\ \hline 814 \end{array}$$

Antwort: Die gesuchte Zahl ist 214.

**zu den Seiten 90–91:**

**4.** Rechnung:

```
   2,5 9 €
   1,5 0 €
   1,5 0 €
   1,5 0 €
+  1,5 0 €
     2
----------
   8,5 9 €
```

```
   8,5 9 €
   0,2 6 €
  1 1,1 1 €
+  0,3 0 €
   1 1 1
----------
  2 0,2 6 €
```

20,26 € – 0,26 € = 20,00 €

Wenn du in anderen Schritten gerechnet hast und zu demselben Ergebnis gekommen bist, ist das genauso richtig.

Antwort: Vater hat den Artikel zu 0,26 € wieder zurückgebracht.

**5.** Die Bildungsregel für die Zahlenfolge lautet: Addiere zum ersten Zahlenpaar jeweils 10, und schreibe es als zweites Zahlenpaar auf. Jetzt addierst du zum zweiten Zahlenpaar jeweils 10 hinzu, und fügst es als drittes Zahlenpaar an usw.:
46 + 51 + 56 + 61 + 66 + 71 + 76 + 81 + 86 + 91

Rechnungen:

```
   4 6       2 1 4       4 2 7
   5 1         6 6         8 1
   5 6         7 1         8 6
+  6 1     +   7 6     +   9 1
  2 1         2 1         2 1
-------    -------    -------
  2 1 4       4 2 7       6 8 5
```

Antwort: Achim muss noch die Zahlen 66, 71, 76, 81, 86 und 91 hinzuaddieren.

**6.** Rechnungen:

12 · 10 € = 120 €
17 · 5 € = 85 €
9 · 2 € = 18 €
4 · 1 € = 4 €
38 · 20 ct = 760 ct; 760 ct = 7,60 €
59 · 2 ct = 118 ct; 118 ct = 1,18 €

```
  120,00 €
   85,00 €
   18,00 €
    4,00 €
    7,60 €
+   1,18 €
   1 2
----------
  235,78 €
```

Antwort: Es kamen 231,78 € an Spenden zusammen.

**7.** Nur aus den Zahlenpaaren 1 und 8, 2 und 7, 3 und 6, 4 und 5 ergibt sich die Quersumme 9. Bei der Additionsaufgabe an der Einerstelle fehlt eine 6. Die ist nur aus dem Zahlenpaar 3 und 6 zu bilden. Per Überschlag ist klar, dass man nur mit 300 und 600 eine Chance hat, das Ergebnis zu erzielen. Also sind die gesuchten Zahlen 306 und 630, die alle Bedingungen erfüllen.

Rechnung:

```
     1 3
     5 2
   3 0 6
+  6 3 0
 1   1 1
--------
 1 0 0 1
```

Wenn du die Lösung durch Probieren gefunden hast, ist das auch in Ordnung.

Antwort: Sarah sucht die Zahlen 306 und 630.

**Seiten 92–93**

**1.** Rechnung:

```
  9 8 7
 -5 4 3
-------
  4 4 4
```

Antwort a): Die dreistellige Zahl heißt 543.
Antwort b): Das Ergebnis heißt 444.

**2.** Rechnungen:

```
                   oder    3
 417                       417
-  67                     -  67
   1
 350                       350
```

```
                   oder   2 4
 350                       350
-  58                     -  58
  1 1
 292                       292
```

Antwort: Marcus hat noch 292 Bilder.

**3.** Rechnung:

```
                   oder   1
 259,40 €                 259,40 €
-160,00 €                -160,00 €
 1
  99,40 €                  99,40 €
```

Antwort: Nach dem Fahrradkauf hat Lena noch 99,40 € auf ihrem Sparbuch.

**4.** a) Es können die Beträge 114 €, 141 € und 411 € gewesen sein.

b) Rechnungen:

```
                          oder    3
 436 €        436 €               436 €
-114 €       -141 €              -141 €
                1
 322 €        295 €               295 €
```

```
 436 €
-411 €

  25 €
```

Antwort: Carla könnte nun noch 322 €, 295 € oder 25 € auf dem Sparbuch haben.

**5.** Rechnungen:

```
 789 €
- 76 €

 713 €
```

```
          oder   6 0
 713 €           713 €
- 76 €          - 76 €
  1 1
 637 €           637 €
```

```
          oder   5
 637 €           637 €
- 76 €          - 76 €
  1
 561 €           561 €
```

```
          oder   4 5
 561 €           561 €
- 76 €          - 76 €
  1 1
 485 €           485 €
```

```
          oder    7
 485 €           485 €
- 76 €          - 76 €
   1
 409 €           409 €
```

```
          oder   3
 409 €           409 €
- 76 €          - 76 €
  1
 333 €           333 €
```

Antwort a): Anna subtrahiert die Zahl 76 sechsmal.
Antwort b): Die dreistellige Zahl heißt 333.

**6.** Rechnung:

```
 876 €
-543 €

 333 €
```

Antwort a): Die Zahlen heißen 876 und 543.
Antwort b): Die Zahl mit den drei gleichen Ziffern heißt 333.

**Seiten 94 – 95**

**1.** Rechnung:
3 · 18 = 54
3 · 10 = 30
3 · 8 = 24

Antwort: Es sind insgesamt 54 Brötchenhälften.

**2.** Rechnung:
8 · 16 = 128
8 · 10 = 80
8 · 6 = 48

Antwort: Es sind insgesamt 128 Pralinen.

**3.** a) Rechnung:
6 · 95 = 570
6 · 90 = 540
6 · 5 = 30

Antwort: In 15 Minuten sind das 570 Dosen.

b) Rechnung:
2 · 570 = 1 140
2 · 500 = 1 000
2 · 70 = 140

Antwort: Die Maschine schafft einer halben Stunde 1 140 Dosen.

**4.** a) So oder so ähnlich könnte deine Frage lauten:
Wie viel bezahlt Maria für die Brötchen?

Rechnung:
4 · 2 2 ct = 8 8 ct
2 · 3 4 ct = + 6 8 ct
1 1
1 5 6 ct ; 156 ct = 1,56 €

Antwort: Maria bezahlt für die Brötchen 1,56 €.

b) So oder so ähnlich könnte deine Frage lauten:
Wie viel bezahlt Herr Müller für die Brötchen?

Rechnung:
3 · 2 2 ct = 6 6 ct
4 · 4 5 ct = + 1 8 0 ct
1
2 4 6 ct ; 246 ct = 2,46 €

Antwort: Herr Müller bezahlt für die Brötchen 2,46 €.

**5.** So oder so ähnlich könnte deine Frage lauten:
Wie viel muss Miriam auf dem Flohmarkt bezahlen?

Rechnungen:
6 · 1,30 € = 7,80 €
6 · 1,00 € = 6,00 €
6 · 0,30 € = 1,80 €

5 · 85 ct = 425 ct; 425 ct = 4,25 €
5 · 80 ct = 400 ct
5 · 5 ct = 25 ct

7,8 0 €
\+ 4,2 5 €
1 1
1 2,0 5 €

Antwort: Miriam muss auf dem Flohmarkt 12,05 € bezahlen.

**6.** Rechnungen:
127 · 5 ct = 635 ct; 635 ct = 6,35 €
100 · 5 ct = 500 ct
20 · 5 ct = 100 ct
7 · 5 ct = 35 ct

89 · 2 ct = 178 ct; 178 ct = 1,78 €
80 · 2 ct = 160 ct
9 · 2 ct = 18 ct

6,3 5 €
\+1,7 8 €
1 1
8,1 3 €

Antwort: Zusammen sind das 8,13 €.

**Seiten 96 - 97**

**1.** Rechnung:
384 : 8 = 48
320 : 8 = 40
64 : 8 = 8

Antwort: Insgesamt 48 Arbeiter wären nötig.

**2.** Rechnung:
1 001 : 7 = 143
700 : 7 = 100
280 : 7 = 40
21 : 7 = 3

Antwort: Mutti müsste täglich 143 Seiten lesen.

**3.** Es gibt 2 Möglichkeiten, um zur richtigen Lösung zu kommen.

1. Möglichkeit:
243 : 3 = 81 → 81 : 9 = 9
240 : 3 = 80
3 : 3 = 1

2. Möglichkeit:
243 : 9 = 27 → 27 : 3 = 9
180 : 9 = 20
63 : 9 = 7

Antwort: Jeder Block hat 9 Sitzreihen.

**4.** a) Deine Frage könnte so oder so ähnlich lauten:
Wie viele Leute haben 6 € gewonnen?

Rechnung:
948 : 6 = 158
600 : 6 = 100
300 : 6 = 50
48 : 6 = 8

Antwort: 158 Leute haben je 6 € gewonnen.

b) Deine Frage könnte so oder so ähnlich lauten:
Wie viele Gewinner gab es eine Woche später?

Rechnung:
948 : 4 = 237
800 : 4 = 200
120 : 4 = 30
28 : 4 = 7

Antwort: Eine Woche später haben 237 Leute gewonnen.

**5.** a) Rechnung:
501 : 3 = 167
300 : 3 = 100
180 : 3 = 60
21 : 3 = 7

Antwort: Es sind 167 Kinder an der Schule.

Antwort b) Frau Klein gab noch ein Ei, damit jedes Kind gleich viele Eier bekommen konnte.

**6.** Rechnung:
176 : 8 = 22
160 : 8 = 20
16 : 8 = 2

Antwort: Jeder Strauß kostet 22 €.

**Seiten 98 - 99**

**1.** Deine Fragen könnten so oder so ähnlich lauten:
a) Wie viele Glückscents bekommt jede von Katrins Freundinnen?
b) Wie viele Cents behält Katrin?

Rechnung:
100 ct : 3 = 33 ct Rest 1 ct
90 ct : 3 = 30 ct
9 ct : 3 = 3 ct

**zu den Seiten 98 – 99:**

Deine Antworten könnten so oder so ähnlich lauten:
a) Jede Freundin von Katrin bekommt 33 Glückscents.
b) Katrin behält einen Cent.

**2.** Deine Frage könnte so oder so ähnlich lauten:
Wie viele Steckwürfel bekommt jedes Kind?

Rechnung:
300 : 7 = 42 Rest 6
280 : 7 = 40
14 : 7 = 2

Antwort: Jedes Kind bekommt 42 Steckwürfel, 6 Steckwürfel bleiben übrig.

**3.** Rechnung:
500 g : 9 = 55 g Rest 5 g
450 g : 9 = 50 g
45 g : 9 = 5 g

Antwort: Jedes Kind bekommt 55 g Schokolade, 5 g bleiben übrig.

**4.** a) Rechnung: 100 g : 25 = 4 g

Antwort: Ein Stückchen Schokolade wiegt 4 g.

b) Es gibt 2 Möglichkeiten, um zur richtigen Lösung zu kommen.
1. Möglichkeit:
100 g : 6 = 16 g Rest 4 g ⟶ 16 g : 4 g = 4
60 g : 6 = 10 g
36 g : 6 = 6 g

2. Möglichkeit:
25 : 6 = 4 Rest 1
24 : 6 = 4

Antwort: Jedes Kind bekommt 4 Stückchen Schokolade, 1 Stückchen bleibt übrig.

**5.** Rechnungen:
3 m = 300 cm; 300 cm : 30 cm = 10
6 m = 600 cm; 600 cm : 30 cm = 20
10 · 20 = 200

200 : 6 = 33 Rest 2
180 : 6 = 30
18 : 6 = 3

Beachte: Die letzten 2 Fliesen muss der Handwerker aus einem 34. Karton entnehmen.

Antwort: Insgesamt werden 34 Kartons Fliesen benötigt.

**6.** Rechnungen:
196 l : 20 l = 9 Rest 16 l
180 l : 20 l = 9

16 l : 10 l = 1 Rest 6 l
10 l : 10 l = 1

6 l : 5 l = 1 Rest 1 l
5 l : 5 l = 1

Antwort: Bauer Heinrich kann 9 Kannen zu je 20 l füllen, eine Kanne zu 10 l und 1 Kanne zu 5 l, 1l Milch bleibt übrig.

**Seiten 100 – 101**

**1.** Rechnung:
4 · 3 € = 12 €
12 € : 3 = 4 €

Antwort: Eine Eintrittskarte kostet 4 €.

**2.** Rechnung:

```
  2,50 €
  1,50 €
+ 1,20 €
   1
-------
  5,20 €
```

5,20 € · 3 = 15,60 €

Antwort: Anton muss für die Kirmes 15,60 € ausgeben.

**3.** Rechnung:
4 km 200 m = 4 200 m;
4 200 m – 900 m = 3 300 m;
1 km 700 m = 1 700 m;
3 300 m + 1 700 m = 5 000 m;
5 000 m = 5,00 km

Antwort: Vom Schullandheim bis zum Forsthaus sind es 5,00 km.

Die grauen Nullen und Kommas darfst du weglassen!

**4.** Deine Frage könnte so oder so ähnlich lauten:
Wie viele Autos würden in einer Stunde an Florians Fenster vorbeifahren?

Überlegung: Eine Stunde hat $4\frac{1}{4}$ Stunden.
58 · 4 = 232
50 · 4 = 200
8 · 4 = 32

Antwort: Insgesamt würden 232 Autos an Florians Fenster vorbeifahren.

**5.** Rechnung:
712 : 8 = 89
640 : 8 = 80
72 : 8 = 9

89 + 1 = 90
90 : 2 = 45

Antwort: Ich erhalte die Zahl 45.

**6.** Rechnung:
2 h 10 min : 2 = 1 h 5 min
15.35 Uhr – 1 h 5 min = 14.30 Uhr

Antwort: Das Theater hat um 14.30 Uhr angefangen.

**7.** Rechnung:
5 km + 18 km + 11 km = 34 km
34 km : 2 = 17 km
34 km + 17 km = 51 km
879 km – 51 km = 828 km
Antwort: Der Kilometerzähler zeigte vor der gestrigen Fahrt 828 km.

## Seiten 102 – 103

**1.** a) Er muss insgesamt 8 Flaschen Milch bestellen.
b) Die 4 c erhält die meisten Flaschen. Es sind 15.
c) Nein. Anna kann hier nur erkennen, wie viele Kinder Milch oder Kakao bestellen.

**2.** Mo: 160 €, Di: 70 €, Mi: 30 €, Do: 50 €; Fr: 100 €

**3.** Ankreuzen: Es ist möglich, dass die Jacken von Anna und Luis nebeneinanderhängen.

**4.**

| | unmöglich | wahrscheinlich | sicher |
|---|---|---|---|
| Beim ersten Zug ziehe ich eine grüne Murmel | ☐ | ☒ | ☐ |
| Beim zweiten Zug ziehe ich eine rote Murmel | ☐ | ☒ | ☐ |
| Beim dritten Zug ist eine der drei gezogenen Murmeln rot. | ☐ | ☐ | ☒ |

**5.** a) Die Aussage ist falsch, denn die 20-Cent-Münze ist die nächst höhere Cent-Münze nach der 10-Cent-Münze.
b) Die Aussage ist wahr, denn die Möglichkeit besteht, dass der nächste Tag sonnig ist. Mit dem Wort „vielleicht“ wird diese Aussage in dem Satz ausgedrückt.
c) Die Aussage ist falsch, denn auf den Dienstag folgt immer ein Mittwoch. Ist der letzte Tag im Januar ein Dienstag, muss der erste Tag im Februar ein Mittwoch sein.

**6.** a) Falsch, denn es wurden 9 Körnerbrötchen verkauft. Das ist eins weniger als die normalen Brötchen. Da wurden nämlich 10 Stück verkauft.
b) Richtig. Es wurden also 5 Mohnbrötchen verkauft.

**zu den Seiten 102–103:**

**6.** c) Aus b) weißt du, dass 5 Mohnbrötchen verkauft wurden

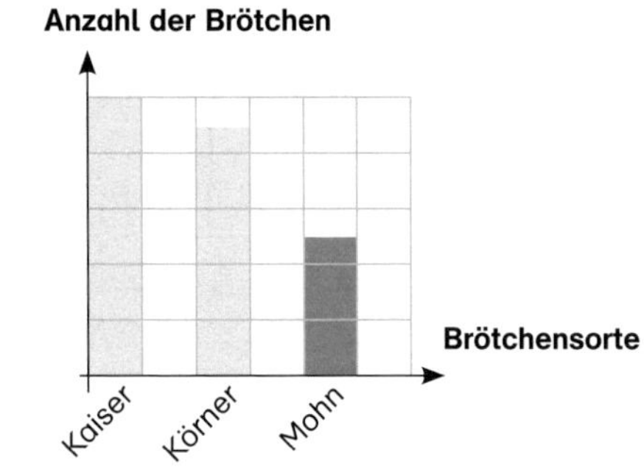


## Seiten 104 – 105

**1.** Um die Aufgabe lösen zu können, muss ich wissen, wie viele **Flaschen Wasser in einem vollen Kasten sind**. **1 P.**

**2.** a) Wie viel Cent haben Tina, Maya und Pierre? **1 P.**

b) Rechnung:
25 ct – 7 ct = 18 ct (Maya) **1 P.**
18 ct + 12 ct = 30 ct (Tina) **1 P.**
25 ct · 2 = 50 ct (Pierre) **1 P.**

Antwort: Maya hat 18 ct, Tina hat 30 ct, und Pierre hat 50 ct. **1 P.**

**3.** a) Der Wanderweg ist 4 km und 950 m (4 950 m) lang. **1 P.**
Rechnung: 2 km und 400 m + 400 m + 1 km und 300 m + 850 m = 4 km und 950 m

b) Die Gruppe 3 braucht noch 600 m bis sie 3 km geschafft hat. **1 P.**
Rechnung: 3 km – 2 km und 400 m = 600 m

c) Die Gruppe 2 hat bis jetzt 2 km und 800 m (2 800 m) geschafft. **1 P.**
Rechnung: 2 km und 400 m + 400 m = 2 km und 800 m

**4.** a) Zu unterstreichen sind die Wörter einzuzahlen und insgesamt. Sie deuten auf eine Additionsaufgabe hin. **1 P.**

b) Rechnung:
83 € + 125 € = 208 € **1 P.**

Antwort: Karin hat nun 208 € auf ihrem Konto. **1 P.**

**5.** Deine Skizze sollte so oder so ähnlich aussehen: **1 P.**

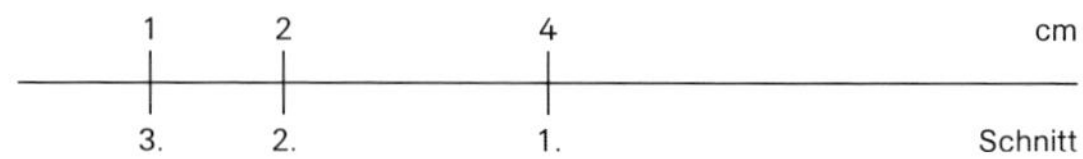


Antwort: Drei Schnitte waren nötig. **1 P.**

**6.** Für jede Lücke **1 P.**, ergibt **4 P.**
Überlegung 90 cm : 3 = 30 cm;
6,30 € : 3 = 2,10 €

| **Regalbrett (cm)** | 30 | 60 | 90 | **210** | 240 |
|---|---|---|---|---|---|
| **Preis (€)** | **2,10** | **4,20** | 6,30 | 14,70 | **16,80** |

**4 P.**

Antwort: 240 cm kosten 16,80 €. **1 P.**

**7.** So oder so ähnlich könnte deine Frage lauten:
Wie viel Geld wird für neue Bühnenbilder ausgegeben? **1 P.**

Rechnung:
248 € : 4 = 62 €
240 € : 4 = 60 €
8 € : 4 = 2 € **1 P.**

56 ct : 4 = 14 ct
40 ct : 4 = 10 ct
16 ct : 4 = 4 ct **1 P.**

62 € + 14 ct = 62,14 € **1 P.**

Antwort: Insgesamt werden 62,14 € für neue Bühnenbilder ausgegeben. **1 P.**

**8.** Rechnungen:
2 min 45 s + 3 min 28 s = 6 min 13 s
6 min 13 s + 6 min 37 s = 12 min 50 s
12 min 50 s + 9 min 10 s = 22 min **1 P.**

Wenn du auf andere Weise zum gleichen Ergebnis gekommen bist, erhältst du die gleiche Punktzahl.

8.10 Uhr – 22 min = 7.48 Uhr **1 P.**

Antwort: Siggi muss um 7.48 Uhr aufstehen. **1 P.**

**9.** Du solltest mindestens 3 weitere Spalten angefügt haben. Für jede Spalte gibt es **1 P.**, ergibt insgesamt **3 P.** So oder so ähnlich sollte deine Tabelle aussehen:

| **Eisbällchen** | 1 | **5** | **20** | **25** |
|---|---|---|---|---|
| **Preis (€)** | 0,60 | **3,00** | **12,00** | **15,00** |

**3 P.**

Wenn du auf andere Weise zum gleichen Ergebnis gekommen bist, erhältst du die gleiche Punktzahl.

Antwort: In der Klasse sind 25 Kinder. **1 P.**

**10.** 1 Kästchen = 50 kg

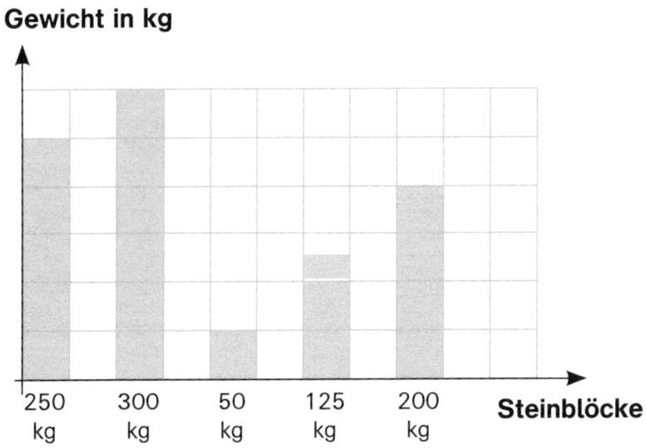


**5 P.**

**Noten-Übersicht für den Test „Sachaufgaben":**
Lies an dieser Tabelle ab, welche Note du für deine Punktzahl bekommst, und trage sie unter deinem Test ein.

| Punkte | Note |
|---|---|
| 36–35 | 1 |
| 34–32 | 1,5 |
| 31–30 | 2 |
| 29–27 | 2,5 |
| 26–24 | 3 |
| 23–22 | 3,5 |
| 21–18 | 4 |
| 17–13 | 4,5 |
| 12–9 | 5 |
| 8–4 | 5,5 |
| 3–0 | 6 |

## Seiten 106–107

**1.**

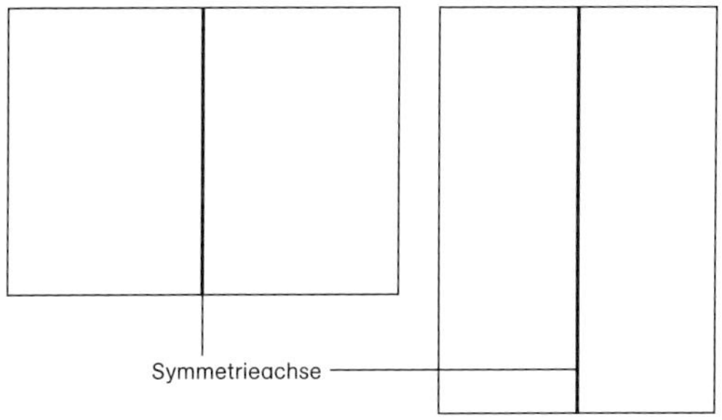


**2.**
a) b) c)

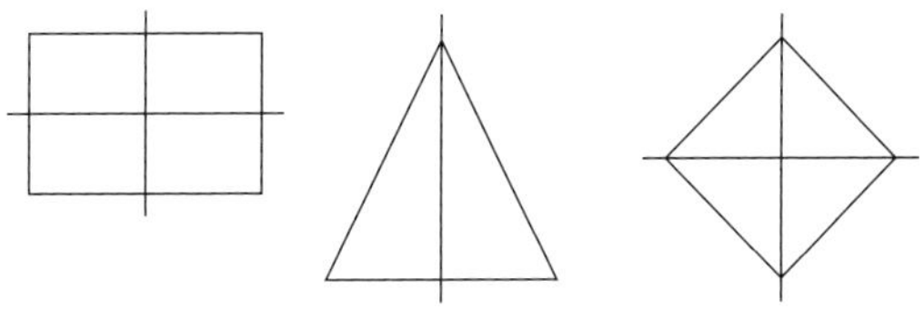

**3.**

**4.**

H O E B

**5.** Mögliche Symmetrieachsen:
a) b) c)

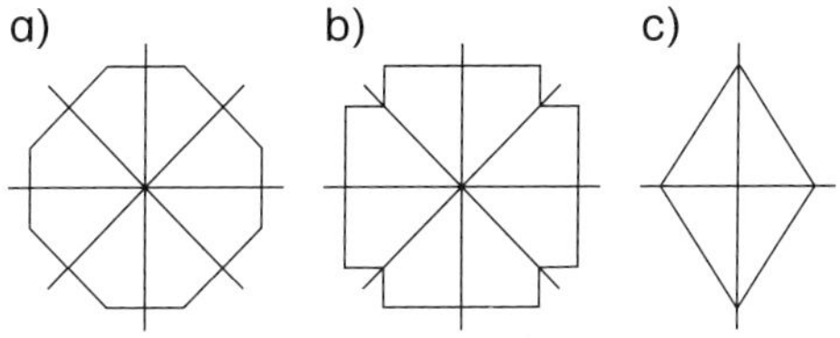

**6.** Diese Wörter sind symmetrisch (die Symmetrieachsen siehst du eingezeichnet):

OTTO BODO

Die Wörter ANNA und LAGERREGAL sind nicht symmetrisch.

**zu den Seiten 106–107:**

**7.** Mögliche Symmetrieachsen:

a) b) c)

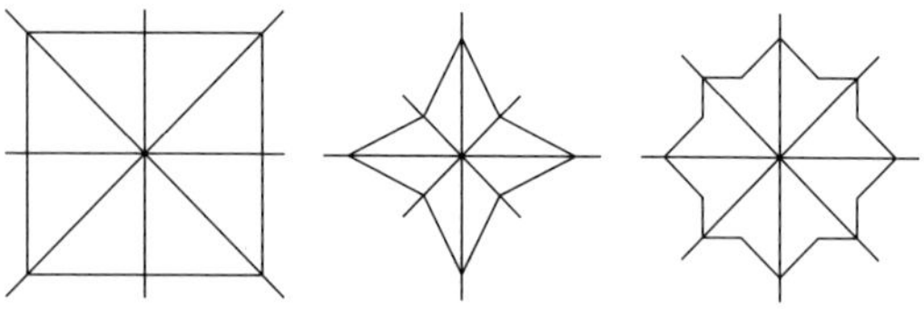

**Seiten 108–109**

**1.**

a) b) c)

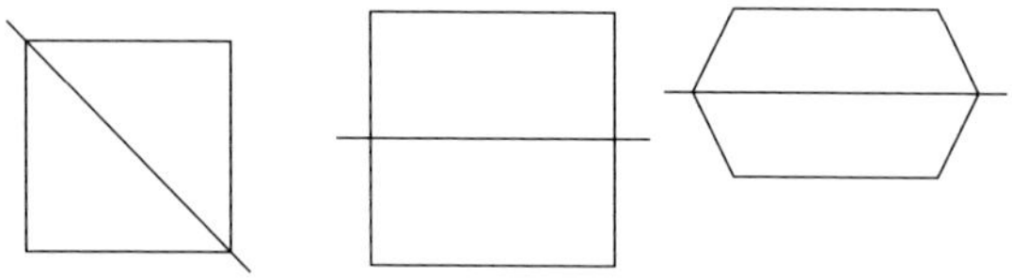

**2.**

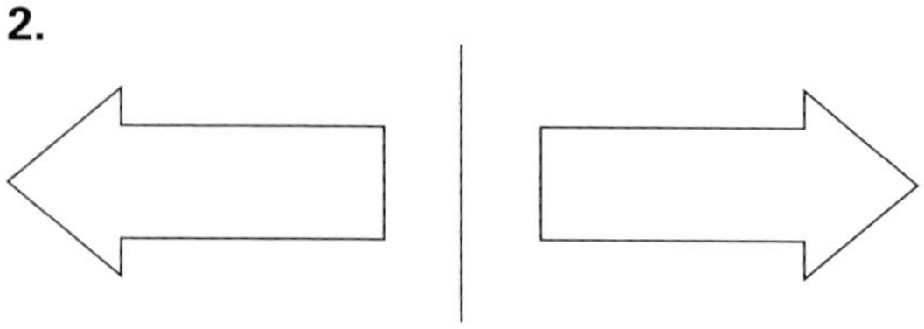

**3.**

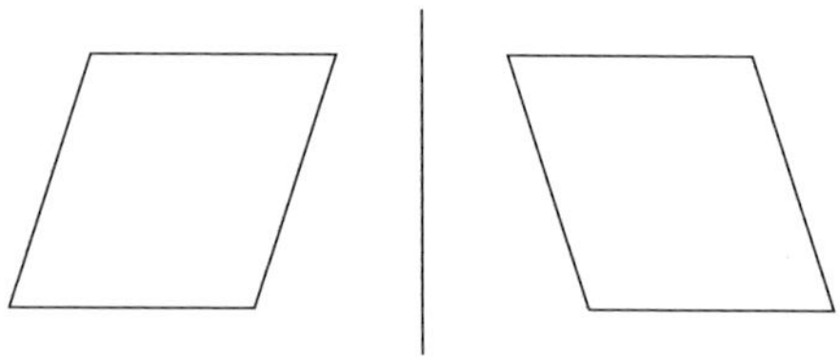

**4.**

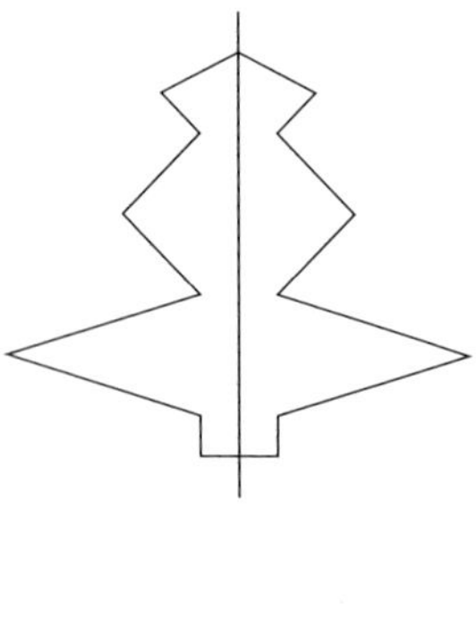

**5.** a) oder:

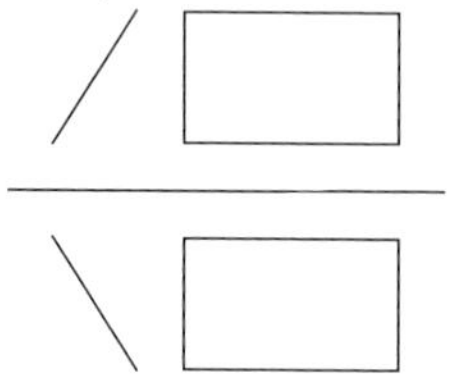

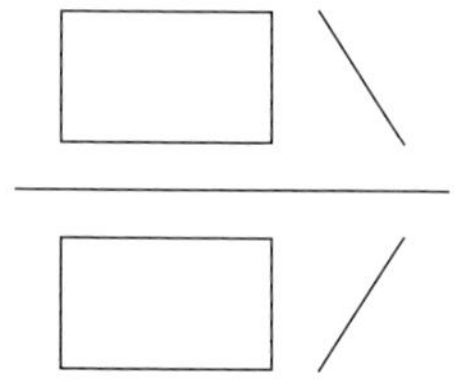

c)

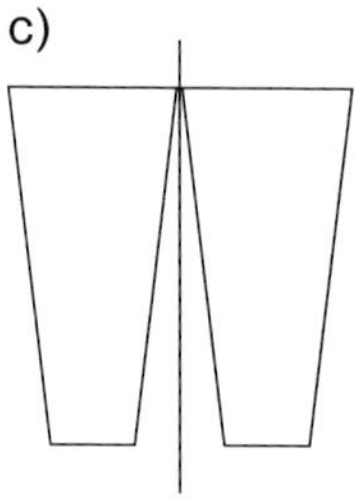

oder:

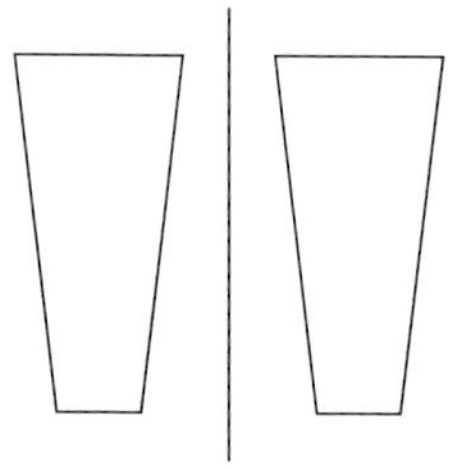

e)

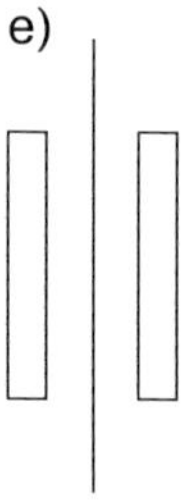

oder:

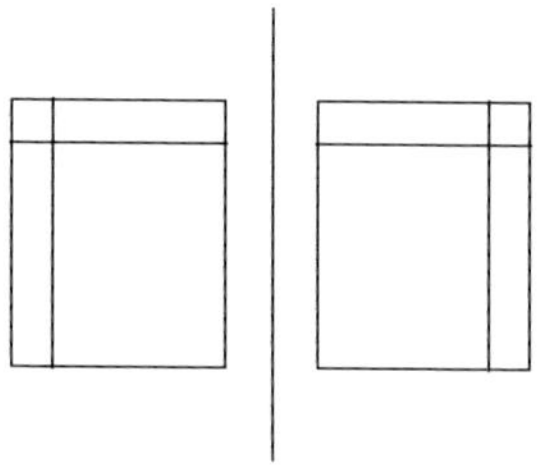

**Seiten 110–111**

**1.** Diese Figuren kannst du gezeichnet haben. Wenn du die Spiegelfiguren dieser Figuren gezeichnet hast oder die Figuren in deiner Zeichnung gedreht sind, ist das auch richtig.

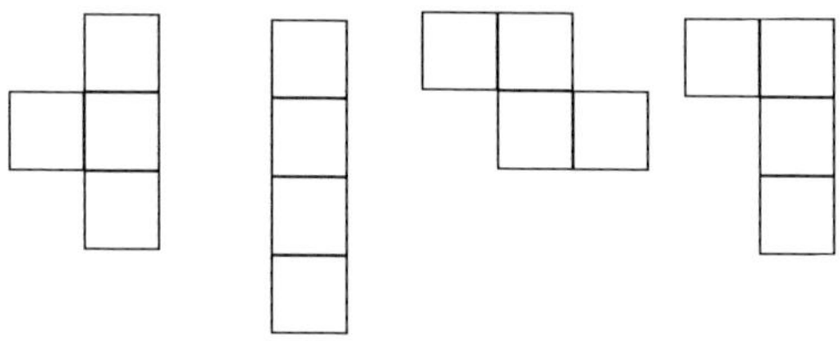

**2.**

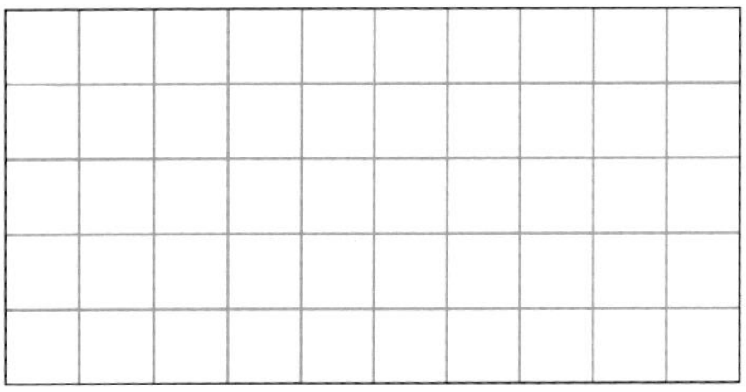

Rechnung: In jede Reihe passen 10 Platten.
Insgesamt gibt es 5 Reihen.
Du rechnest: $10 \cdot 5 = 50$.
Antwort: Ich brauche insgesamt 50 Platten.

**3.**

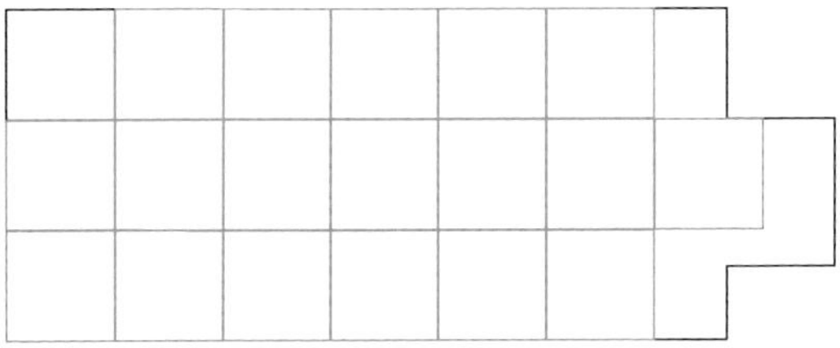

Rechnung: $3 \cdot 6 + 1 = 19$
Antwort: Der Fliesenleger muss 19 ganze Fliesen verlegen.

**4.**

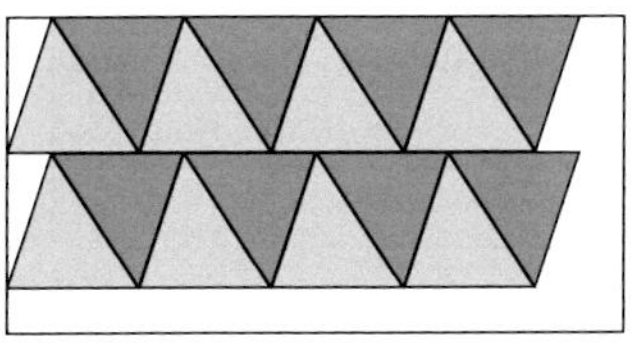

Rechnung: $2 \cdot 8 = 16$
Antwort: Ich kann die Fläche mit 16 Dreiecken füllen.

**5.** Die grünen Platten sind hier hellgrau, die orangefarbenen Platten dunkelgrau dargestellt.

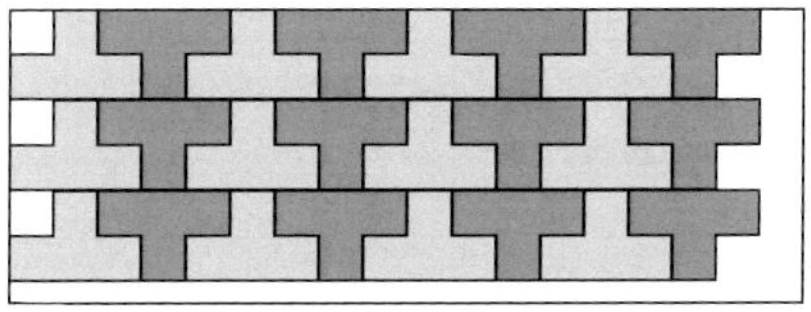

Antwort: Ich brauche 12 grüne Platten und 12 orangefarbene Platten.

## Seiten 112–114

**1.**

| | | |
|---|---|---|
| 2 | 1 | 1 |
| 1 | 1 | 0 |

**2.** Tom muss noch die Steine von b) hinzufügen.

**3.** a) – 2 b) – 3 c) – 1

**4.**

| | | | |
|---|---|---|---|
| 4 | 3 | 2 | 1 |
| 1 | 1 | 0 | 0 |
| 1 | 0 | 0 | 0 |

**5.**

a) – 1

| | | |
|---|---|---|
| 3 | 1 | 1 |
| 2 | 2 | 0 |
| 1 | 0 | 0 |

b) – 3

| | | |
|---|---|---|
| 0 | 0 | 3 |
| 2 | 1 | 1 |
| 1 | 1 | 0 |

c) – 4

| | | | |
|---|---|---|---|
| 1 | 3 | 1 | 2 |
| 1 | 0 | 1 | 0 |
| 1 | 0 | 1 | 0 |
| 1 | 0 | 1 | 1 |

d) – 2

| | | | |
|---|---|---|---|
| 3 | 1 | 2 | 1 |
| 1 | 1 | 0 | 1 |
| 1 | 1 | 0 | 0 |
| 2 | 0 | 0 | 0 |

## Seiten 115–117

**1.** a) 5 Würfel
b) 8 Würfel

**2.** In der 1. Lage sind 10 Würfel.
In der 2. Lage sind 6 Würfel.
In der 3. Lage sind 3 Würfel.
In der 4. Lage ist 1 Würfel.
Antwort: Das Würfelgebäude besteht aus insgesamt 20 Würfeln.

**3.**

| | | | |
|---|---|---|---|
| 2 | 3 | 4 | 3 |
| 2 | 2 | 3 | 2 |
| 2 | 2 | 2 | 1 |
| 2 | 1 | 1 | 0 |

**4.**

| | | | |
|---|---|---|---|
| 4 | 4 | 4 | 4 |
| 3 | 3 | 3 | 3 |
| 2 | 2 | 2 | 2 |
| 1 | 1 | 1 | 1 |

Antwort: Die Treppe besteht aus 40 Würfeln.

**5.**

| | | | |
|---|---|---|---|
| 4 | 4 | 4 | 4 |
| 3 | 4 | 4 | 4 |
| 1 | 3 | 4 | 4 |
| 0 | 1 | 3 | 4 |

Antwort: Es fehlen 13 Würfel.

**6.**

| | | | | |
|---|---|---|---|---|
| 4 | 4 | 4 | 4 | 3 |
| 4 | 3 | 3 | 3 | 3 |
| 4 | 3 | 3 | 3 | 3 |
| 4 | 3 | 3 | 3 | 2 |
| 1 | 1 | 1 | 1 | 0 |

Antwort: Es fehlen noch 30 Würfel.

**7.** Antwort: Man müsste 80 Würfel hinzufügen.

## Seiten 118–119

**1.**
a) Die Kirche befindet sich im Quadrat B 3.
b) Die Schule befindet sich im Quadrat A 2.
c) Die Turnhalle befindet sich im Quadrat B 2.
d) Die Feuerwehr befindet sich im Quadrat D 5.
e) Der Kindergarten befindet sich im Quadrat A 1.
f) Der Schulpfad verläuft durch die Quadrate A 1 und B 1.

**2.** a) Antwort: Romys Oma wohnt an der Straßenecke Frankfurter Straße/ Herrleinweg.
b) 40 m + 30 m + 5 m + 10 m + 65 m + 92 m + 30 m = 272 m

**3.** Antwort:
Der Wortlaut dieses Textes muss nicht genau mit deiner Wegbeschreibung übereinstimmen. Du solltest jedoch denselben Weg gewählt und möglichst viele der unterstrichenen Begriffe verwendet haben.
Ich fahre die Frankfurter Straße entlang und biege bei der 2. Möglichkeit links in die Schulstraße ab. An der ersten Möglichkeit rechts / an der Einmündung biege ich nach rechts in den Kirchpfad ab. Bei der nächsten Einmündung / Straßenecke habe ich mein Ziel erreicht.

**4.** Rechnung: 30 m + 25 m + 50 m + 5 m + 5 m + 30 m + 10 m = 155 m
Länge des Weges: 0,155 km

**5.** a)

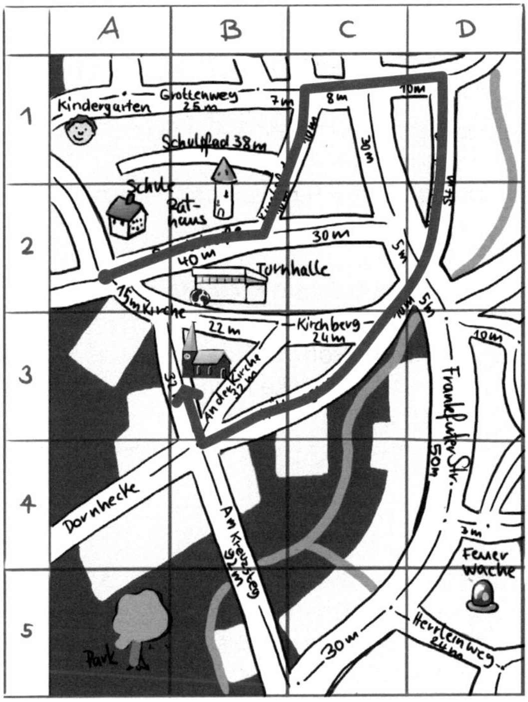


b) 40 m + 10 m + 10 m + 8 m + 10 m + 54 m + 10 m + 65 m = 207 m

c) 207 m = 0,207 km

d) Rechnung: 0,207 km + 0,207 km = 0,414 km
Antwort: Der Weg beträgt insgesamt 0,414 km.

e) Der kürzere Weg führt über den Kirchberg und Am Kreuzsteg direkt zur Ecke An der Kirche/Am Kreuzsteg.
Rechnung: 15 m + 32 m = 47 m; 207 m − 47 m = 160 m
Antwort: Der Weg ist um 160 m kürzer.

### Seiten 120 – 121

**1.** A – 3 B – 4 C – 1 D – 2

**2.** a) Ansicht von vorn
b) Ansicht von links
c) Ansicht von hinten

**3.** a) Ansicht von rechts
b) Ansicht von hinten

**4.** a) Ansicht von Osten
b) Ansicht von Westen

**5.** a) Ansicht von Süden
b) Ansicht von Norden

**6.** a) Ansicht von Norden oder Süden
b) Ansicht von Osten

**7.** a) Ansicht von links
b) Ansicht von vorne (oder: hinten)
c) Ansicht von oben oder von unten

### Seiten 122 – 123

**1.** Es gibt 11 verschiedene Würfelnetze. Zwei davon solltest du gefunden haben:

**2.** Aus den Figuren a) und c) kannst du einen Würfel bauen.

**3.** Wenn du einen richtigen Würfel aus deinem Würfelnetz gebastelt hast, hast du es richtig gemacht!

**4.** In jedem Würfelnetz solltest du jeweils eines der Felder, die hier grau dargestellt sind, rot angemalt haben.

**zu den Seiten 122–123:**
zu **4.**

A B C

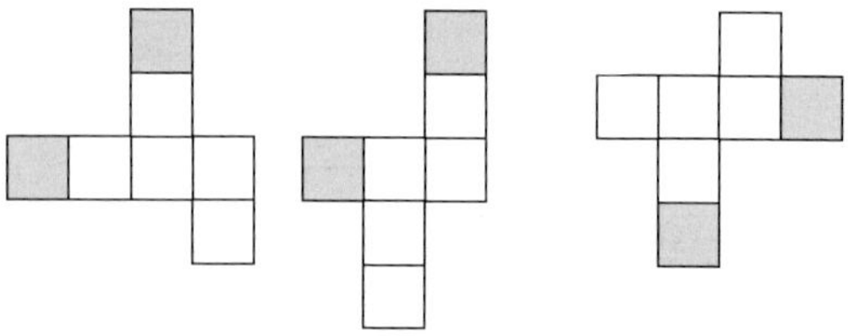

**Seiten 124 – 125**

1. Die Flächen, die hier hellgrau dargestellt sind, solltest du mit Gelb ausgemalt haben, die dunkelgrauen Flächen mit Rot.

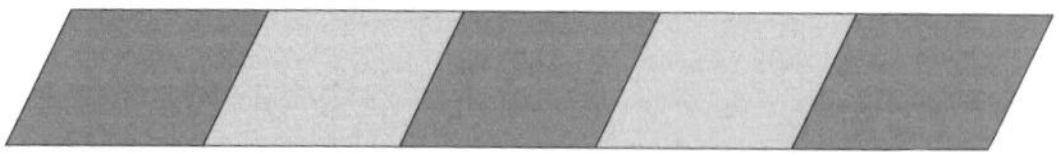

2. Die blauen Felder sind hier dunkelgrau dargestellt, die gelben Felder weiß und die roten hellgrau.

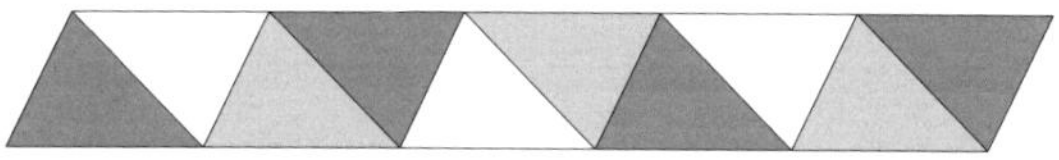

3. So solltest du die freien Flächen ausgemalt haben:
   1 – blau
   2 – blau
   3 – rot
   4 – blau

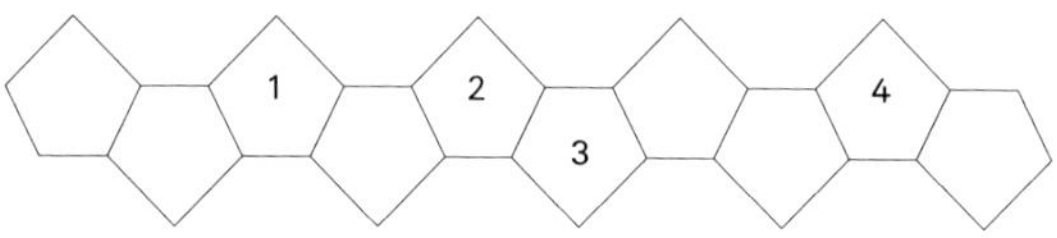


4. Diese Felder müssen geändert werden, damit das Muster stimmt:
   Feld 8 – grün Feld 18 – gelb

5. So solltest du das Muster ergänzt und ausgemalt haben:

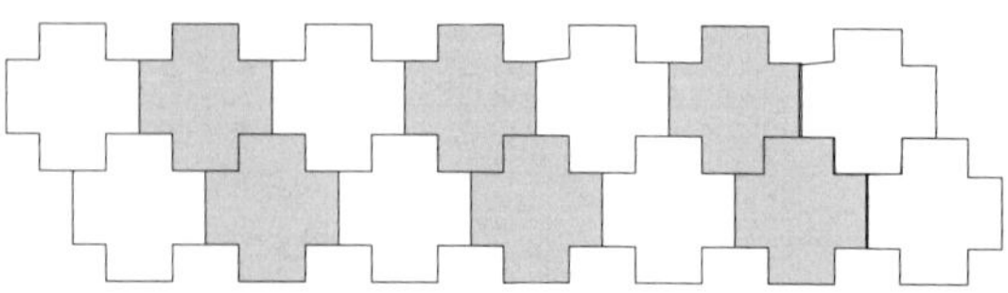

6. Die gelben Felder sind hier hellgrau dargestellt, die blauen dunkelgrau.

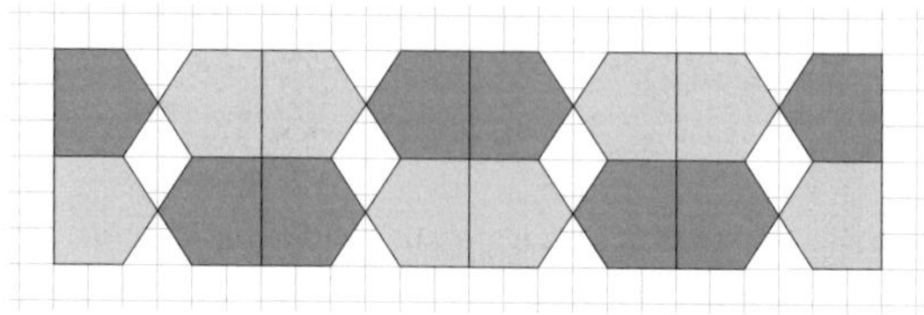

7. So solltest du das Muster fortgeführt haben. Die blauen Felder sind hier hellgrau dargestellt.

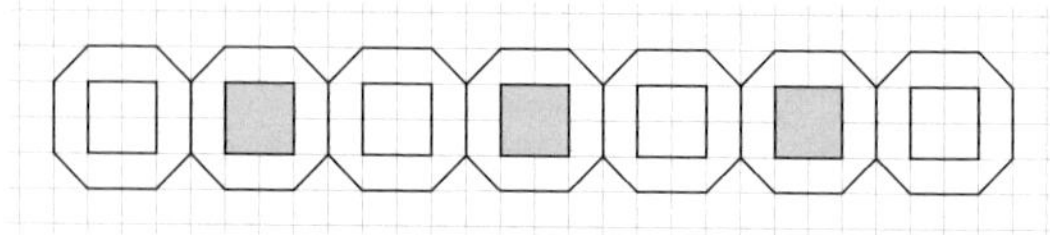

**Seiten 126 – 127**

1. Für jede richtige Symmetrieachse gibt es **1 P. = 7 P.** Hast du eine falsche Symmetrieachse eingezeichnet, ziehe dir dafür wieder **1 P.** ab.

a) b) c)

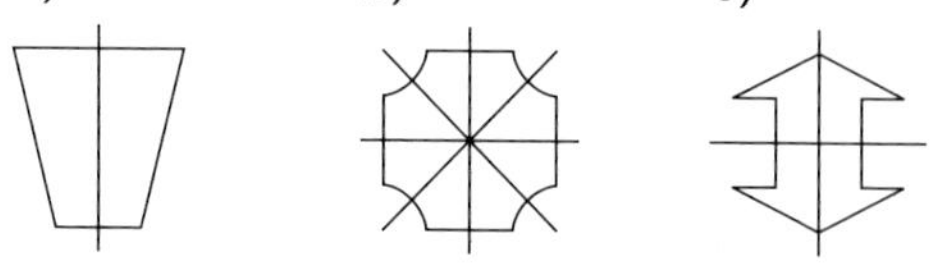

2. Für jede richtige Spiegelfigur gibt es **2 P. = 4 P.** Ist an einer Figur nur eine kleine Stelle falsch, gibt es **1 P.** pro Spiegelung.

a) b)

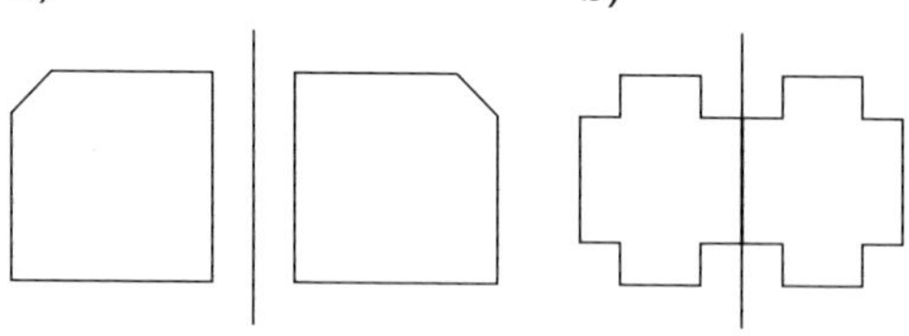

3. Für die richtige Zeichnung und die richtige Antwort gibt es jeweils **2 P.**, ergibt **4 P.**

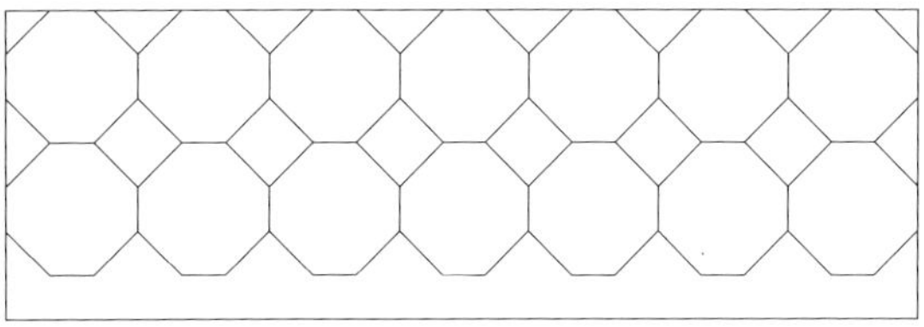

Antwort: Ich kann 14 ganze Fliesen unterbringen.

4. Für jede richtige Zuordnung gibt es **2 P. = 4 P.**
a) – 1 b) – 2

5. Für den richtigen Bauplan und die richtige Antwort gibt es jeweils **2 P. = 4 P.** Wenn du im Bauplan nur ein bis zwei Felder falsch ausgefüllt hast, ziehe dir **1 P.** ab.

| | | | | | |
|---|---|---|---|---|---|
| 3 | 2 | 1 | 4 | 2 | 2 |
| 2 | 1 | 0 | 1 | 0 | 1 |
| 1 | 0 | 0 | 0 | 0 | 1 |
| 1 | 0 | 0 | 0 | 0 | 0 |
| 1 | 0 | 0 | 0 | 0 | 0 |

Antwort: Das Gebäude enthält 23 Würfel.

6. Für jede richtige Zuordnung gibt es **2 P. = 4 P.**
a) – 2 b) – 1

7. Für jede richtig ausgemalte Fläche gibt es **1 P. = 6 P.**
Hier sind die blauen Flächen dunkelgrau dargestellt, die roten hellgrau und die gelben weiß. Es gibt zwei Möglichkeiten:

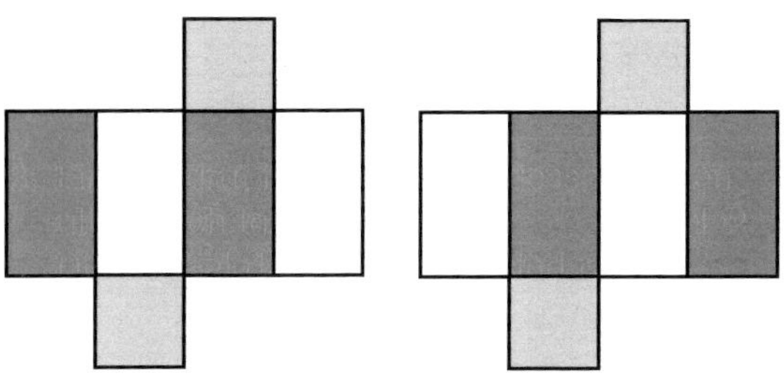

**Noten-Übersicht für den Test „Geometrie“:**
Lies an dieser Tabelle ab, welche Note du für deine Punktzahl bekommst, und trage sie unter deinem Test ein.

| Punkte | Note |
|---|---|
| 33–32 | 1 |
| 31 | 1,5 |
| 30–28 | 2 |
| 27–25 | 2,5 |
| 24–22 | 3 |
| 21–19 | 3,5 |
| 18–17 | 4 |
| 16–12 | 4,5 |
| 11–7 | 5 |
| 6–3 | 5,5 |
| 2–0 | 6 |

## Für deine Notizen:

# Für deine Notizen:

# Hallo ____________________ !

(dein Name)

Du bist in der 3. Klasse und möchtest nach der Grundschule gern ins Gymnasium gehen? Brauchst du dafür im Fach Mathematik noch bessere Noten?

Kein Problem! Dieses Übungsbuch hilft dir, deine Noten zu verbessern. Du kannst mit diesem Buch ganz gezielt üben – such dir einfach das Thema aus, das du trainieren möchtest, und los geht's.

Das bedeuten die unterschiedlichen Zeichen:

| | | |
|---|---|---|
| – Ein Zentimeter sind 10 Millimeter: 1 cm = 10 mm<br>– Längen kannst du in verschiedenen Schreibweisen angeben.<br>Beispiel: 14 mm = 1,4 cm = 1 cm 4 mm<br>– Bei der Kommaschreibweise trennt das Komma cm und mm voneinander. | **Regelkasten** | Die Regeln in den blauen Kästen helfen dir, dich an das Wichtigste zu erinnern. |
| Tipp: Wusstest du, dass das Wort „kilo" aus der griechischen Sprache kommt? Es bedeutet 1 000. 1 Kilogramm sind 1000 Gramm. | **Tipp** | Die Tipps verraten dir zusätzliche Kniffe und Eselsbrücken. |
| **Bist du fit fürs Gymnasium?** | **Bist du fit fürs Gymnasium?** | Diese Spezial-Aufgaben für künftige Gymnasiasten sind etwas schwieriger. Leg dir zum Lösen dieser Aufgaben am besten ein eigenes Heft an. |
|  etwa 10 min | **Uhr** | Die Zeitangabe neben einer Aufgabe sagt dir, in welcher Zeit du die Aufgabe in etwa lösen solltest, wenn du auf das Gymnasium gehen möchtest. |
| 14 P. | **Test** | Am Schluss jedes Kapitels steht ein benoteter Test. So siehst du, ob du die Note hast, die du fürs Gymnasium brauchst. |
|   | **Online-Diagnosetest** | Mit dem Online-Diagnosetest kannst du im Internet deine Stärken und Schwächen ermitteln und dein individuelles Trainingsprogramm erstellen. Wie das geht, liest du auf Seite 128. |
|  | **Lösungsheft mit Elternratgeber** | Du findest es auf der hinteren Umschlagseite. |

## Bündelungen: 10er, 100er, 1 000er

Wenn du eine große ungeordnete Menge an Gegenständen zählen oder schätzen sollst, ist es hilfreich, sie in Einheiten oder Systeme zu bündeln. Beginne damit, Einer zu **Zehnersystemen** zu bündeln. Dann kannst du die Zehnersysteme zu **Hundertersystemen** und anschließend Hundertersysteme zu einem **Tausendersystem** bündeln. So erhältst du schnell eine Übersicht über die Menge.

**1** Ordne die Buntstifte zu Zehnerbündeln. Kreise farbig ein.

a) Wie viele Zehnerbündel hast du gefunden?

Antwort: ______________________________

b) Wie viele Buntstifte sind es insgesamt?

Antwort: ______________________________

**2** Die Lollis sollen verpackt werden. Bündele je 3 Lollis zu einem Päckchen, dann je 5 Päckchen zu einem Karton. Verwende zwei verschiedene Farben.

a) Wie viele Päckchen und Kartons gibt es?

Antwort: ______________________________

b) Wie viele Lollis bleiben übrig?

Antwort: ______________________________

**3** Zähle die einzelnen Kartons zusammen. Wie viele Nelken sind auf der Palette?

Rechnung: ______________________

______________________

Antwort: ______________________

______________________

______________________

## Bist du fit fürs Gymnasium?

**4** In den Kartons sind Radiergummis verpackt. Einige liegen lose auf dem Tisch.

etwa 10 min

a) Wie viele Radiergummis sind es insgesamt?

b) Du sollst 749 Radiergummis verpacken.
Wie viele große Kartons brauchst du?
Wie viele kleine Kartons brauchst du?
Wie viele Radiergummis bleiben übrig?

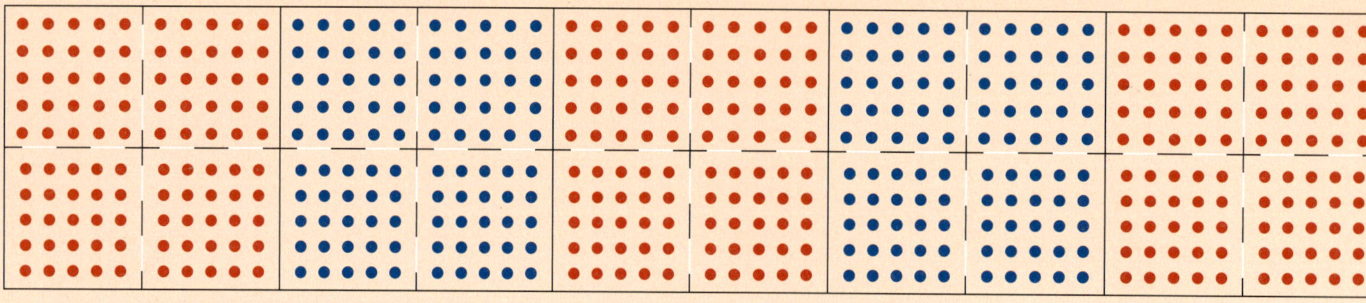

In einem **Tausenderfeld** kann man Mengen im Zahlenraum bis 1 000 übersichtlich darstellen. Ein Tausenderfeld besteht aus 10 nebeneinander stehenden Hunderterfeldern (denn 10 · 100 = 1 000). In jedem Hunderterfeld befinden sich 100 Punkte. Sie sind in 4 Abschnitte gegliedert, die jeweils 25 Punke enthalten (25 · 4 = 100). In jedem Abschnitt sind immer 5 Punkte in 5 Reihen angeordnet (5 · 5 = 25).

**1** Du brauchst drei Blatt Papier. Decke mit den Blättern das Tausenderfeld so ab, dass die gesuchte Menge sichtbar bleibt. Schreibe die Zahl dann in die Stellenwerttafel.

| | H | Z | E |
|---|---|---|---|
| a) 131 | 1 | 3 | 1 |
| b) 387 | | | |
| c) 464 | | | |

| | H | Z | E |
|---|---|---|---|
| d) 756 | | | |
| e) 802 | | | |
| f) 910 | | | |

Tipp: Zehner und Einer werden anders geschrieben als gesprochen. Zum Beispiel spricht man die Zahl 183 „einhundertdreiundachtzig".

**2** Zerlege die Zahlen in Hunderter, Zehner und Einer.

| | H | Z | E |
|---|---|---|---|
| a) 345 | | | |
| b) 687 | | | |
| c) 224 | | | |

| | H | Z | E |
|---|---|---|---|
| d) 912 | | | |
| e) 255 | | | |
| f) 738 | | | |

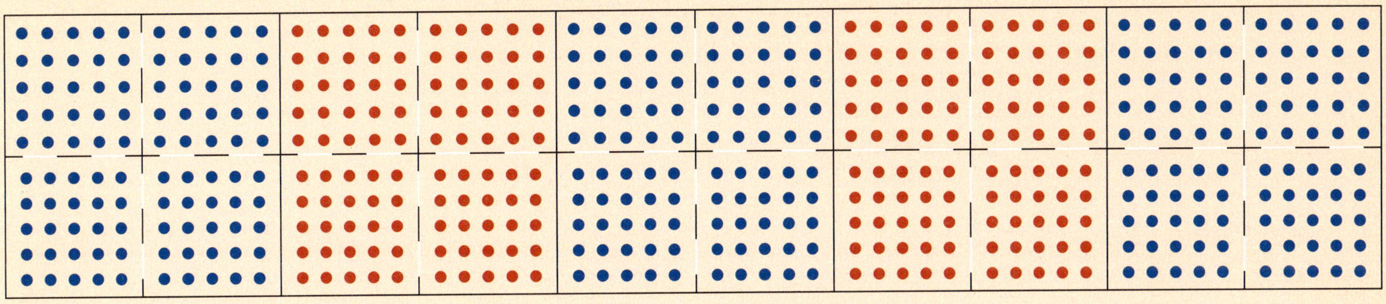

**3** Schreibe folgende Zahlwörter als Zahl, und trage sie in die Stellenwerttafel ein:

a) dreihundertzweiundachtzig: ________

b) fünfhundertsechsundneunzig: ________

c) zweihundertunddrei: ________

d) neunhundertvierundneunzig: ________

| H | Z | E |
|---|---|---|
| | | |
| | | |
| | | |
| | | |

## Bist du fit fürs Gymnasium?

**4** Finde heraus, welche Zahlen fehlen, und ergänze die Rechnungen. Zeichne eine Stellenwerttafel, und trage die gefundenen Zahlen ein. Denke daran, die Leerräume mit Nullen auszufüllen.

etwa 7 min

a) 300 + 20 + ______ = 326

b) 200 + ______ + 7 = 297

c) 400 + ______ + 7 = 447

d) ______ + ______ + 4 = 614

e) ______ + 70 + 9 = 779

f) 500 + 30 + 7 = ______

**5** Welche Zahlenmengen sind in den Hunderterfeldern sichtbar?
Trage sie in die Stellenwerttafeln ein.

etwa 5 min

a) 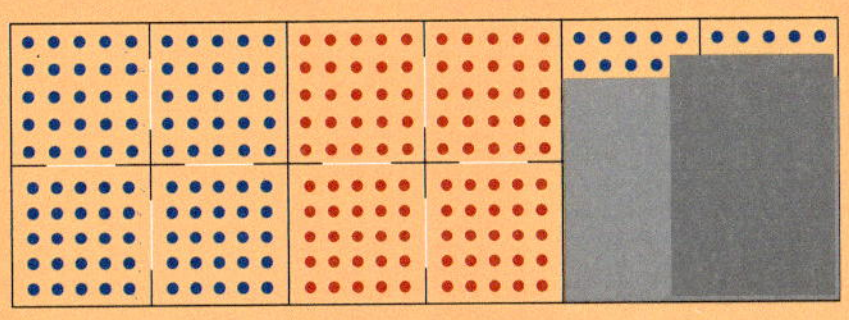

| H | Z | E |
|---|---|---|
| | | |

b) 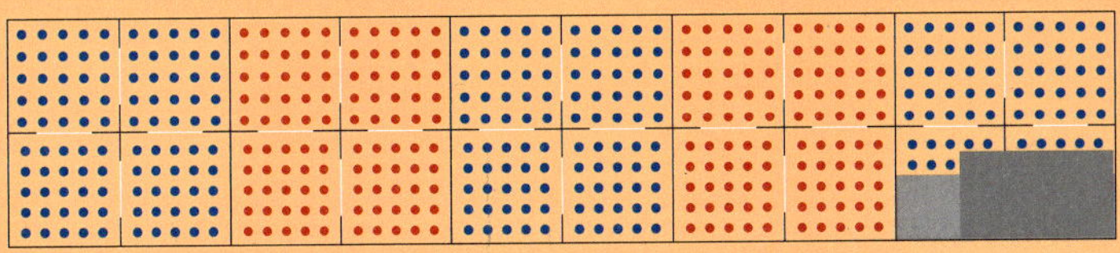

| H | Z | E |
|---|---|---|
| | | |

c) 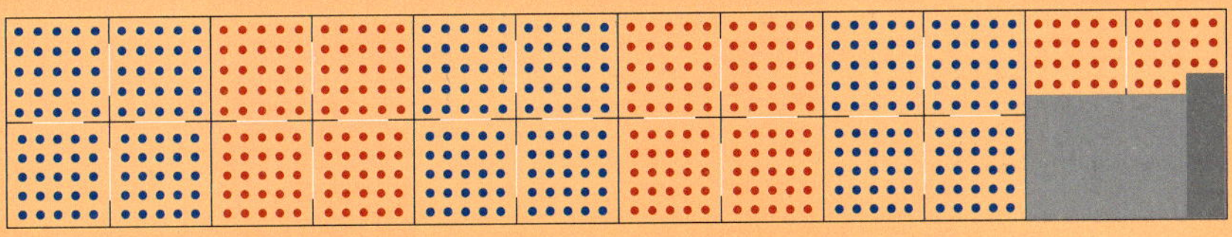

| H | Z | E |
|---|---|---|
| | | |

Du kannst Zahlen auch als Symbole darstellen:

Hunderter werden als □ dargestellt.
Zehner werden als | dargestellt.
Einer werden als . dargestellt.

Beispiel: 123 = □ | | . . .

Tipp: Beim Zeichnen von Zahlbildern musst du sehr sorgfältig sein.
Vor allem bei den Zehnern und Einern kann man sich leicht verzählen.

**1** Schreibe die Zahlen als Zahlbilder. Verwende für Hunderter das Symbol □, für Zehner das Symbol | und für Einer das Symbol ..

a) 234 = □ □ | | | . . . .

b) 356 = ____________________

c) 219 = ____________________

d) 559 = ____________________

e) 901 = ____________________

f) 631 = ____________________

**2** Schreibe zu jedem Zahlbild die dazugehörige Zahl auf.
Trage die Zahlen dann in die Stellenwerttafel ein.

a) □ □ □ | | | | | | . . . . . . . = ________

b) □ □ □ □ □ □ □ | | | | | | | . . = ________

c) □ □ □ . . . . . . . . = ________

d) □ □ □ □ □ □ □ □ □ | . . . . . . = ________

e) □ □ □ □ □ | | | | | | | = ________

| H | Z | E |
|---|---|---|
| | | |
| | | |
| | | |
| | | |
| | | |

**3** Schreibe zuerst die Zahlen auf, und zeichne dann die Zahlbilder.

a) 4 H + 2 Z + 6 E = ________ = ____________________

b) 3 Z + 9 E + 5 H = ________ = ____________________

**4** Welche Zahlen sind dargestellt? Schreibe die dazugehörige Plus-Aufgabe auf.

a) □□□□ | | . . . . . = 400 + 20 + 5 = 425

b) □□□□□ | | | | | | | . . . . . . . . . = ______ + ______ + ______ = ______

c) □□□□□□□□□ | | | | . . . . . . . . = ______ + ______ + ______ = ______

**5** Sortiere die folgenden Zahlen nach der Größe, und stelle sie mit Symbolen dar. Beginne mit der kleinsten Zahl.

543 319 830

______ = ________________________________

______ = ________________________________

______ = ________________________________

**6** Welche Zahl gehört zu welchem Zahlbild? Verbinde mit Pfeilen.

a) sechshunderteinunddreißig — 1. □□□□□□ | | . . . . . . .

b) vierhundertneun — 2. □□□ | | | | | | | | | . . . . . . .

c) sechshundertsiebenundzwanzig — 3. □□□□ . . . . . . . . .

d) dreihundertsiebenundneunzig — 4. □□□□□□□ | . . . . . . . .

e) siebenhundertachtzehn — 5. □□□□□□ | | | .

## Bist du fit fürs Gymnasium?

**7** Schreibe die folgenden Zahlbilder als Zahlen, und addiere sie.

etwa 3 min

a) □□□ | | | | | . . . . + □□ | | | | | | . . . . . . . . = ______

b) □□ . . . . . . . + □□□□ | | | | | | | | | . = ______

c) □□□□□□ | | | | | . . . . . + | | | | | | | . . . . . . . = ______

**8** Zeichne die Ergebnisse aus Aufgabe 7 als Zahlbilder in dein Heft. Schreibe sie dann als Zahlwörter.

etwa 5 min

# Der Zahlenstrahl

- Man kann Zahlen ihrer Größe nach auf einer Linie anordnen. Eine solche Linie nennt man **Zahlenstrahl**. Ein Zahlenstrahl hilft dir, Zahlen zu ordnen und in ihrer Größe zu sortieren.
- Die Abstände zwischen den Zahlen auf einem Zahlenstrahl sind immer gleich groß. Man nennt sie Einheiten. Nicht immer ist jede einzelne Zahl an einem Zahlenstrahl dargestellt. Manchmal ist er in größere Einheiten unterteilt, zum Beispiel in Zehner oder Hunderter.
- Meist werden die Zahlen von links nach rechts immer größer. Ganz links steht also die kleinste Zahl und ganz rechts die größte Zahl.

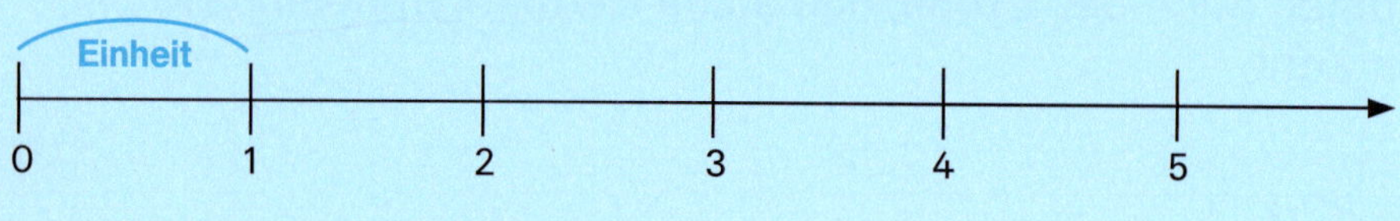


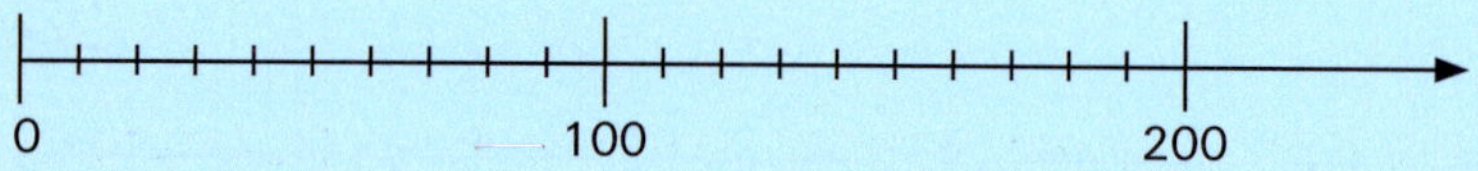


**1** Auf welche Zahlen zeigen die Pfeile?

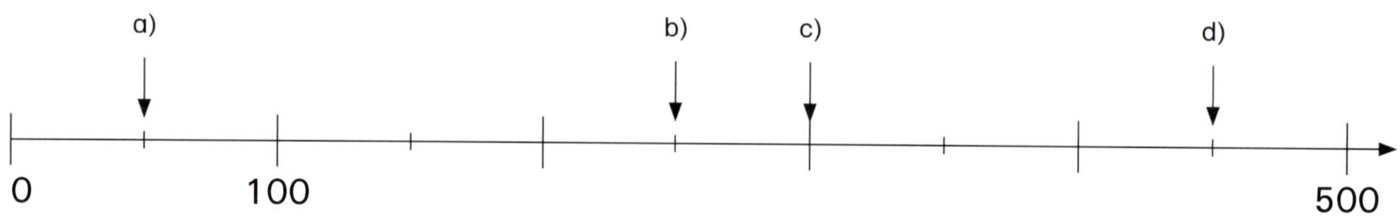


a) 50 b) ______ c) ______ d) ______

**2** Markiere die Zahlen mit einem Pfeil.

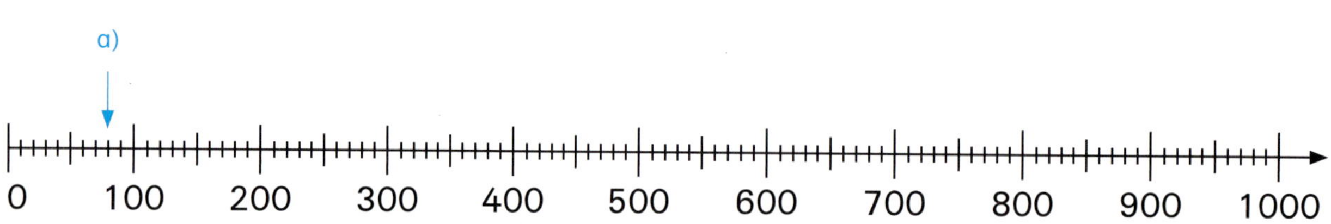


a) 80
b) 140
c) 320
d) 690
e) 770
f) 910

**3** Markiere die Zahlen mit einem Pfeil, und beschrifte die Zehnereinheiten am Zahlenstrahl.

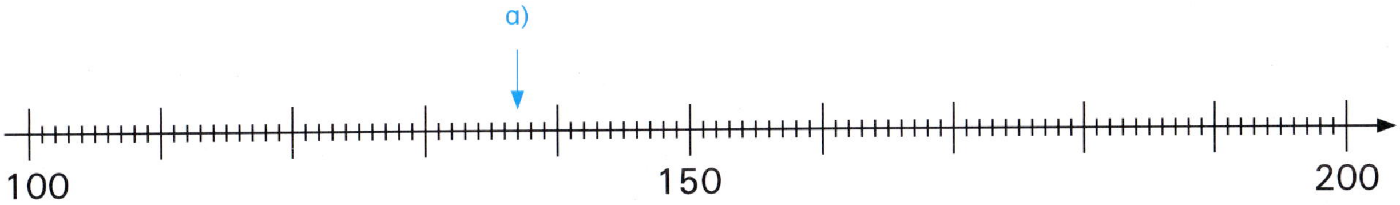


a) 137
b) 159
c) 165
d) 171
e) 183
f) 199

**4** Finde heraus, welche Zahlen markiert sind, und ergänze sie zum nächsten Hunderter.

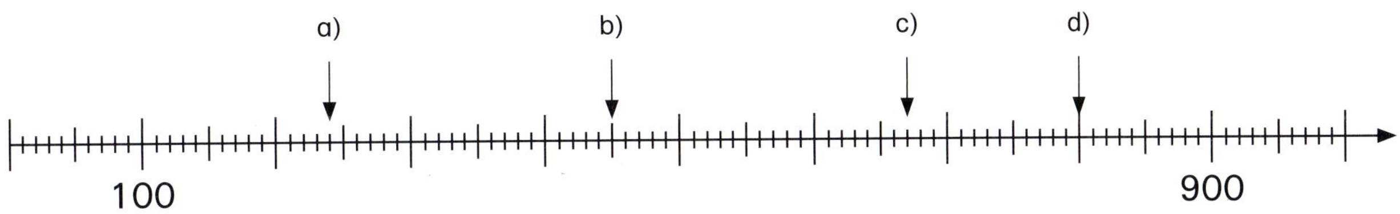


a) 240 + 60 = 300
b) ____________________
c) ____________________
d) ____________________

## Bist du fit fürs Gymnasium?

**5** Was ist bei diesem Zahlenstrahl falsch? Sieh genau hin. Schreibe deine Überlegungen in dein Heft.

etwa 3 min

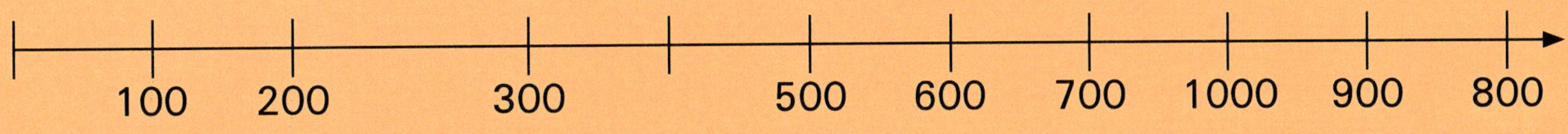


**6** Ergänze die Zahlen, auf die ein Pfeil zeigt, zum nächsten vollen Hunderter. Schreibe in dein Heft.

etwa 5 min

- **Hundertertafeln** umfassen immer den Zahlenraum von 1 bis 100 oder von 101 bis 200 und so weiter. Jede Hundertertafel besteht aus 100 einzelnen Feldern. Immer von links nach rechts sind hier Zahlen in 10 untereinanderstehenden Zehnerreihen angeordnet. In einer Hundertertafel hat jede Zahl ihren festen Platz. Manchmal sind nur einzelne Felder in einer Hundertertafel ausgefüllt.
- 10 nebeneinanderstehende Hundertertafeln ergeben eine **Tausendertafel**.

**1** Finde heraus, welche Zahlen in den Feldern gemeint sind.

| | | | | | | | | | |
|---|---|---|---|---|---|---|---|---|---|
| 1 | | | | | | | | | |
| | | | | | | | | | |
| | | a | | | | | | | |
| | | | | | | | | | |
| | | | | b | | | | | |
| | | | | | | | | | c |
| | | | | | | | | | |
| | | d | | | | | | | |
| | | | | | | e | | | |
| | | | | | f | | | | 100 |

a) 23 d) ______

b) ______ e) ______

c) ______ f) ______

Tipp: Schau dir die Hundertertafeln erst genau an, um dich in dem Zahlenraum zurechtzufinden.

**2** Wie heißen die Zahlen in den farbig markierten Feldern?

a) ______ f) ______

b) ______ g) ______

c) ______ h) ______

d) ______ i) ______

e) ______ j) ______

| | | | | | | | | | |
|---|---|---|---|---|---|---|---|---|---|
| 101 | | | | | | | | | a |
| | | | | | | | | b | |
| | | | | | | | c | | |
| | | | | | | d | | | |
| | | | | | e | | | | |
| | | | | f | | | | | |
| | | | g | | | | | | |
| | | h | | | | | | | |
| | i | | | | | | | | |
| j | | | | | | | | | 200 |

**3** Finde die Zahlen, und schreibe Vorgänger und Nachfolger dazu.

| | | | | | | | | | |
|---|---|---|---|---|---|---|---|---|---|
| 201 | | | | | | | | | |
| | | | | | | | a | | |
| | | | | | | | | | |
| | b | | | | | | | | |
| | | | | | | | | | |
| | | | | | | | | | |
| | | | | | | c | | | |
| | | | | | | | | | d |
| | | | | | | | | | |
| | | | e | | | | | | 300 |

a) 217 < 218 < 219

b) ______ < ______ < ______

c) ______ < ______ < ______

d) ______ < ______ < ______

e) ______ < ______ < ______

**4** Markiere alle Felder gelb, in die eine Zahl mit der Einerziffer 3 gehört.
Was fällt dir auf? Schreibe deine Beobachtung auf die Linien.

| | | | | | | | | | |
|---|---|---|---|---|---|---|---|---|---|
| 301 | | | | | | | | | |
| | | | | | | | | | |
| | | | | | | | | | |
| | | | | | | | | | |
| | | | | | | | | | |
| | | | | | | | | | |
| | | | | | | | | | |
| | | | | | | | | | |
| | | | | | | | | | |
| | | | | | | | | | 400 |

## Bist du fit fürs Gymnasium?

**5** Suche alle Zahlen, die von dem blau markierten Feld 4 Felder entfernt sind: nach oben und unten, nach links und rechts und auch schräg nach oben und unten. Markiere die Felder mit einem Kreuz, und schreibe die Zahlen nach der Größe sortiert in dein Heft. Beginne mit der kleinsten Zahl.

etwa 7 min

| | | | | | | | | | |
|---|---|---|---|---|---|---|---|---|---|
| | | | | | | | | | |
| | | | | | | | | | |
| | | | | | | | | | |
| | | | | | | | | | |
| | | | | | | | | | |
| | | | | | | | | | |
| | | | | | | | | | |
| | | | | | | | | | |
| | | | | | | | | | |
| | | | | | | | | | 600 |

**6** Finde die Zahlen, die in die blau markierten Felder gehören, und schreibe dazu eine Plus-Aufgabe: Addiere zu den Zahlen immer 5. Finde dann die Felder, in die deine Ergebniszahlen gehören, und markiere sie mit einem Kreuz.

etwa 8 min

| | | | | | | | | | |
|---|---|---|---|---|---|---|---|---|---|
| 801 | | | | | | | | | |
| | | | | | | | | | |
| | a | | | | | | | | |
| | | | b | | | | | | |
| | | | | | | | | | |
| | | | | | c | | | | |
| | | | | | | | | | |
| | | | | | | | | | d |
| | | | | | | | | | |
| | | | | | | | | | 900 |

- Jede Zahl einer Plusaufgabe heißt Summand, das Ergebnis heißt Summe.
- Bei der halbschriftlichen Addition gehst du schrittweise vor:
  Zerlege deinen zweiten Summanden in volle Hunderter, Zehner und Einer. Addiere zuerst den ersten Summanden mit dem vollen Hunderter des zweiten Summanden. Übertrage dein Zwischenergebnis in die nächste Zeile, und addiere es mit dem vollen Zehner des zweiten Summanden. Wenn du das nächste Zwischenergebnis mit dem Einer des zweiten Summanden addierst, hast du deine Lösungszahl gefunden. Du kannst auch in umgekehrter Reihenfolge vorgehen.

Beispiele:

357 + 216 = 573
357 + 200 = 557
557 + 10 = 567
567 + 6 = 573

oder:

357 + 216 = 573
357 + 6 = 363
363 + 10 = 373
373 + 200 = 573

**1** Zunächst rechnen wir innerhalb des Hunderters. Addiere schrittweise.

a) 225 + 43 =

b) 254 + 39 =

c) 325 + 61 =

**2** Nun überschreiten wir den Hunderter. Rechne schrittweise.

a) 657 + 63 =

b) 249 + 73 =

c) 736 + 94 =

**3** Addiere Hunderterzahlen mit Hunderterzahlen, und rechne schrittweise.

a) 427 + 341 =

c) 638 + 312 =

b) 111 + 836 =

d) 756 + 233 =

Tipp: Die Reihenfolge der Summanden ist beliebig, du darfst sie also vertauschen. Große Zahl plus kleine Zahl ist einfacher zu rechnen als umgekehrt. Man kann es auch „vorteilhaftes Rechnen" nennen.

**4** Schreibe eine Tauschaufgabe, und rechne schrittweise aus. Das Ergebnis ist dasselbe.

a) 15 + 479

4 7 9 + 1 5 =

c) 67 + 319

b) 17 + 318

d) 41 + 654

## Bist du fit fürs Gymnasium?

**5** Addiere schrittweise im Heft. Rechne auch die Tauschaufgaben.

etwa 8 min

a) 375 + 464
c) 750 + 132
e) 623 + 288

b) 69 + 457
d) 708 + 237
f) 821 + 25

**6** Welche dieser Aussagen sind richtig, welche falsch?

etwa 2 min

a) Ich kann die Summanden in eine beliebige Reihenfolge bringen.
b) Das Ergebnis einer Addition heißt Differenz.
c) Mit einer Tauschaufgabe kann ich das Ergebnis überprüfen.
d) Die Tauschaufgabe für die Addition ist die Multiplikation.
e) Beim Addieren beginne ich immer mit den Einern.

# Überschlagsrechnen (Addition)

- Je nachdem, wie die Aufgabe gestellt ist, kannst du Zahlen zum nächsten vollen Zehner, Hunderter oder Tausender auf- oder abrunden.
- Dabei unterstreichst du die Zahl, auf die gerundet werden soll. Beim Runden auf volle Zehner ist das die Zehnerstelle. Dann schaust du dir die Zahl an, die rechts neben der unterstrichenen Zahl steht: ist diese Zahl eine 5, 6, 7, 8 oder 9, so musst du die unterstrichene Zahl aufrunden. Ist sie eine 0, 1, 2, 3 oder 4, so musst du die unterstrichene Zahl abrunden.
- Beim Runden werden die Stellen rechts neben der unterstrichenen Zahl zu Nullen.
- Das Zeichen für Runden sind zwei Wellenlinien: ≈

Beispiele:
- Runde die Zahl 446 auf volle Zehner!
  4<u>4</u>6 rechts neben der Zehnerstelle steht eine 6 ⟶ aufrunden!
  446 ≈ 450
- Runde die Zahl 446 auf volle Hunderter!
  <u>4</u>46 rechts neben der Hunderterstelle steht eine 4 ⟶ abrunden!
  446 ≈ 400
- Wenn du die Summanden einer Additionsaufgabe auf volle Zehner oder Hunderter rundest und sie dann im Kopf addierst, kannst du schnell einschätzen, wie das Ergebnis deiner Aufgabe in etwa aussehen wird. Diese Methode nennt man Überschlagsrechnen oder „den Überschlag machen“.

**1** Runde auf volle Zehner.

a) 111 ≈ 110 c) 89 ≈ ______ e) 276 ≈ ______ g) 653 ≈ ______
b) 361 ≈ ______ d) 451 ≈ ______ f) 974 ≈ ______ h) 789 ≈ ______

Tipp: Beim Aufrunden wird die unterstrichene Zahl um 1 größer, beim Abrunden bleibt sie gleich.

**2** Runde auf volle Hunderter.

a) 248 ≈ ______ c) 73 ≈ ______ e) 572 ≈ ______ g) 198 ≈ ______
b) 355 ≈ ______ d) 486 ≈ ______ f) 601 ≈ ______ h) 709 ≈ ______

**3** Verbinde mit Pfeilen.

a) 451 ≈ 300
b) 392 ≈ 400
c) 249 ≈ 200
d) 263 ≈ 500

**4** Runde auf ganze Hunderter, und berechne den Überschlag.

a) 375 + 189 ≈ 400 + 200 = 600
b) 278 + 198 ≈ ______ + ______ = ______
c) 347 + 78 ≈ ______ + ______ = ______
d) 575 + 244 ≈ ______ + ______ = ______
e) 444 + 393 ≈ ______ + ______ = ______
f) 219 + 738 ≈ ______ + ______ = ______

## Bist du fit fürs Gymnasium?

**5** Runde Hunderterzahlen auf volle Hunderter und Zehnerzahlen auf volle Zehner. Berechne den Überschlag.

etwa 5 min

a) 363 + 228 ≈ ______ + ______ = ______
b) 65 + 101 ≈ ______ + ______ = ______
c) 486 + 354 ≈ ______ + ______ = ______
d) 609 + 93 ≈ ______ + ______ = ______
e) 211 + 492 ≈ ______ + ______ = ______
f) 542 + 375 ≈ ______ + ______ = ______
g) 734 + 166 ≈ ______ + ______ = ______
h) 83 + 77 ≈ ______ + ______ = ______
i) 817 + 153 ≈ ______ + ______ = ______

**6** Setze in die Lücken eine passende Zahl ein. Du hast einen gewissen Spielraum.

etwa 6 min

a) (449 + ______) ≈ ______ + 50 = 550
b) (______ + 293) ≈ 500 + ______ = 800
c) (361 + ______) ≈ ______ + 290 = 690

# Halbschriftliche Subtraktion

Beim halbschriftlichen Subtrahieren gehst du genauso vor wie beim halbschriftlichen Addieren. Auch hier schreibst du stellengerecht untereinander, und rechnest schrittweise. Du zerlegst deine zweite Zahl in volle Hunderter, Zehner und Einer.

Zunächst ziehst du den vollen Hunderter von deiner ersten Zahl ab. Dann überträgst du das Zwischenergebnis in die nächste Zeile und ziehst hiervon den vollen Zehner deiner zweiten Zahl ab. Vom nächsten Zwischenergebnis musst du nun noch den Einer deiner zweiten Zahl abziehen. Dann hast du dein Ergebnis gefunden. Du kannst auch umgekehrt vorgehen und zunächst den Einer, dann den Zehner und zuletzt den Hunderter subtrahieren.

Beispiele:

387 – 122 = 265
387 – 100 = 287
287 – 20 = 267
267 – 2 = 265

oder:

387 – 122 = 265
387 – 2 = 385
385 – 20 = 365
325 – 100 = 265

**1** Rechne schrittweise wie im Beispiel.

a)
2 6 7 – 4 3 = 2 2 4
2 6 7 – 3 = 2 6 4
2 6 4 – 4 0 = 2 2 4

b)
8 7 9 – 7 8 =

c)
6 9 6 – 5 2 =

d)
3 5 4 – 2 1 =

**2** Rechne wie in Aufgabe 1. Nun unterschreiten wir den Hunderter.

a)
3 5 2 – 6 8 =

b)
7 3 6 – 5 9 =

c)
6 4 7 – 7 4 =

d)
4 6 5 – 9 9 =

e)
9 0 9 – 1 4 =

f)
3 1 8 – 4 1 =

**3** Rechne wieder wie in Aufgabe 1. Subtrahiere nun aber Hunderterzahlen von Hunderterzahlen.

a) 5 6 7 − 2 5 1 =

b) 4 9 2 − 3 7 0 =

Du kannst auch in einer kürzeren Form schrittweise subtrahieren. Ziehe dabei zunächst die Hunderter ab, dann die Zehner, dann die Einer. Das hilft dir vor allem beim Kopfrechnen. Beispiel:
387 − 122 = 387 − 100 − 20 − 2 = 265

**4** Nun subtrahiere wie am Schnürchen. Ziehe von 567 immer 43 ab, bis es nicht mehr geht. Rechne im Kopf, und fülle die Lücken aus.

567 − 43 = 524, 524 − 43 = ______, ______ − 43 = ______, ______ − 43 = ______, ______ − 43 = ______, ______ − 43 = ______, ______ − 43 = ______, ______ − 43 = ______, ______ − 43 = ______, ______ − 43 = ______, ______ − 43 = ______, ______ − 43 = ______, ______ − 43 = ______

## Bist du fit fürs Gymnasium?

**5** Rechne im Kopf oder halbschriftlich im Heft, und trage die Ergebnisse hier ein.

etwa 5 min

| − | 50 | 138 | 236 | 402 |
|---|---|---|---|---|
| 530 | | | | |
| 487 | | | | |
| 792 | | | | |

**6** Rechne im Heft. Entscheide selbst, ob du das ausführliche oder das verkürzte schrittweise Subtrahieren anwenden möchtest.

etwa 7 min

a) 238 − 127 c) 672 − 473 e) 350 − 80 g) 711 − 433

b) 480 − 369 d) 309 − 182 f) 505 − 209 h) 976 − 399

# Ergänzen

Beim Subtrahieren durch Ergänzen rechnest du einfach umgekehrt. Du machst aus der Subtraktionsaufgabe eine Additionsaufgabe, indem du von der kleineren Zahl zu der größeren ergänzt.

Beispiel: 246 – 63 ⟶ 63 + 183 = 246

Die 63 ergänzt du zunächst zum nächsten vollen Zehner. Diesen ergänzt du dann zum nächsten vollen Hunderter. Diesen ergänzt du zum Schluss zur gesuchten Zahl.

Du rechnest also: 63 + 7 = 70; 70 + 30 = 100; 100 + 146 = 246

Nun addierst du alle Zahlen, mit denen du ergänzt hast: 7 + 30 + 146 = 183

**1** Rechne wie im Beispiel.

a) 215 – 19 ⟶ 19 + 1 = 20; 20 + 80 = 100; 100 + 115 = 215;

1 + 80 + 115 = 196

b) 398 – 39 ⟶ ______________________

______________________

c) 703 – 78 ⟶ ______________________

______________________

d) 432 – 9 ⟶ ______________________

______________________

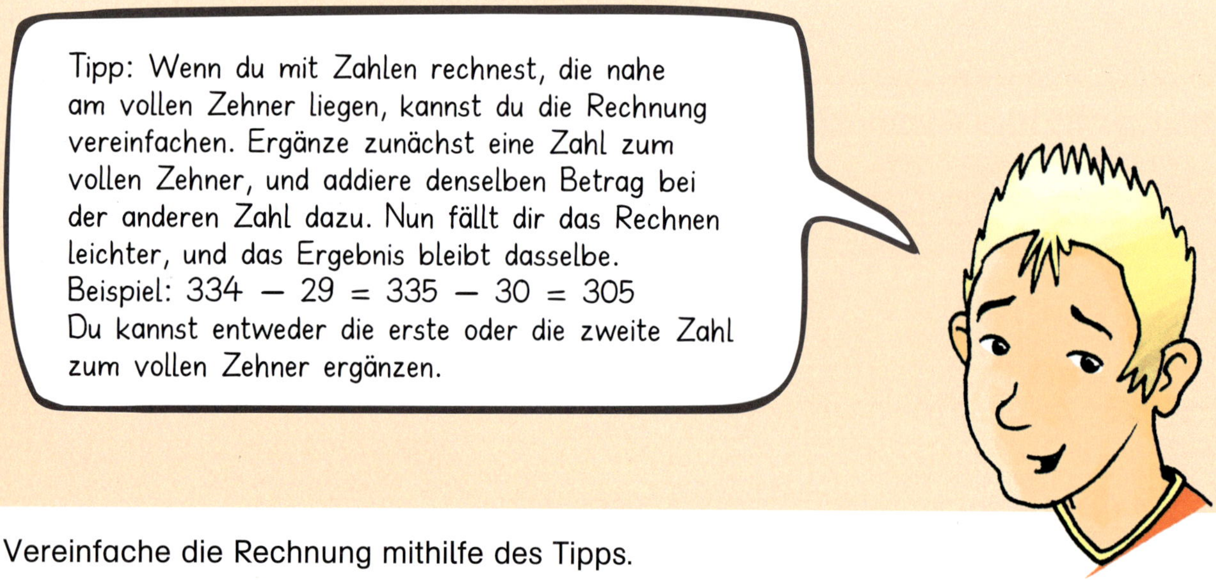


**2** Vereinfache die Rechnung mithilfe des Tipps.

a) 468 – 49 = ______________

b) 732 – 78 = ______________

c) 367 – 77 = ______________

**3** Lies dir die Aufgabe genau durch, und löse durch Ergänzen.
Der Fliesenleger hat für ein neues Bad 443 Fliesen vom Baumarkt geholt.
Nachdem er fertig ist, stellt er fest, dass 57 Fliesen übriggeblieben sind.
Wie viele Fliesen hat er verarbeitet?

Rechnung: ____________________________________________

____________________________________________

Antwort: Er hat ________ Fliesen verarbeitet.

Tipp: Beim Einkaufen hast du vielleicht schon bemerkt, dass die Kassiererin auch durch Ergänzen rechnet, wenn sie Geld herausgibt.

**4** Tims Mutter kauft für 64 € ein und gibt der Verkäuferin einen 100-€-Schein. Wie viel Geld bekommt Tims Mutter zurück? Ergänze.

Rechnung: ____________________________________________

____________________________________________

Antwort: Sie zahlt der Mutter ________ zurück.

**5** Nun wird es etwas schwieriger. Löse die Aufgaben durch Ergänzen.

a) 451 – 252 ⟶ ____________________________________________

____________________________________________

b) 736 – 407 ⟶ ____________________________________________

____________________________________________

c) 974 – 639 ⟶ ____________________________________________

____________________________________________

## Bist du fit fürs Gymnasium?

**6** Löse die Aufgaben durch Ergänzen. Rechne im Heft, und versuche, die Zwischenrechnungen im Kopf zu erledigen.

etwa 5 min

a) 1 000 – 407 b) 909 – 377 c) 791 – 199

**7** Überlege, wie du diese Aufgaben am besten lösen kannst. Versuche zusammenzufassen. Rechne im Heft.

etwa 8 min

a) 954 – 238 – 100 b) 703 – 207 – 200 c) 666 – 210 – 300

# Überschlagsrechnen (Subtraktion)

Auch beim Subtrahieren kann es hilfreich sein, einen Überschlag im Kopf auszurechnen. So kannst du vorab einschätzen, wie deine Lösungszahl in etwa aussehen wird, oder dein Ergebnis überprüfen. Dabei gelten dieselben Regeln wie beim Überschlagsrechnen bei Additionsaufgaben. Schau dir die Regel auf Seite 16 an!

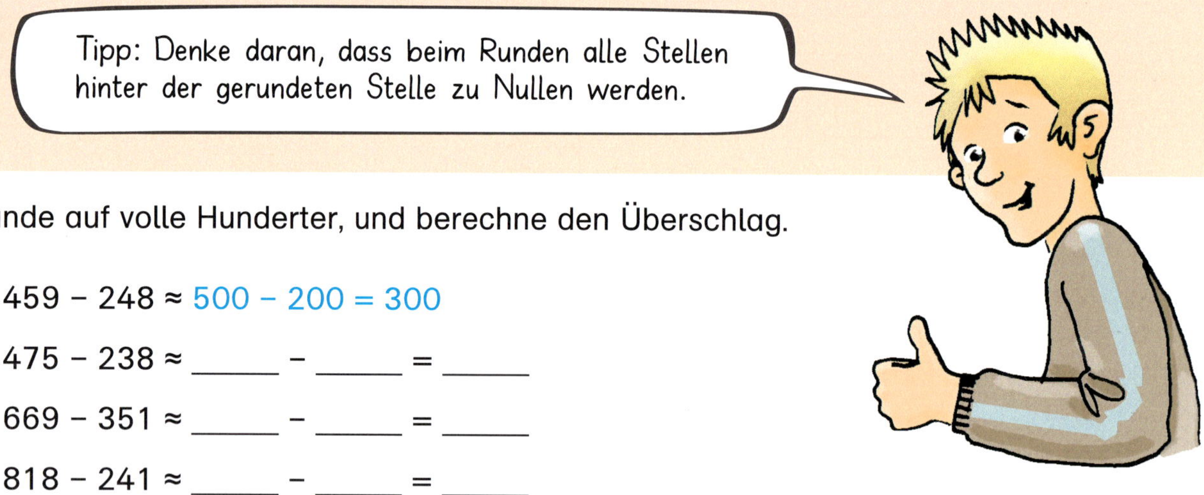


**1** Runde auf volle Hunderter, und berechne den Überschlag.

a) 459 – 248 ≈ 500 – 200 = 300

b) 475 – 238 ≈ _____ – _____ = _____

c) 669 – 351 ≈ _____ – _____ = _____

d) 818 – 241 ≈ _____ – _____ = _____

e) 749 – 309 ≈ _____ – _____ = _____

f) 555 – 373 ≈ _____ – _____ = _____

**2** Hier sind beim Runden einige Fehler passiert. Findest du sie? Kreise die Fehler ein, und schreibe die Überschlagsrechnung richtig auf die Linien.

a) 345 – 211 ≈ 400 – 200 = 200

______________________________

b) 878 – 339 ≈ 900 – 400 = 500

______________________________

c) 584 – 444 ≈ 590 – 450 = 140

______________________________

**3** Johannes schenkt seiner Schwester 4 Murmeln. Vorher hatte er rund 30 Murmeln. Wie viele Murmeln hat Johannes jetzt mindestens noch übrig? Begründe deine Antwort!

Antwort: ______________________________

______________________________

______________________________

______________________________

______________________________

**4** Runde die Zahlen auf volle Hunderter, und berechne den Überschlag im Kopf. Welche Lösung passt zu welcher Rechnung? Verbinde mit Pfeilen.

| | |
|---|---|
| 845 – 189 | ≈ 200 |
| 321 – 111 | ≈ 300 |
| 551 – 228 | ≈ 400 |
| 864 – 354 | ≈ 500 |
| 933 – 648 | ≈ 600 |

## Bist du fit fürs Gymnasium?

**5** Frau Richter kauft Skier für ihre Tochter. Sie bezahlt mit einem 500-€-Schein. Der Verkäufer gibt ihr rund 150 € heraus. Was könnten die Skier genau gekostet haben? Kreuze an, und begründe deine Lösung schriftlich im Heft.

etwa 6 min

☐ 401 €   ☐ 299 €   ☐ 347 €   ☐ 358 €

**6** Schuldirektor Meier plant eine Schulfeier. Er hat 300 € zur Verfügung. Unten siehst du, was er für die Feier einkaufen möchte. Runde die Beträge auf volle Zehner, und berechne den Überschlag. Reichen 300 € für die Feier?

etwa 3 min

| **Artikel** | **Preis** | **Preis gerundet** |
|---|---|---|
| Getränke | 76 € | |
| Blumenschmuck | 32 € | |
| Würstchen | 29 € | |
| Brötchen und Kuchen | 36 € | |
| Miete für Gartenmöbel | 65 € | |
| Lampions und Kerzen | 22 € | |
| Süßigkeiten | 21 € | |

Summe der Überschläge: ______________

Antwort: ____________________________________________

Bei der schriftlichen Addition ist es wichtig, dass du immer stellengerecht untereinanderschreibst. Das heißt Hunderter unter Hunderter, Zehner unter Zehner und Einer unter Einer, wie in einer Stellenwerttafel. Beim Addieren beginnst du mit den Einerzahlen.
Bleibt ein Übertrag, so schreibst du ihn auf die Linie unter der nächsthöheren Stelle und addierst ihn hier hinzu.

| | H | Z | E |
|---|---|---|---|
| | 4 | 7 | 5 |
| + | 2 | 4 | 6 |
| | 1 | 1 | |
| | 7 | 2 | 1 |

Sprechweise:
6 plus 5 ist gleich 11; schreibe 1 in die Ergebniszeile, übertrage 1.
1 plus 4 plus 7 ist gleich 12; schreibe 2 in die Ergebniszeile, übertrage 1.
1 plus 2 plus 4 ist gleich 7; schreibe 7 in die Ergebniszeile.

**1** Schreibe stellengerecht untereinander, und addiere die Zahlen.

a) 145 + 133

| | | | |
|---|---|---|---|
| | 1 | 4 | 5 |
| + | 1 | 3 | 3 |
| | | | |

b) 348 + 451

c) 267 + 32

**2** Schreibe stellengerecht untereinander, und addiere die Zahlen.
Achte auf den Übertrag.

a) 337 + 465 b) 535 + 386 c) 187 + 436

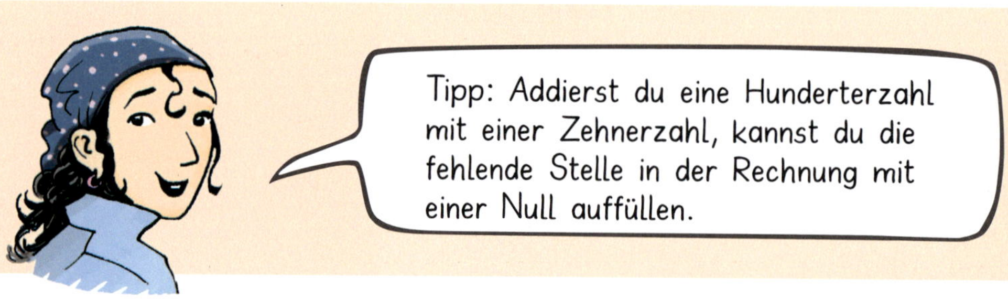


**3** Schreibe stellengerecht untereinander, und addiere die Zahlen. Beachte die Nullen.

a) 92 + 525 b) 580 + 46 c) 754 + 97

**4** Runde die Zahlen zuerst auf volle Hunderter, und berechne den Überschlag. Addiere dann schriftlich wie in den vorherigen Aufgaben, und gleiche dein Ergebnis mit dem Überschlag ab.

a) 369 + 432 ≈ ________ + ________ = ________

| | | | |
|---|---|---|---|
| | 3 | 6 | 9 |
| + | 4 | 3 | 2 |
| | | | |

b) 207 + 594 ≈ ________ + ________ = ________

c) 738 + 96 ≈ ________ + ________ = ________

**5** Nun wird es etwas schwieriger: Suche die fehlenden Zahlen, und trage sie ein.

a)

| | | | |
|---|---|---|---|
| | 4 | 7 | 6 |
| + | 1 | 0 | 3 |
| | 5 | 7 | 9 |

b)

| | | | |
|---|---|---|---|
| | | | 4 |
| + | 4 | 8 | 2 |
| | 7 | 7 | 6 |

c)

| | | | |
|---|---|---|---|
| | 7 | 3 | 8 |
| − | | | |
| | 4 | 8 | 9 |

d)

| | | | |
|---|---|---|---|
| | 4 | | 6 |
| + | | 3 | 2 |
| | 6 | 9 | 8 |

e)

| | | | |
|---|---|---|---|
| | 2 | 4 | 0 |
| + | | 8 | 5 |
| | 3 | 2 | 5 |

f)

| | | | |
|---|---|---|---|
| | 7 | 5 | |
| + | 1 | | 3 |
| | 8 | 7 | 8 |

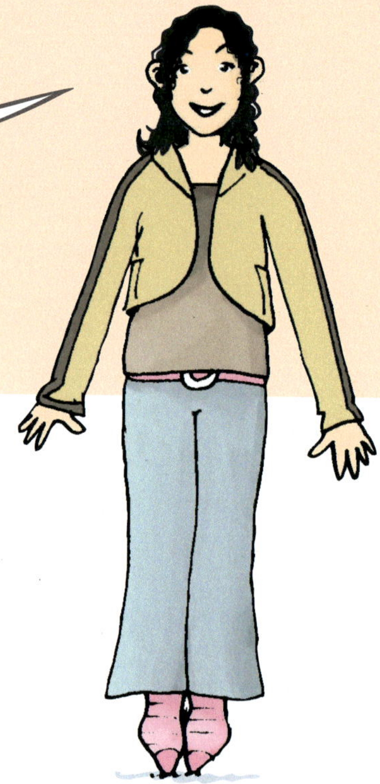


**6** Nun versuchen wir es mit Dreierpäckchen.

a)

| | | | |
|---|---|---|---|
| | 5 | 4 | 2 |
| | 2 | 7 | 4 |
| + | | 7 | 4 |
| | | | |

c)

| | | | |
|---|---|---|---|
| | 2 | 7 | 5 |
| | 1 | 3 | 6 |
| + | 2 | 7 | 1 |
| | | | |

e)

| | | | |
|---|---|---|---|
| | 3 | 0 | 6 |
| | 2 | 9 | 5 |
| + | | | 7 |
| | | | |

b)

| | | | |
|---|---|---|---|
| | 4 | 5 | 7 |
| | 1 | 0 | 9 |
| + | 2 | 6 | 1 |
| | | | |

d)

| | | | |
|---|---|---|---|
| | 2 | 1 | 0 |
| | 5 | 5 | 9 |
| + | 1 | 0 | 5 |
| | | | |

f)

| | | | |
|---|---|---|---|
| | 8 | 2 | 1 |
| | | 3 | 9 |
| + | | | 8 |
| | | | |

## Bist du fit fürs Gymnasium?

**7** Addiere schriftlich im Heft.

etwa 5 min

a) 364 + 207 + 192

b) 219 + 357 + 381

c) 444 + 16 + 333

d) 234 +196 + 535

**8** Welche Zahlen fehlen hier? Fülle die Lücken aus.

etwa 7 min

a)

| | | | |
|---|---|---|---|
| | □ | 2 | 1 |
| | 2 | 4 | □ |
| + | 1 | 4 | 0 |
| | 7 | □ | 0 |

b)

| | | | |
|---|---|---|---|
| | □ | 0 | 9 |
| | 1 | 2 | 0 |
| + | | □ | 2 |
| | 5 | 9 | □ |

c)

| | | | |
|---|---|---|---|
| | □ | 8 | 2 |
| | 2 | □ | 3 |
| + | 4 | 1 | □ |
| | 8 | 4 | 2 |

d)

| | | | |
|---|---|---|---|
| | 4 | □ | 7 |
| | 3 | 1 | 4 |
| + | □ | 8 | □ |
| | 9 | 9 | 9 |

Bei der schriftlichen Subtraktion gibt es zwei Möglichkeiten. Entscheide selbst, welche du anwenden möchtest.

Möglichkeit 1: **Schriftliches Subtrahieren durch Ergänzen**

| | | | |
|---|---|---|---|
| | 4 | 3 | 5 |
| − | 2 | 5 | 7 |
| | 1 | 1 | |
| | 1 | 7 | 8 |

Hier ergänzt du immer von der unteren Zahl auf die obere, jeweils stellenweise.
Beginne mit den Einern:
Wie viel fehlen von 7 auf 5? Die Rechnung lässt sich nicht ergänzen. Deshalb „leihe" dir eine Zehnerstelle, und vergrößere die 5 auf 15. Sprich nun:
Wie viel fehlen von 7 auf 15? Es fehlen 8. Schreibe 8 in die Ergebniszeile und die „geliehene" Zehnerstelle als kleine 1 auf die Linie unter der nächsthöheren Stelle.
Addiere nun den Übertrag 1 zur 5 hinzu, und mache weiter wie bei den Einern.

Möglichkeit 2: **Schriftliches Subtrahieren durch Abziehen**

| | | | |
|---|---|---|---|
| | 3 | 2 | |
| | ~~4~~ | ~~3~~ | 5 |
| − | 2 | 5 | 7 |
| | 1 | 7 | 8 |

Hier ziehst du immer von der oberen Zahl die untere ab, jeweils stellenweise.
Beginne mit den Einern:
5 minus 7 geht nicht. Wechsle daher die 3, den nächstgrößeren Nachbarn der 5, in 2 Zehner und 10 Einer um. Streiche die 3 durch, und schreibe eine kleine 2 darüber.
Die 10 Einer leihst du der 5, sie wird zur 15. Rechne:
15 minus 7 ergibt 8, schreibe 8. Genau so machst du es mit den nächsten Stellen.

| | | | |
|---|---|---|---|
| | 2 | 9 | |
| | ~~3~~ | ~~0~~ | 5 |
| − | 2 | 4 | 6 |
| | | 5 | 9 |

**Achtung beim Abziehen von einer Null!**
5 minus 6 geht nicht. Du kannst dir aber bei der Null keine 10 Einer leihen, also wandle den nächstgrößeren Nachbarn um. Wende folgende Schritte an: Wechsle einen Hunderter in 9 Zehner und 10 Einer. Schreibe die 9 über die Zehnerstelle, und streiche die 0 durch. Die 5 bekommt die 10 Einer, und wird zur 15. Weil wir einen Hunderter gewechselt haben, wird die 3 zur 2.
Rechne: 15 minus 6 ergibt 9, schreibe 9.
9 minus 4 ergibt 5, schreibe 5.
2 minus 2 ergibt 0, lasse die Stelle leer.

**1** Subtrahiere nach Möglichkeit 1 oder 2.

a)

| | | | |
|---|---|---|---|
| | 5 | 6 | 8 |
| − | 3 | 3 | 5 |

b)

| | | | |
|---|---|---|---|
| | 7 | 5 | 3 |
| − | 2 | 4 | 2 |

c)

| | | | |
|---|---|---|---|
| | 6 | 8 | 3 |
| − | 5 | 7 | 1 |

d)

| | | | |
|---|---|---|---|
| | 3 | 9 | 8 |
| − | 1 | 8 | 7 |

e)

| | | | |
|---|---|---|---|
| | 9 | 8 | 6 |
| − | 4 | 6 | 1 |

f)

| | | | |
|---|---|---|---|
| | 5 | 3 | 7 |
| − | 4 | 2 | 3 |

**2** Schreibe die Zahlen untereinander wie in Aufgabe 1, und rechne aus.

a) 654 – 541 c) 532 – 411 e) 777 – 555

b) 447 – 302 d) 369 – 152 f) 898 – 567

**3** Nun rechnen wir mit Übertrag. Entscheide dich wieder für eine Möglichkeit, und denke an die richtige Schreibweise.

a) 683 – 256 c) 475 – 284 e) 628 – 39

b) 682 – 246 d) 678 – 98 f) 366 – 148

**4** Schreibe stellengerecht untereinander, und subtrahiere die Zahlen. Beachte die Nullen.

a) 503 – 198 b) 730 – 448 c) 1 000 – 91

**5** Berechne zuerst den Überschlag (auf Hunderter gerundet). Schreibe dann stellengerecht untereinander, und rechne wie in den vorherigen Aufgaben. Gleiche dein Ergebnis mit dem Überschlag ab.

a) 635 – 410 ≈ ________ – ________ = ________

b) 786 – 209 ≈ ________ – ________ = ________

c) 471 – 119 ≈ ________ – ________ = ________

## Bist du fit fürs Gymnasium?

**6** Welche Zahlen fehlen? Löse die Aufgabe durch Überlegen, und markiere die richtigen Zahlen farbig.

etwa 6 min

a) 132 | 92 | 149

b) 378 | 460 | 478

c) 148 | 142 | 138

| a) | b) | c) |
|---|---|---|
| 9 8 7 | ☐ ☐ ☐ | 4 6 0 |
| – ☐ ☐ ☐ | – 3 0 9 | – 3 1 8 |
| 8 5 5 | 1 6 9 | ☐ ☐ ☐ |

**7** Suche die fehlenden Zahlen, und trage sie ein. Notiere auch die Überträge. Entscheide dabei selbst, welche Schreibweise du verwendest.

etwa 7 min

| a) | b) | c) | d) | e) |
|---|---|---|---|---|
| ☐ 5 6 | 3 ☐ 6 | 6 ☐ 7 | 6 9 9 | 2 ☐ 4 |
| – 1 ☐ ☐ | – 2 3 ☐ | – ☐ 9 ☐ | – ☐ 5 ☐ | – 1 3 ☐ |
| 1 7 5 | ☐ 8 7 | 4 2 3 | 2 ☐ 7 | 6 7 |

- Das kleine Einmaleins ist eine Verkürzung der Addition und so wichtig beim Rechnen, dass du es sehr gut auswendig können musst.
- Die Zahlen einer Malaufgabe kann man auch tauschen. Das Ergebnis bleibt immer gleich. Beispiel: $5 \cdot 7 = 7 \cdot 5 = 35$
- Das Ergebnis einer Malaufgabe kannst du durch eine Umkehraufgabe überprüfen. Beispiel: $4 \cdot 8 = 32$, denn $32 : 4 = 8$
- Mischaufgaben, die aus Multiplikation und Addition oder Subtraktion bestehen, kannst du zusammenfassen, wenn eine der zu multiplizierenden Zahlen in beiden Rechnungsteilen dieselbe ist.
  Beispiele: $5 \cdot 3 + 2 \cdot 3 = 7 \cdot 3 = 21$
  $6 \cdot 7 - 4 \cdot 7 = 2 \cdot 7 = 14$

**1** Am Anfang eine gründliche Übung zum kleinen Einmaleins: Rechne im Kopf, und trage die Ergebnisse in die Tabelle ein.

| · | 1 | 2 | 3 | 4 | 5 | 6 | 7 | 8 | 9 | 10 |
|---|---|---|---|---|---|---|---|---|---|---|
| 1 | 1 | 2 | | | | | | | | |
| 2 | 2 | 4 | | | | | | | | |
| 3 | | | | | | | | | | |
| 4 | | | | | | | | | | |
| 5 | | | | | | | | | | |
| 6 | | | | | | | | | | |
| 7 | | | | | | | | | | |
| 8 | | | | | | | | | | |
| 9 | | | | | | | | | | |
| 10 | | | | | | | | | | |

Tipp: Tauschaufgaben können dir beim Multiplizieren helfen, wenn du immer die leichtere Aufgabe auswählst: Wenn dir das Ergebnis zu $9 \cdot 3$ nicht gleich einfällt, tausche die Zahlen ⟶ $3 \cdot 9$ ist vielleicht einfacher. Das Ergebnis ist dasselbe.

**2** Bilde Tauschaufgaben wie im Beispiel.

a) $5 \cdot 8 = 8 \cdot 5 = 40$
b) $6 \cdot 7 =$ __ · __ = ____
c) $8 \cdot 9 =$ __ · __ = ____
d) $5 \cdot 4 =$ __ · __ = ____

**3** Bilde nun Umkehraufgaben.

a) $9 \cdot 7 = 63$, denn $63 : 9 = 7$
b) $5 \cdot 4 =$ ____, denn ____________
c) $3 \cdot 6 =$ ____, denn ____________
d) $8 \cdot 9 =$ ____, denn ____________

**4** Fasse die Mischaufgaben wie im Beispiel zusammen, und rechne aus.

a) $4 \cdot 7 + 2 \cdot 7 = 6 \cdot 7 = 42$
b) $3 \cdot 5 + 6 \cdot 5 =$ ______
c) $6 \cdot 4 + 3 \cdot 4 =$ ______
d) $9 \cdot 7 - 4 \cdot 7 =$ ______
e) $7 \cdot 6 - 5 \cdot 6 =$ ______
f) $8 \cdot 5 - 5 \cdot 5 =$ ______

**5** Und nun gehen wir weiter zum großen Einmaleins mit Zehnerzahlen.

a) $20 \cdot 7 =$ ______
b) $5 \cdot 60 =$ ______
c) $90 \cdot 4 =$ ______
d) $3 \cdot 30 =$ ______
e) $40 \cdot 8 =$ ______
f) $7 \cdot 60 =$ ______
g) $6 \cdot 50 =$ ______
h) $80 \cdot 3 =$ ______
i) $10 \cdot 7 =$ ______

## Bist du fit fürs Gymnasium?

**6** Fülle die Lücken aus. *(etwa 4 min)*

a) $30 \cdot$ ______ $=$ ______, denn $150 :$ ______ $=$ ______
b) ______ $\cdot 8 = 480$, denn $480 :$ ______ $=$ ______
c) $90 \cdot$ ______ $=$ ______, denn ______ $:$ ______ $= 7$

**7** Fülle die Lücken aus. *(etwa 6 min)*

a) ______ $\cdot 9 + 20 \cdot 7 =$ ______ $+$ ______ $= 680$
b) $70 \cdot$ ______ $+$ ______ $\cdot 4 =$ ______ $+ 240 = 590$
c) $80 \cdot$ ______ $- 6 \cdot 30 =$ ______ $-$ ______ $= 300$

# Halbschriftliches Multiplizieren

– Beim halbschriftlichen Multiplizieren zerlegst du die größere Zahl in ganze Zehner und Einer und multiplizierst nacheinander. Dann addierst du die Zwischenergebnisse.

| 4 · 51 = 204 | oder: | 4 · 51 = 204 |
|---|---|---|
| 4 · 50 = 200 | | 4 · 1 = 4 |
| 4 · 1 = 4 | | 5 · 50 = 200 |

– Du kannst die Rechnung auch in eine Zeile schreiben. Dabei musst du bedenken, dass Punktrechnung immer vor Strichrechnung geht. Das heißt, du löst in einem ersten Schritt zunächst die Malaufgaben und addierst anschließend die Zwischenergebnisse. Um es dir leichter zu machen, kannst du die Malaufgaben auch in eine Klammer setzen.

4 · 51 = 4 · 50 + 4 · 1 = 200 + 4 = 204

oder: 4 · 51 = (4 · 50) + (4 · 1) = 200 + 4 = 204

**1** Rechne, und schreibe wie im Beispiel.

a) 9 · 16 = 144
9 · 10 = 90
9 · 6 = 54

c) 6 · 17 =

e) 7 · 24 =

b) 9 · 37 =

d) 8 · 44 =

f) 5 · 93 =

**2** Multipliziere halbschriftlich in einer Zeile.

a) 4 · 18 = 4 · 10 + 4 · 8 = 40 + 32 = 72

b) 6 · 13 = ____________________

c) 9 · 36 = ____________________

d) 7 · 44 = ____________________

Tipp: Wenn es dir hilft, setze Klammern um die Malaufgaben.

**3** Rechne nun den Zwischenschritt im Kopf.

a) 4 · 58 = 200 + 32 = 232

b) 7 · 37 = ____________________

c) 64 · 9 = ____________________

d) 6 · 59 = ____________________

e) 4 · 44 = ____________________

f) 5 · 72 = ____________________

g) 84 · 3 = ____________________

h) 63 · 5 = ____________________

Tipp: Wenn eine Zahl in einer Malaufgabe nahe am nächsten vollen Zehner liegt, ist es manchmal einfacher, mit dem vollen Zehner zu rechnen. Danach musst du den Unterschied zum vollen Zehner mit der anderen Zahl multiplizieren. Das Ergebnis ziehst du dann von deinem ersten Zwischenergebnis ab.
$5 \cdot 48 = ?$ 48 ist nahe an 50, also rechne $5 \cdot 50$. Multipliziere den Unterschied $(50 - 48 = 2)$ anschließend mit 5, und ziehe das Ergebnis ab:
$5 \cdot 48 = 5 \cdot 50 - 5 \cdot 2 = 250 - 10 = 240$

**4** Rechne wie im Beispiel jeweils mit dem nächsten vollen Zehner.

a) $5 \cdot 38 = 5 \cdot 40 - 5 \cdot 2 = 200 - 10 = 190$

b) $7 \cdot 59 =$ ____________________

c) $9 \cdot 77 =$ ____________________

d) $6 \cdot 66 =$ ____________________

e) $4 \cdot 29 =$ ____________________

Tipp: Wenn die größere der zu multiplizierenden Zahlen durch 2 teilbar ist, kannst du die Malaufgabe auch in zwei Teile zerlegen, um mit kleineren Zahlen rechnen zu können.

**5** Löse die Malaufgaben durch geschicktes Aufteilen wie im Beispiel.

a) $4 \cdot 18 = 4 \cdot 9 + 4 \cdot 9 = 36 + 36 = 72$

b) $6 \cdot 16 =$ ____________________

c) $9 \cdot 14 =$ ____________________

d) $12 \cdot 7 =$ ____________________

## Bist du fit fürs Gymnasium?

**6** Fülle die Lücken aus. (etwa 5 min)

a)
5 6 · ☐ = 2 2 4
5 0 · ☐ = ☐☐☐
6 · ☐ = 2 4

b)
8 · ☐☐ = 5 7 6
8 · ☐☐ = ☐☐☐
8 · ☐ = 1 6

**7** Finde die ursprüngliche kurze Malaufgabe. Es gibt zwei Möglichkeiten. (etwa 2 min)

126 = 63 + 63 = _____ · _____ + _____ · _____ = _____ · _____

# Halbschriftliches Dividieren

- Beim halbschriftlichen Dividieren musst du die Zahlen so zerlegen, dass sie glatt teilbar sind. Rechne wie beim halbschriftlichen Multiplizieren nacheinander aus. Das Endergebnis findest du, wenn du deine Zwischenergebnisse addierst.

  92 : 4 = 23
  80 : 4 = 20
  12 : 4 = 3

- Bleibt ein Wert übrig, so schreibe ihn als Rest neben deine Lösungszahl.

  79 : 6 = 13 R 1
  60 : 6 = 10
  18 : 6 = 3 R 1 da du 1 : 6 nicht teilen kannst, bleibt 1 als Rest. Schreibe Rest 1 oder R 1.

  Die Lösung mit Rest kannst du auch als offene Rechenaufgabe angeben:
  79 : 6 = 13 + 1 : 6

**1** Dividiere halbschriftlich.

a) 87 : 3 =

b) 78 : 6 =

c) 57 : 3 =

d) 84 : 7 =

**2** Nun wird es etwas schwieriger.

a) 384 : 8 = 48
320 : 8 = 40
64 : 8 = 8

b) 288 : 9 =

c) 117 : 9 =

d) 648 : 8 =

e) 258 : 6 =

f) 268 : 4 =

**3** Rechne in deinem Heft aus. Schreibe dann eine Umkehraufgabe wie im Beispiel.

a) 636 : 6 = ____, denn 106 · 6 = 636

b) 518 : 7 = ____, denn ____________

c) 176 : 4 = ____, denn ____________

d) 192 : 6 = ____, denn ____________

Tipp: Die Umkehrung der Division ist die Multiplikation. Mit ihr kannst du deine Ergebnisse überprüfen!

**4** Bei diesen Divisionsaufgaben bleibt ein Rest. Rechne aus, und schreibe eine Umkehraufgabe wie im Beispiel.

a)

53 : 4 = 13 R 1

40 : 4 = 10
12 : 4 = 3 R 1

U: 13 · 4 = 52
52 + 1 = 53

b)

93 : 6 =

U: ______________________

______________________

c)

77 : 5 =

U: ______________________

______________________

d)

79 : 6 =

U: ______________________

______________________

Tipp: Hunderterzahlen dividierst du genauso wie Zehnerzahlen. Es kommt nur ein Rechenschritt hinzu.

**5** Nun wird es etwas schwieriger.

a) 105 : 8 =

b) 405 : 7 =

## Bist du fit fürs Gymnasium?

**6** Rechne im Heft aus, und schreibe die Umkehraufgabe auf.

etwa 7 min

a) 342 : 3
b) 379 : 9
c) 257 : 6
d) 819 : 8

**7** Welche Aufgaben sind hier falsch gerechnet? Rechne sie korrekt in deinem Heft.

etwa 7 min

a) 97 : 7 = 13 + 6 : 7
b) 706 : 8 = 81 R 5
c) 176 : 5 = 36 + 2 : 5
d) 547 : 9 = 60 R 7

# Zahlenfolgen

Eine Zahlenfolge ist eine Reihe von Zahlen, die nach bestimmten Regeln aufgebaut ist. Du musst diese Regel herausfinden, um die Zahlenfolge weiterführen zu können.

Beispiel: Zahlenfolge 2, 5, 8, 11, 14 ⟶ Regel: Addiere zu jeder Zahl 3.

**1** Finde heraus, nach welcher Regel die Zahlenfolge aufgebaut ist.

a) Führe die Zahlenreihe bis zur Endzahl 300 fort.

20, 40, 60, ____________________

____________________

b) Schreibe die Regel auf.

____________________

**2** Findest du die Regel für diese Zahlenfolge?

a) Führe die begonnene Zahlenfolge fort bis zur Endzahl 400.

40, 70, 100, ____________________

____________________

b) Schreibe die Regel auf.

____________________

**3** Nun geht es rückwärts.

a) Führe die Zahlenfolge weiter bis zur Endzahl 0.

400, 375, ____________________

____________________

b) Schreibe die Regel auf.

____________________

Tipp: Manchmal scheinen auf den ersten Blick mehrere Regeln möglich zu sein. Dann musst du sehr genau überlegen und manchmal auch ausprobieren.

**4** Ergänze die Folge aus Zahlenpaaren, und finde die Regel. Überlege gut!

4 · 36 , 8 · 32, ______, ______, ______, ______,

______, ______, ______, 40 · 0

Regel: ______________________________

______________________________

**5** Ergänze die Zahlenfolge, und schreibe die passende Regel auf.

1, ______, 4, ______, ______, 32, ______, ______, ______, ______

Regel: ______________________________

## Bist du fit fürs Gymnasium?

**6** Ergänze die Zahlenfolge, und schreibe die Regel in dein Heft.

etwa 6 min

10, ______, ______, 55, 70, ______, ______, ______, ______, ______, ______,

______, ______, ______, ______, ______, 250

**7** Ergänze die Zahlenpaarreihe in deinem Heft, bis eine der Zahlen zur Null wird. Schreibe dann die Regel auf.

etwa 5 min

60 · 80, 55 · 70

**8** Schau dir die Folge aus Zahlenpaaren genau an.

etwa 4 min

800 · 3, 400 · 9, 200 · 27

a) Nach welcher Regel ist diese Folge aus Zahlenpaaren gebildet? Kreuze an.

☐ Subtrahiere von der ersten Zahl 200, und multipliziere die zweite Zahl mit 3.

☐ Dividiere die erste Zahl durch 2, und multipliziere die zweite Zahl mit 3.

☐ Teile die erste Zahl durch 2, und addiere zu der zweiten Zahl 3.

b) Ergänze die Folge in deinem Heft um drei weitere Zahlenpaare.

# Test: Arithmetik

45 min

| Name: | Klasse: | Datum: |
|---|---|---|

**1** Hier siehst du einen Ausschnitt aus einem Hunderterfeld. Trage die fehlenden Zahlen in die markierten Felder ein.

| | | | | | | | | | |
|---|---|---|---|---|---|---|---|---|---|
| | | | 404 | | | | | | |
| | | | | | 416 | | | | |
| | 422 | | | | | | | | |

4 P.

**2** Addiere halbschriftlich.

a) 3 8 4 + 2 3 7 =

b) 4 1 7 + 5 3 1 =

4 P.

**3** Subtrahiere halbschriftlich.

a) 6 0 8 − 4 3 2 =

b) 4 7 1 − 1 0 9 =

4 P.

**4** Runde zunächst auf volle Hunderter, und berechne den Überschlag. Rechne dann schriftlich:

a) 459 + 237 ≈ ________ + ________ = ________

+

b) 949 − 314 ≈ ________ − ________ = ________

−

8 P.

**5** Setze die fehlenden Zahlen ein:

a)

| | | | |
|---|---|---|---|
| | | 7 | 9 |
| + | 1 | | 6 |
| | 3 | 8 | |

b)

| | | | |
|---|---|---|---|
| | 4 | | 8 |
| + | | 9 | |
| | 7 | 3 | 6 |

c)

| | | | |
|---|---|---|---|
| | | 6 | 4 |
| − | 5 | | |
| | 3 | 4 | 8 |

9 P.

**6** Rechne halbschriftlich.

a) 3 · 18 =

b) 7 · 23 =

c) 5 · 147 =

6 P.

**7** Rechne die Mischaufgaben, und fasse zusammen. Rechne schrittweise, wenn es dir hilft.

a) 8 · 4 − 3 · 4 = ______

b) 4 · 5 + 3 · 5 = ______

c) 12 · 7 + 45 · 7 = ______

d) 64 · 6 − 35 · 6 = ______

8 P.

**8** Dividiere halbschriftlich. Achte auf den Rest.

a) 418 : 4 =

b) 379 : 7 =

4 P.

In diesem Test habe ich [ ] Punkte von insgesamt 47 Punkten erreicht.

Das entspricht der Note [ ]. (Schau in den Lösungen auf Seite 35 nach.)

Teste dich online!

Beim Rechnen mit Geldbeträgen musst du wissen, dass vor dem Komma, also links davon, immer die ganzen Euro-Beträge stehen. Hinter dem Komma, also rechts davon, stehen immer die Cent-Beträge.
Beispiel: 1,48 € = 1 € und 48 ct

Für die Maßumwandlungen von Euro und Cent gilt:

100 ct = 1,00 € = 1 €
10 ct = 0,10 €
1 ct = 0,01 €

**1** Trage die folgenden Geldbeträge in die Stellenwerttafel ein. Achte auf die richtige Stelle des Kommas.

| 10 € | 1 € | 10 ct | 1 ct | |
|---|---|---|---|---|
| 0 | 5 | 2 | 5 | 5,25 € |
| | | | | |
| | | | | |
| | | | | |
| | | | | |
| | | | | |

a) 5 € 25 ct
b) 4 € 23 ct
c) 9 € 94 ct
d) 1 € 06 ct
e) 0 € 10 ct
f) 11 € 76 ct

**2** Stelle die Euro-Beträge zusammen, und schreibe sie als Kommazahl in die letzte Spalte.

| 500 € | 200 € | 100 € | 50 € | 20 € | 10 € | 5 € | 2 € | 1 € | 10 ct | 1 ct | gesamt |
|---|---|---|---|---|---|---|---|---|---|---|---|
| | | | | 1 | | 2 | | 5 | 3 | 7 | 35,37 € |
| | 2 | | 2 | | | | 4 | | 2 | 0 | |
| | | 5 | | | 7 | | | 5 | 0 | 9 | |
| 1 | | | | | 6 | 5 | | | | 7 | |
| | | | 4 | 6 | | 5 | | 4 | 1 | 5 | |

**3** Wie viel Geld fehlt bis zum nächsten vollen Euro-Betrag? Ergänze.

a) 4 € 75 ct = 4,75 € + 0,25 € = 5,00 €
b) 6 € 54 ct = ________ + ________ = ________
c) 8 € 07 ct = ________ + ________ = ________
d) 2 € 95 ct = ________ + ________ = ________

**4** Wie viel Geld ist hier insgesamt dargestellt? Schreibe als Euro- und als Cent-Betrag.

a) Es sind insgesamt ___________ ct.

b) Es sind insgesamt ___________ €.

Tipp:
– Achte auf die richtige Stelle des Kommas.
– Denke daran: 100 ct sind 1 €.

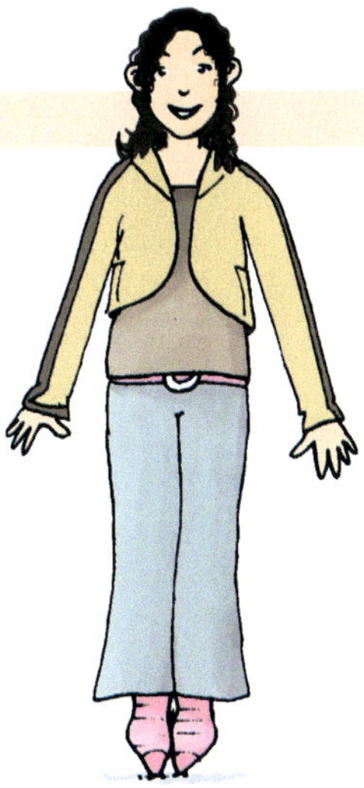

**5** Wie kannst du die folgenden Geldbeträge noch darstellen? Wandle um, und fülle die Tabelle aus.

| ct | € und ct | € |
|---|---|---|
| 57 | | |
| | 16 € und 1 ct | |
| | | 28 |
| 399 | | |
| | 4 € und 73 ct | |

## Bist du fit fürs Gymnasium?

**6** a) Schreibe die Cent-Beträge als Euro-Beträge mit Kommastellen in dein Heft.

etwa 6 min

320 ct
98 ct
1 000 ct

b) Wandle die folgenden Euro-Beträge in Cent-Beträge um.

5 € 20 ct
14 € 09 ct
7 € 98 ct

**7** Addiere oder subtrahiere die folgenden Beträge. Rechne im Heft.

etwa 6 min

a) 1 € 35 ct + 9 € 18 ct
b) 15 € 11 ct + 37 € 99 ct
c) 9 € 87 ct – 6 € 90 ct

Achte beim Addieren von Geldbeträgen darauf, dass du die Beträge so untereinander schreibst, dass Komma unter Komma steht. Vergiss nicht das Euro-Zeichen.

**1** Frau Krämer kauft auf dem Wochenmarkt ein. Sie benötigt 5 kg Bio-Kartoffeln, 2 kg Tomaten und 3 Gurken. Wie viel kostet alles zusammen?

Rechnung:

Antwort: ______________________________

**2** Herr Kunz braucht 2,5 kg Zwiebeln, 1 Gurke und 2 Köpfe Bio-Salat. Was muss er bezahlen?

Rechnung:

Antwort: ______________________________

**3** Familie Müller braucht 2 kg Bio-Tomaten, 5 kg Kartoffeln, 2 Gurken und 2 Köpfe Bio-Salat. Am Nachbarstand kauft die Mutter noch 2 Bratwürstchen für je 1,80 €.
Wie viel Geld gibt Frau Müller insgesamt aus?

Rechnung:

Antwort: ______________________________

**4** Max plündert sein Sparschwein. Er möchte sich für 12 € ein Buch kaufen. Reicht sein Erspartes? Rechne im Kopf, und kreuze die richtige Antwort an.

☐ Ja, sein Erspartes reicht aus.

☐ Nein, sein Erspartes reicht nicht aus.

## Bist du fit fürs Gymnasium?

**5** Frau Wenz geht einkaufen. Sie hat einen 50-€-Schein dabei. Auf dem Einkaufszettel siehst du, was sie einkaufen möchte. Rechne im Heft.

etwa 15 min

**Einkaufszettel:**
10 kg Kartoffeln
3 Gurken
2 Salat
5 kg Zwiebeln
2 kg Bio-Tomaten

a) Rechne die Beträge zusammen. Reicht das Geld?
b) Wie viel Geld hat Frau Wenz übrig?

Beim Rechnen mit Tabellen musst du Zahlen oft verdoppeln oder halbieren.

Verdoppeln einer Zahl oder eines Betrages heißt immer, die Zahl mal 2 nehmen.
Halbieren einer Zahl heißt immer, die Zahl durch 2 teilen.

**1** Trage die folgenden Beträge in die Tabelle ein. Schreibe in die rechte Spalte die verdoppelten Geldbeträge.

| | einfacher Betrag | verdoppelter Betrag |
|---|---|---|
| a) 3,50 € | 3,50 € | 7,00 € |
| b) 12,30 € | | |
| c) 9,60 € | | |
| d) 25,00 € | | |
| e) 8,45 € | | |
| f) 17,55 € | | |

**2** Trage die folgenden Beträge in die Tabelle ein. Schreibe dann in die rechte Spalte die halbierten Geldbeträge.

| | einfacher Betrag | halbierter Betrag |
|---|---|---|
| a) 6,40 € | | |
| b) 18,90 € | | |
| c) 7,00 € | | |
| d) 46,64 € | | |
| e) 5,94 € | | |
| f) 85,38 € | | |

**3** Versuche, die Beträge in der linken Spalte mit möglichst wenig Scheinen zusammenzustellen. Trage dazu die Anzahl der zu verwendenden Scheine in die Tabelle ein.

| Euro | 500 € | 200 € | 100 € | 50 € | 20 € | 10 € | 5 € |
|---|---|---|---|---|---|---|---|
| 865 € | 1 | 1 | 1 | 1 | | 1 | 1 |
| 760 € | | | | | | | |
| 995 € | | | | | | | |
| 370 € | | | | | | | |
| 90 € | | | | | | | |
| 410 € | | | | | | | |

Tipp: Der 5-€-Schein ist übrigens der kleinste Geldschein, der 500-€-Schein ist der größte.

## Bist du fit fürs Gymnasium?

**4** Fülle die Tabelle vollständig aus. Verdopple, halbiere oder finde die einfachen Geldbeträge heraus.

etwa 8 min

| einfacher Betrag | verdoppelter Betrag | halbierter Betrag |
|---|---|---|
| | | 5,17 € |
| | 53,96 € | |
| 1,74 € | | |
| | 62,92 € | |

**5** Mithilfe der Tabelle wurden Geldbeträge zusammengestellt. Finde die Geldbeträge heraus, und trage sie in der linken Spalte ein.

etwa 7 min

| Euro | 500 € | 200 € | 100 € | 50 € | 20 € | 10 € | 5 € |
|---|---|---|---|---|---|---|---|
| | 1 | | | 1 | | | 1 |
| | | 1 | 1 | 1 | 1 | 1 | |
| | | | 2 | 1 | 2 | | 1 |
| | | | 1 | 1 | 1 | | 1 |

Beim Überschlagsrechnen rundest du die Zahlen auf oder ab zu ganzen Euro-Beträgen. Mit ihnen kannst du dann im Kopf prüfen, ob eine Rechnung stimmt oder wie viel Geld du in etwa ausgeben musst.

**1**

a) Berechne durch Runden, wie viel du für jedes Produkt auf dem Einkaufszettel in etwa ausgeben musst. Gleiche dazu deinen Einkaufszettel mit der Preisliste ab.

2 Tüten Milch
1 Brot
2 kg Gulasch
3 Dosen Kondensmilch
1 Spülmittel
1 Waschpulver
2 Salat
1 kg Äpfel
2 Rechenhefte
1 Toilettenpapier

| Produkt | Preise |
|---|---|
| Milch je | 0,97 € |
| Brot | 2,60 € |
| Gulasch je kg | 6,99 € |
| Kondensmilch je | 0,49 € |
| Spülmittel | 1,98 € |
| Waschpulver | 12,75 € |
| Salat je | 1,49 € |
| Äpfel je kg | 2,99 € |
| Rechenheft je | 0,60 € |
| Toilettenpapier | 4,30 € |

Vervollständige die Tabelle. Trage deine Überschläge in die rechte Spalte ein.

| Produkt | Anzahl · Preis | Überschlag |
|---|---|---|
| Milch | 2 · 0,97 € | ≈ 2,00 € |
| Brot | | ≈ |
| Gulasch | | ≈ |
| Kondensmilch | | ≈ |
| Spülmittel | | ≈ |
| Waschpulver | | ≈ |
| Salat | | ≈ |
| Äpfel | | ≈ |
| Rechenhefte | | ≈ |
| Toilettenpapier | | ≈ |

b) Berechne die Summe der Überschläge im Kopf.

Summe der Überschläge: ________ €

c) Wie viel Geld musst du etwa mitnehmen, damit du alles bezahlen kannst?

Antwort: ______________________________

**2** Sportlehrerin Schröder hat eingekauft. Sieh dir den Einkaufszettel an, und prüfe durch Überschlag, ob der Rechnungsbetrag stimmt. Runde auf volle Euros. Kann die Summe auf dem Kassenbon stimmen?

Tipp: Manchmal wurde ein Artikel mehrmals gekauft. Hier musst du den Preis addieren oder multiplizieren. Nebenrechnungen kannst du im Heft erledigen.

| Sportgeschäft Globau | Preis pro Stück |
|---|---|
| **1.** 1 Paar Trainingsschuhe | 27,89 € |
| **2.** 1 Stirnband | 11,80 € |
| **3.** 2 Tischtennisschläger | 38,98 € |
| **4.** 1 Pack Tischtennisbälle | 7,50 € |
| **5.** 1 Weichball | 6,89 € |
| **6.** 1 Fanschal | 12,74 € |
| **7.** 2 Rollen für Inliner | 8,99 € |
| **Summe** | **204,79 €** |
| Wir danken für Ihren Einkauf! | |

| Artikelnummer | Überschlag |
|---|---|
| 1. | ≈ |
| 2. | ≈ |
| 3. | ≈ |
| 4. | ≈ |
| 5. | ≈ |
| 6. | ≈ |
| 7. | ≈ |
| | |
| | |
| Summe | |

Antwort: ____________________________________________

## Bist du fit fürs Gymnasium?

**3** Runde die Geldbeträge auf volle Euros. Berechne dann die Summen.

etwa 10 min

5,79 € ≈ __________ €

138,55 € ≈ __________ €

289,70 € ≈ __________ €

18,15 € ≈ __________ €

8,99 € ≈ __________ €

331,50 € ≈ __________ €

\+ 12,69 € ≈ + __________ €

__________ ≈ __________

# Längen: Maßumwandlungen (mm und cm)

- Ein Zentimeter sind 10 Millimeter: 1 cm = 10 mm
- Längen kannst du in verschiedenen Schreibweisen angeben.
  Beispiel: 14 mm = 1,4 cm = 1 cm 4 mm
- Bei der Kommaschreibweise trennt das Komma cm und mm voneinander.

**1** Miss die gezeichneten Strecken mit dem Lineal. Trage die Längen in die Tabelle ein.

a)

b)

c)

d)

e)

| | mm | cm |
|---|---|---|
| a) | 45 | 4,5 |
| b) | | |
| c) | | |
| d) | | |
| e) | | |

**2** Miss ab, und zeichne die vorgegebenen Längen auf der Linie ein.

a) 63 mm
b) 11,7 cm
c) 28 mm
d) 9,5 cm
e) 49 mm

63 mm

0 a)

**3** Wandle die folgenden Längenmaße in mm oder cm um.

| | | | | | | | | | |
|---|---|---|---|---|---|---|---|---|---|
| **mm** | | 48 mm | | 25 mm | | 139 mm | | 257 mm |
| **cm** | 3,0 cm | | 8,8 cm | | 12,7 cm | | 14,7 cm | |

**4** Welche Längen sind gleich? Verbinde gleiche Angaben mit Linien.

| | |
|---|---|
| 80 mm | 12 mm |
| 3,5 cm | 13,7 cm |
| 1,2 cm | 45 mm |
| 4 cm 5 mm | 8 cm |
| 137 mm | 35 mm |

## Bist du fit fürs Gymnasium?

**5** Wie lang sind folgende Linien? Trage die Maße in mm und cm in die Tabelle ein.

etwa 5 min

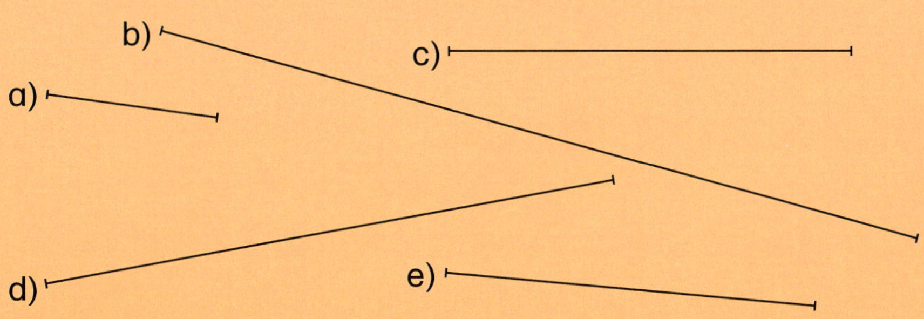


| mm | cm |
|---|---|
| | |
| | |
| | |
| | |
| | |

**6** Wandle folgende Längenmaße in die jeweils fehlenden Einheiten um.

etwa 4 min

| mm | cm | cm und mm |
|---|---|---|
| 257 mm | | |
| | 13,7 cm | |
| | | 22 cm 4 mm |
| 621 mm | | |
| | 0,9 cm | |

- Ein Meter sind 100 Zentimeter. Es gilt: 1m = 100 cm
- Längen in Metern und Zentimetern kannst du in verschiedenen Schreibweisen angeben. Beispiel: 157 cm = 1,57 m = 1 m 57 cm
- Verwendest du die Kommaschreibweise, trennt das Komma m und cm voneinander. Nullen am Ende einer Kommazahl darfst du weglassen. Es gilt: 1,50 m = 1,5 m

Tipp: Das Wort „zenti" bedeutet „hundertster". Ein Zentimeter ist also der hundertste Teil von einem Meter.

**1** Wandle die Längenmaße in die jeweils anderen Schreibweisen um.

| cm | m | m und cm |
|---|---|---|
| 369 cm | 3,69 m | 3 m 69 cm |
| 89 cm | | |
| | 5,47 m | |
| | | 9 m 34 cm |
| 291 cm | | |
| | 9,01 m | |

**2** Schreibe die folgenden Längenmaße in Kommaschreibweise stellengerecht untereinander, und addiere sie.

a) 8,60 m
b) 324 cm
c) 9 m 36 cm
d) 2 cm
e) 0,43 m

| | | | | |
|---|---|---|---|---|
| | 8, | 6 | 0 | m |
| + | | | | |
| | | | | |
| | | | | |
| | | | | |
| | | | | |

**3** Rechne im Kopf. Trage die fehlenden Summanden ein. Wandle dann die Ergebnisse in cm um.

a) 5,76 m + 1,24 m = 7,00 m = 700 cm

b) 3,69 m + ___________ = 19,50 m = ___________

c) 8,07 m + ___________ = 10,00 m = ___________

d) 0,74 m + ___________ = 16,50 m = ___________

**4** Ordne die Werte den richtigen Aufgaben zu. Wandle sie in die richtige Maßeinheit um, und trage sie in die Lücken ein.

| 9 m 30 cm | 241 cm | 854 cm | 1 m 76 cm |
|---|---|---|---|

a) ______ + 12,09 m = 14,50 m

b) 9,24 m + ______ = 11,00 m

c) 4,50 m + 4,80 m = ______

d) ______ + 4,72 m = 13,26 m

## Bist du fit fürs Gymnasium?

**5** a) Ordne die Maße der Größe nach. Beginne mit dem größten Längenmaß. Gib die Maße in Kommaschreibweise an.

etwa 8 min

| 186 cm | 18,60 m | 0,99 m | 6 m 4 cm | 33 cm |
|---|---|---|---|---|

______ > ______ > ______ > ______ > ______

b) Ordne der Größe nach. Beginne jetzt mit dem kleinsten Längenmaß. Trage die Maße in Kommaschreibweise ein.

| 4 m 32 cm | 23 cm | 16,35 m | 5,07 m | 0,79 m |
|---|---|---|---|---|

______ < ______ < ______ < ______ < ______

**6** Trage die folgenden Werte richtig in die Tabelle ein. Für jeden Wert ist eine eigene Zeile vorgesehen. Ergänze dann die fehlenden Schreibweisen.

etwa 5 min

a) 4,09 m
b) 1 000 cm
c) 7 m 33 cm
d) 0,50 m
e) 2 m 99 cm

| cm | m | m und cm |
|---|---|---|
| | | |
| | | |
| | | |
| | | |
| | | |

Beim Einschätzen von Längen musst du genau beobachten. Am besten vergleichst du die gesuchten Größen mit Dingen, deren Länge du schon kennst.

**1** Ordne die abgebildeten Gegenstände den Längen zu.

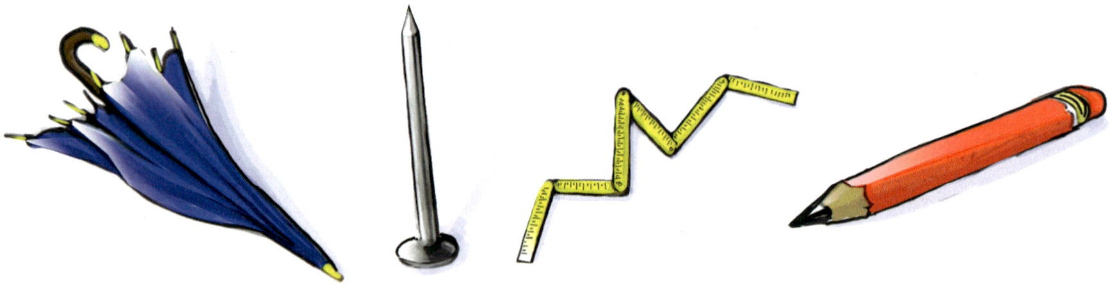

a) 6,5 cm: ______________________

b) 18 cm: ______________________

c) 76 cm: ______________________

d) 200 cm: ______________________

**2** Welche Längenangabe passt zu welchem Gegenstand? Ordne richtig zu, und verbinde mit einem Pfeil.

300 m

5 m

18 m

120 m

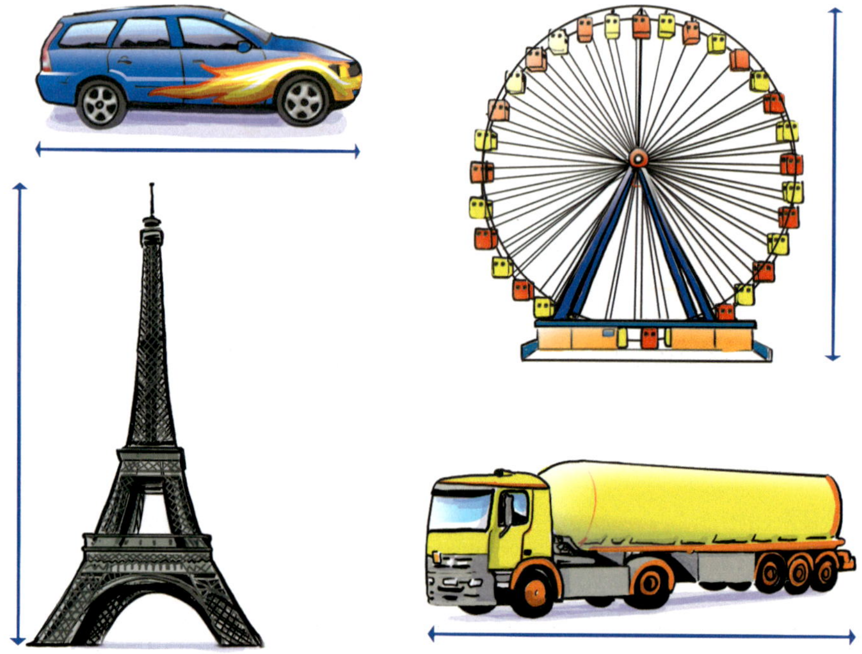

**3** Was kann stimmen? Kreuze die passenden Längenangaben an.

| a) Eiche | b) Fuß | c) Haus | d) Fußballplatz |
|---|---|---|---|
| ☐ 20 m | ☐ 20 mm | ☐ 1000 m | ☐ 100 mm |
| ☐ 8 mm | ☐ 20 cm | ☐ 20 m | ☐ 40 cm |
| ☐ 400 m | ☐ 6 m | ☐ 1 m | ☐ 100 m |

Tipp: Achte genau auf die Maßeinheiten!

## Bist du fit fürs Gymnasium?

**4** Ordne den Längenangaben die richtigen Maßeinheiten zu. Verwende m, cm oder mm.

etwa 6 min

a) Länge eines großen Heftes: 300 ______

b) Größe einer Maus: 80 ______

c) Höhe einer Tür: 2 ______

d) Höhe der Sitzfläche eines Stuhles: 45 ______

e) Länge einer Bahn im Schwimmbad: 25 ______

f) Größe eines Stecknadelkopfes: 1 ______

**5** Wie lang sind diese Linien? Schätze zuerst, und trage den Wert in die Tabelle ein. Miss danach die Länge der Linien mit dem Lineal. Trage auch diesen Wert ein.

etwa 4 min

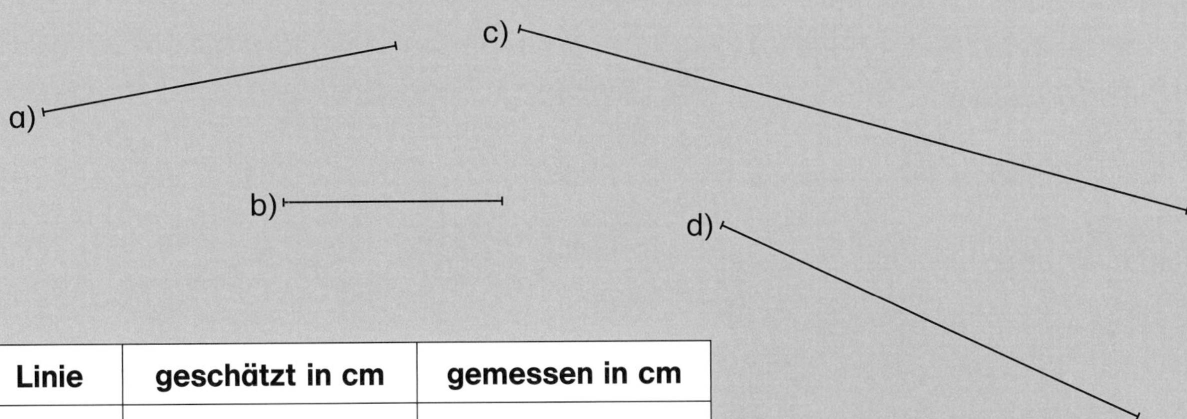


| Linie | geschätzt in cm | gemessen in cm |
|---|---|---|
| a) | | |
| b) | | |
| c) | | |
| d) | | |
| e) | | |

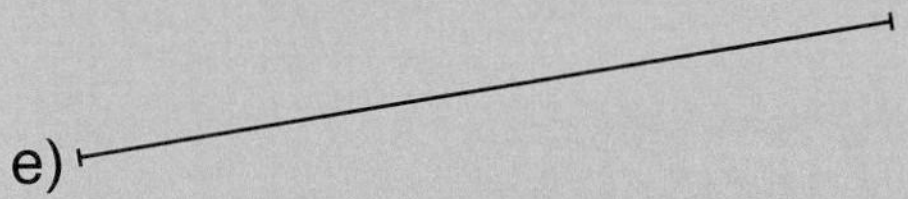

- Ein Kilometer sind 1 000 Meter. Es gilt: 1 km = 1 000 m
- Für Meter- oder Kilometerangaben kannst du verschiedene Schreibweisen anwenden. Beispiel: 1 500 m = 1,500 km = 1 km 500 m
- Nullen am Ende einer Kommazahl darfst du weglassen. Deshalb kannst du auch schreiben: 1,500 km = 1,5 km
- Das Komma trennt dabei immer km von m.

**1** Wandle folgende Längenangaben in Meter um. Benutze dazu die Stellenwerttafel.

a) 1 km 635 m
b) 0 km 738 m
c) 2 km 23 m
d) 4 km 870 m
e) 1 km 9 m

Tipp: Fülle nicht gebrauchte Stellen mit Nullen auf.

| 1 km | 100 m | 10 m | 1 m | |
|---|---|---|---|---|
| 1 | 6 | 3 | 5 | 1 635 m |
| | | | | |
| | | | | |
| | | | | |
| | | | | |

**2** Wandle in Kilometer um. Achte auf die richtige Kommastelle.

Tipp: Du kannst die Werte auch in eine Stellenwerttafel eintragen, wenn du unsicher bist.

a) 673 m = 0,673 km

b) 3 547 m = ___________

c) 97 m = ___________

d) 1 450 m = ___________

e) 8 m = ___________

**3** Wie viele Meter fehlen zu einem Kilometer? Ergänze die fehlenden Längen.

a) 547 m + ________ = 1 km

b) 97 m + ________ = 1 km

c) 781 m + ________ = 1 km

d) 8 m + ________ = 1 km

**4** Wandle in Kommaschreibweise um, und schreibe stellengerecht untereinander. Addiere dann die Längenmaße.

554 m

432 m

2 km 762 m

1 km 112 m

90 m

0, 5 5 4 k m

+

## Bist du fit fürs Gymnasium?

**5** Tom unterhält sich mit seinen Freunden über die Fahrstrecken, die alle in der letzten Woche mit ihrem Fahrrad zurückgelegt haben.
Tom sagt: „Ich bin 2,65 km gefahren. Tina ist 3 km und 760 m geradelt. Da Jörg krank war, ist er nur 770 m gefahren.“ Wie viele km sind alle zusammen gefahren? Rechne im Heft.

etwa 5 min

Antwort: Alle zusammen sind ________ km gefahren.

**6** Ergänze die Rechnungen, und fülle die Tabelle aus.

etwa 6 min

| = 10 m | = 100 m | = 1 km |
|---|---|---|
| 4,55 m + ________ | 17,8 m + ________ | 287 m + ________ |
| 3,10 m + ________ | 1,9 m + ________ | 97 m + ________ |
| 8,12 m + ________ | 19,6 m + ________ | 709 m + ________ |
| 1,93 m + ________ | 52,7 m + ________ | 6 m + ________ |
| 0,81 m + ________ | 89,3 m + ________ | 466 m + ________ |

# Gewichte: Maßumwandlungen (kg und g)

- Ein Kilogramm sind 1 000 Gramm. Also sind 0,5 kg = 500 g.
  Es gilt: 1 kg = 1 000 g
  0,5 kg = 500 g
- Um Gewichte genau anzugeben, kannst du verschiedene Schreibweisen verwenden.
  Beispiel: 1 350 g = 1,350 kg = 1 kg 350 g
  305 g = 0,305 kg = 0 kg 305 g
  Durch das Komma werden kg und g voneinander getrennt.
- Gewichte können auch in Bruchteilen angegeben werden.
  Beispiel: $\frac{1}{2}$ kg = die Hälfte von 1 kg = 500 g
  Du sprichst: ein halbes Kilogramm
  Du rechnest: 1 000 g : 2 = 500 g
  Es gilt: $\frac{1}{2}$ kg = 500 g

**1** Trage die Gewichtsangaben stellengerecht in die Tabelle ein.

| | 1 kg | 100 g | 10 g | 1 g |
|---|---|---|---|---|
| 1 865 g | 1 | 8 | 6 | 5 |
| 481 g | | | | |
| 3,740 kg | | | | |
| 7 kg 20 g | | | | |
| 1 591 g | | | | |

**2** Fülle die Lücken aus.

| g | kg | kg und g |
|---|---|---|
| 569 g | 0,569 kg | 0 kg 569 g |
| | 3,712 kg | |
| | | 5 kg 70 g |
| | 2 $\frac{1}{2}$ kg | |

**3** Wandle die Gewichtsangaben in Gramm oder Kilogramm um.

a) 0,513 kg = ________ g
b) 1 070 g = ________ kg
c) 3,9 kg = ________ g
d) 17 g = ________ kg
e) 1 $\frac{1}{2}$ kg = ________ g
f) 901 g = ________ kg

Tipp: Wusstest du, dass das Wort „kilo" aus der griechischen Sprache kommt? Es bedeutet 1 000. 1 Kilogramm sind 1000 Gramm.

**4** Ergänze zu 1 kg, und fülle die Lücken aus.

a) 605 g + ________ g = 1 kg

b) ________ g + 50 g = 1 kg

c) 14 g + ________ g = 1 kg

d) ________ g + 377 g = 1 kg

e) 602 g + ________ g = 1 kg

## Bist du fit fürs Gymnasium?

**5** Trage zunächst alle Gewichtsangaben in g in die Tabelle ein. Beginne mit dem schwersten. Zerlege dann die Gewichte möglichst groß, und fülle die Stellenwerttafel.

etwa 5 min

3,009 kg | 301 g | 5 kg 45 g | 7 kg 254 g

| Gewicht in g | 1 kg | 100 g | 10 g | 1 g |
|---|---|---|---|---|
| | | | | |
| | | | | |
| | | | | |
| | | | | |

**6** Ergänze die fehlenden Gewichtsangaben in g.

etwa 5 min

a) 4 kg 567 g + ________ = 5 kg

b) ________ + 3 kg 190 g = 4 kg

c) 1 kg 902 g + ________ = 2 kg

# Gewichte: Ordnen von Gewichten

Beim Ordnen von Gewichten sortierst du der Größe nach, vom kleinsten Gewichtsmaß zum größten oder umgekehrt. Beachte: g < kg

**1** Ordne die Lebensmittel nach ihrem Gewicht, und trage sie in die Tabelle ein. Beginne mit dem leichtesten.

| Lebensmittel | Gewicht |
|---|---|
| Tafel Schokolade | 100 g |
| | |
| | |
| | |
| | |
| | |
| | |
| | |

**2** Ordne nach Gewicht. Beginne mit dem schwersten, und schreibe in kg.

7 g

0,023 kg

2 kg 506 g

7,002 kg

3670 g

9 kg 570 g

1. ____________
2. ____________
3. ____________
4. ____________
5. ____________
6. ____________

**3** Ordne die Gewichte in die Stellenwerttafel ein. Beginne mit der größten Gewichtsangabe.

1 kg 40 g

7,005 kg

0,004 kg

257 g

0,259 kg

2 460 g

3,040 kg

| 1 kg | 100 g | 10 g | 1g |
|---|---|---|---|
| | | | |
| | | | |
| | | | |
| | | | |
| | | | |
| | | | |
| | | | |

Tipp: Auf Märkten und in Apotheken wiegt man noch oft mit Gewichtssteinen. Diese gibt es für 1 kg, 500 g, 200 g, 100 g, 50 g, 20 g, 10 g, 5 g, 2 g und 1 g.

**4** Zerlege die folgenden Gewichtsangaben. Benutze möglichst wenige Gewichte.

| | 1 kg | 500 g | 200 g | 100 g | 50 g | 20 g | 10 g | 5 g | 2 g | 1 g |
|---|---|---|---|---|---|---|---|---|---|---|
| 847 g | 0 | 1 | 1 | 1 | 0 | 2 | 0 | 1 | 1 | 0 |
| 1,045 kg | | | | | | | | | | |
| 795 g | | | | | | | | | | |
| 648 g | | | | | | | | | | |
| 0,894 kg | | | | | | | | | | |

## Bist du fit fürs Gymnasium?

**5** Wandle die Gewichtsangaben in g um. Beginne mit dem schwersten Gewicht, und trage deine Werte richtig ein.

etwa 4 min

1,6 kg | 0,097 kg | $\frac{1}{2}$ kg

0,987 kg | 0 kg 195 g | 2 kg 590 g

________ > ________ > ________ >

________ > ________ > ________

**6** Wandle folgende Gewichte in g um. Beginne mit dem geringsten. Zerlege dann die Gewichte mit möglichst wenigen Steinen, und trage sie in die Tabelle ein.

etwa 6 min

3,987 kg | 951 g | 2 kg 8 g | 0,497 kg

| Gewicht in g | 1 kg | 500 g | 200 g | 100 g | 50 g | 20 g | 10 g | 5 g | 2 g | 1 g |
|---|---|---|---|---|---|---|---|---|---|---|
| | | | | | | | | | | |
| | | | | | | | | | | |
| | | | | | | | | | | |
| | | | | | | | | | | |

# Gewichte: Gewichte schätzen und zuordnen

Genaues Beobachten und Vergleichen hilft dir, Gewichte gut schätzen und zuordnen zu können. Orientiere dich dabei an Dingen, deren Gewichte dir schon bekannt sind.
Denke dabei immer an die Maßumwandlungen: 1 000 g = 1 kg
1 000 kg = 1 t

**1** Finde die passenden Gewichtsangaben der Personen, Tiere und Gegenstände. Kreuze richtig an.

| | | | |
|---|---|---|---|
| Tischtennisball | ☐ 2 g | ☐ 200 g | ☐ 2 kg |
| Erwachsener | ☐ 75 kg | ☐ 7,5 t | ☐ 750 g |
| Kind im 3. Schuljahr | ☐ 3 t | ☐ 3 000 g | ☐ 30 kg |
| Eimer Farbe | ☐ 10 g | ☐ 100 t | ☐ 10 kg |
| Hühnerei | ☐ 6 g | ☐ 60 g | ☐ 600 g |
| Kohlmeise | ☐ 2 t | ☐ 2 kg | ☐ 20 g |
| Katze | ☐ 4 kg | ☐ 40 kg | ☐ 400 t |

**2** Setze die passenden Maßeinheiten g, kg oder t ein.

1 ___

200 ___

2 ___

5 ___

**3** Frau Schreiner kauft im Supermarkt Lebensmittel ein.
Ordne den Lebensmitteln die passenden Gewichtsangaben zu. Verwende jedes Gewicht nur einmal, und schreibe es zur jeweiligen Abbildung.

| 10 g | 1 kg | 250 g | 100 g | 5 kg |
|---|---|---|---|---|

______

______

______

______

______

## Bist du fit fürs Gymnasium?

**4** Tierpfleger Max stellt den Futterplan für den nächsten Tag zusammen.
a) Vervollständige die Tabelle, indem du in der rechten Spalte die fehlenden Gewichtsmaße g oder kg einträgst.

etwa 7 min

| Tiere | Futter | Gewicht |
|---|---|---|
| Hasen | Möhren | 2 500 |
| Löwen | Fleisch | 100 |
| Schildkröten | Salat | 1 500 |
| Robben | Fisch | 30 |
| Affen | Bananen | 15 |

b) Wie viel kg wiegt alles zusammen? Rechne im Heft.

c) Die Tiere bekommen jeden Tag in etwa gleich viel zu fressen. Wie schwer ist das Futter, das Tierpfleger Max an 5 Tagen verfüttert? Schätze, und kreuze an.

- ☐ Das Futter wiegt etwa so viel wie ein Kühlschrank.
- ☐ Das Futter wiegt etwa so viel wie ein Auto.
- ☐ Das Futter wiegt etwa so viel wie ein Wal.

# Gewichte: Maßumwandlungen (t und kg)

- Gewichte ab 1 000 kg gibt man in Tonnen an.
  Es gilt: 1 t = 1 000 kg   1,5 t = 1 500 kg
- Folgende Schreibweisen werden verwendet: 1 300 kg = 1,300 t = 1 t 300 kg
- Nullen am Ende einer Kommazahl darfst du weglassen.
  Du kannst schreiben: 1,300 t = 1,3 t

**1** Schätze die Gewichte der abgebildeten Gegenstände. Ordne ihnen die richtigen Gewichtsangaben zu.

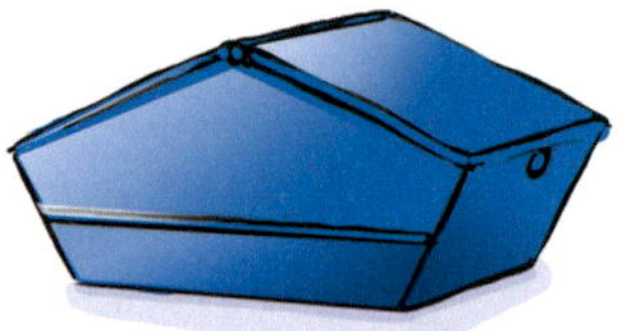

1 t   3 t   7,5 t   350 t

Auto: ________ LKW: ________ Container: ________ Jumbo-Jet: ________

Tipp: Schwierig vorzustellen sind Gewichte, die du nicht tragen kannst. Hier hilft es, wenn du die Gewichte mancher Dinge kennst. Dann fällt das Vergleichen und Abschätzen leichter.

**2** Ordne diese Tiere nach ihrem Gewicht, und trage sie in die leere Tabelle ein. Beginne mit dem schwersten Tier. Gib ihre Gewichte in t an.

| Tier | Gewicht |
|---|---|
| Elefant | 6 t |
| Blauwal | 130 t |
| Nashorn | 1 850 kg |
| Seelöwe | 90 kg |
| Tiger | 350 kg |
| Eisbär | 500 kg |
| Büffel | 1 000 kg |
| Nilpferd | 1 600 kg |

| Tier | Gewicht |
|---|---|
| | |
| | |
| | |
| | |
| | |
| | |
| | |
| | |

**3** Verbinde gleiche Gewichte mit Linien.

1 t 012 kg

1,5 t

2,5 t

2 500 kg

425 kg

1 012 kg

1 500 kg

0 t 425 kg

**4** Ergänze bis zur vollen Tonne.

a) ____________ kg + 532 kg = 1 t

b) 256 kg + ____________ kg = 1 t

c) ____________ kg + 369 kg = 1 t

d) 19 kg + ____________ kg = 1 t

e) ____________ kg + 207 kg = 1 t

**5** Ergänze die Tabelle.

| kg | t | t und kg |
|---|---|---|
| | 0,103 t | |
| 2 369 kg | | |
| | | 7 t 971 kg |
| | 4,5 t | |

## Bist du fit fürs Gymnasium?

**6** Rechne im Heft.
a) Ergänze die folgenden Gewichte zur vollen Tonne.

etwa 15 min

5 kg | 378 kg | 407 kg | 69 kg | 111 kg

b) Addiere die oben angegebenen Gewichte. Schreibe dazu stellengerecht untereinander.

c) Wie viel kg vom Ergebnis von b) fehlen, um 1 t zu erhalten?

# Zeit: Umwandlungen (h, min, s)

- Ein Tag hat 24 Stunden. Eine Stunde hat 60 Minuten. Eine Minute hat 60 Sekunden.
  Es gilt also: 1 Tag = 24 Stunden (h)
  1 h = 60 min
  1 min = 60 s
- Gibst du Uhrzeiten an, schreibst du zum Beispiel für 5 Uhr 45 ⟶ 5.45 Uhr oder für 12 Uhr ⟶ 12.00 Uhr. Dabei trennt der Punkt die volle Stunde von den Minuten.
- Zeit kannst du auch in Bruchteilen angeben. Dabei sind Minuten Bruchteile von Stunden:

  $\frac{1}{4}$ Stunde = 15 min
  ⟶ du rechnest: 60 min : 4 = 15 min ⟶ du sprichst: eine Viertelstunde

  $\frac{1}{2}$ Stunde = 30 min
  ⟶ du rechnest: 60 min : 2 = 30 min ⟶ du sprichst: eine halbe Stunde

  $\frac{3}{4}$ Stunde = 45 min
  ⟶ du rechnest: 60 min : 4 = 15 min
  15 min · 3 = 45 min ⟶ du sprichst: eine Dreiviertelstunde

**1** Gib die Minuten in Sekunden an. Nebenrechnungen kannst du im Heft erledigen.

a) 1 min = 60 s
b) $\frac{1}{2}$ min = _______ s
c) $2\frac{1}{2}$ min = _______ s
d) 12 min = _______ s
e) 15 min = _______ s
f) $\frac{3}{4}$ min = _______ s

Tipp: Bist du fit im Einmaleins? Die 6er-Reihe hilft dir beim Rechnen mit Stunden, Minuten und Sekunden.

**2** Wandle nun Sekunden in Minuten um. Rechne im Heft.

a) 360 s = _______ min
b) 30 s = _______ min
c) 180 s = _______ min
d) 660 s = _______ min
e) 420 s = _______ min
f) 240 s = _______ min

**3** Ordne folgende Sekundenangaben den richtigen Minuten- und Sekundenangaben auf der rechten Seite zu. Verbinde mit Linien.

| | |
|---|---|
| 80 Sekunden | 3 Minuten 42 Sekunden |
| 138 Sekunden | 1 Minute 20 Sekunden |
| 222 Sekunden | 2 Minuten 18 Sekunden |

**4** Vervollständige die Tabelle. Wandle Stunden in Minuten oder Minuten in Stunden um.

| Stunden | Minuten |
|---|---|
| 3 h | |
| | 135 min |
| $1\frac{1}{2}$ h | |
| | 75 min |
| $4\frac{1}{4}$ h | |
| | 150 min |

**5** Ergänze die folgenden Zeitangaben zur nächsten vollen Stunde.

a) 9.09 Uhr + _______ min = _______ Uhr

b) 0.14 Uhr + _______ min = _______ Uhr

c) 22.11 Uhr + _______ min = _______ Uhr

## Bist du fit fürs Gymnasium?

**6** Heute ist Sportfest. Doch bevor die Preisverleihung beginnt, muss Sportlehrerin Pfeifer die Zeiten der Kurzstrecken- und der Langstreckenläufer in die Urkunden eintragen.

etwa 6 min

a) Für die Urkunden der Kurzstreckenläufer müssen Sekunden in Minuten und Sekunden angegeben werden. Wandle um.

| Kurzstreckenläufer | s | min und s |
|---|---|---|
| Max | 82 | |
| Johnny | 100 | |
| Theo | 99 | |

b) Auf den Urkunden der Langstreckenläufer müssen Minuten in Stunden und Minuten umgerechnet werden. Vervollständige die Tabelle.

| Langstreckenläufer | min | h und min |
|---|---|---|
| Antonia | 325 | |
| Lea | 297 | |
| Jule | 301 | |

# Zeit: Zeitspannen und Zeitpunkte

- Ein Zeitpunkt ist eine feste Zeitangabe mit Stunden und Minuten. Eine Zeitspanne oder auch ein Zeitraum ist die Dauer eines Ereignisses mit einem Anfangszeitpunkt und einem Endzeitpunkt.
- Du kannst dir mit einem Rechenstrich die Berechnung erleichtern. Du ziehst in deinem Rechenheft eine Linie. Dort trägst du den Anfangs- und den Endzeitpunkt ein. Dann die volle Stunde, die nach dem Beginn liegt, und die volle Stunde, die vor dem Ende liegt. Dann addierst du die Minuten bis zu der ersten vollen Stunde und danach die Minuten von der letzten vollen Stunde bis zum Ende. Jetzt rechnest du nur noch die vollen Stunden dazwischen dazu.
  Beispiel: Zeitspanne von 6.45 Uhr bis 13.30 Uhr

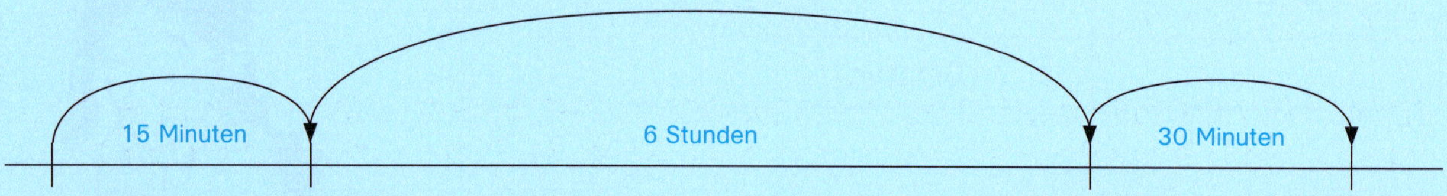


6.45 Uhr   7.00 Uhr   13.00 Uhr   13.30 Uhr

15 Minuten + 6 Stunden + 30 Minuten = 6 Stunden 45 Minuten

**1** Berechne mithilfe des Rechenstrichs folgende Zeitspannen. Rechne die Zeitspannen im Kopf zusammen. Beachte, dass 60 Minuten eine volle Stunde sind.

a) 19.25 Uhr bis 22.30 Uhr

19.25 Uhr   20.00 Uhr

Die Zeitspanne beträgt ______________________________.

b) 12.48 Uhr bis 17.20 Uhr

Die Zeitspanne beträgt ______________________________.

**2** Klaus hat während einer Woche aufgeschrieben, von wann bis wann er Hausaufgaben gemacht hat. Berechne die Zeitspannen (Dauer), und gib sie in h und min an. Verwende für deine Berechnungen Rechenstriche. Zeichne sie in dein Heft.

| | Montag | Dienstag | Mittwoch | Donnerstag | Freitag |
|---|---|---|---|---|---|
| **Beginn** | 14.10 Uhr | 15.20 Uhr | 13.30 Uhr | 16.20 Uhr | 13.45 Uhr |
| **Ende** | 15.30 Uhr | 17.05 Uhr | 14.25 Uhr | 17.55 Uhr | 15.10 Uhr |
| **Dauer** | 1 h 20 min | | | | |

**3** Carola hat ebenfalls ihre Hausaufgabenzeiten notiert. Berechne die Zeitpunkte, an denen Carola jeden Tag fertig war, und trage sie in die Tabelle ein. Führe Nebenrechnungen im Kopf durch.

| | Montag | Dienstag | Mittwoch | Donnerstag | Freitag |
|---|---|---|---|---|---|
| **Beginn** | 14.20 Uhr | 15.45 Uhr | 13.38 Uhr | 16.25 Uhr | 13.55 Uhr |
| **Ende** | | | | | |
| **Dauer** | 1 h 25 min | 2 h 30 min | 45 min | 2 h 40 min | 1 h 15 min |

**4** Martin fährt mit dem Zug. Er kennt den Zeitpunkt der Abfahrt und die Fahrtdauer. Berechne den Zeitpunkt, an dem er am Ziel ist. Trage die Ankunftszeiten in die Tabelle ein.

| Abfahrt | Fahrtdauer | Ankunft |
|---|---|---|
| 4.58 Uhr | 6 h 11 min | |

## Bist du fit fürs Gymnasium?

**5** Ergänze die fehlenden Zeitangaben im Busfahrplan. Führe Nebenrechnungen im Heft durch.

etwa 15 min

| | Abfahrt | Fahrtdauer | Ankunft |
|---|---|---|---|
| **Fahrt 1** | 11.34 Uhr | | 16.20 Uhr |
| **Fahrt 2** | 13.18 Uhr | 2 h 10 min | |
| **Fahrt 3** | | 47 min | 21.30 Uhr |
| **Fahrt 4** | 19.55 Uhr | | 23.16 Uhr |
| **Fahrt 5** | 7.58 Uhr | 1 h 40 min | |

| Name: | Klasse: | Datum: |
| --- | --- | --- |

**1** Verdopple die folgenden Beträge, und fülle die Tabelle aus. Rechne im Heft.

a) 9,06 €

b) 17,95 €

| einfacher Betrag | verdoppelter Betrag |
| --- | --- |
| | |
| | |

4 P.

**2** Halbiere die folgenden Beträge, und trage die Beträge in die Tabelle ein. Rechne im Heft.

a) 6,78 €

b) 35,66 €

| einfacher Betrag | halbierter Betrag |
| --- | --- |
| | |
| | |

4 P.

**3** Fülle die Tabellen aus, und ergänze die fehlenden Längenangaben. Achte auf die Maße.

a)

| cm | m | m und cm |
| --- | --- | --- |
| 63 cm | | |
| | 7, 03 m | |

b)

| m | km | km und m |
| --- | --- | --- |
| 149 m | | |
| | 7,341 km | |

8 P.

**4** Können diese Aussagen stimmen? Kreuze richtige an.

- ☐ Ein Zollstock ist 200 mm lang.
- ☐ Ein Bleistift ist etwa 17 cm lang.
- ☐ Eine Pfauenfeder ist etwa 320 m lang.
- ☐ Der Berliner Fernsehturm ist 368 m hoch.
- ☐ Ein Springseil ist etwa 14 mm lang.
- ☐ Der höchste Berg ist etwa 8 850 m hoch.

6 P.

**5** Wandle die Gewichte in kg oder g um.

a) 4,703 kg = ________

b) 2 540 g = ________

c) 0,547 kg = ________

d) 45 g = ________

4 P.

**6** Wandle alle Angaben in g um. Schreibe sie stellenrichtig untereinander in dein Heft, und addiere sie.

| | |
|---|---|
| 1,568 kg | 0 kg 640 g |
| 3 kg 9 g | 0,380 kg |

5 P.

**7** Wandle um. Achte auf die Zeitangaben.

a) 279 s = ______ min ______ s

b) 669 s = ______ min ______ s

c) 254 min = ______ h ______ min

d) 568 min = ______ h ______ min

8 P.

**8** Fülle die Lücken im Fahrplan.

| | | | | |
|---|---|---|---|---|
| **Abfahrtszeit** | 12.54 Uhr | 14.22 Uhr | | 20.55 Uhr |
| **Fahrtdauer** | | 2 h 30 min | 45 min | |
| **Ankunftszeit** | 16.28 Uhr | | 21.35 Uhr | 0.16 Uhr |

4 P.

In diesem Test habe ich ☐ Punkte von insgesamt 43 Punkten erreicht.

Das entspricht der Note ☐. (Schau in den Lösungen auf Seite 46 nach.)

Teste dich online!

- Bevor du eine Sachaufgabe lösen kannst, musst du den Text lesen und verstehen.
- Das Verstehen von Texten übst du, indem du dir nach dem Lesen Fragen zum Text stellst oder von deiner Lehrerin oder deinem Lehrer Fragen stellen lässt.

**1** Ein kranker Baum muss gefällt werden. Der 12 m lange Stamm wird anschließend in 3 gleich lange Stücke zersägt und auf einen LKW geladen. Entscheide, ob du die folgenden Fragen mithilfe des Aufgabentextes beantworten kannst.

a) Welche Krankheit hatte der Baum? lösbar ☐ nicht lösbar ☐

b) Wie viel Kilogramm darf der LKW transportieren? lösbar ☐ nicht lösbar ☐

c) Wie viel Meter ist jedes der 3 zersägten Stücke des Baumstamms lang? lösbar ☐ nicht lösbar ☐

d) Wie viel Meter war der Baum vor einem Jahr hoch? lösbar ☐ nicht lösbar ☐

Tipp: Achte auf Größenangaben (z.B. Meter, Kilogramm, Liter usw.) und Schlüsselwörter in den Aufgabentexten und in den Fragen. Gibt es Übereinstimmungen, so ist es wahrscheinlicher, dass die Aufgabe lösbar ist.

**2** Der Ferienaufenthalt im Zeltlager der Pfadfinder kostet pro Kind 106 €. Von den 9 Kindern der Bibergruppe können 3 leider nicht mitkommen. Entscheide wie in Aufgabe 1.

a) Wie viele Kinder der Bibergruppe fahren ins Zeltlager? lösbar ☐ nicht lösbar ☐

b) Wie viel Euro zahlen die Kinder der Bibergruppe, die das Zeltlager besuchen, zusammen? lösbar ☐ nicht lösbar ☐

c) Wie viel Euro zahlen die Kinder der Mäusegruppe, die das Zeltlager besuchen, zusammen? lösbar ☐ nicht lösbar ☐

d) Wie viel Euro würden die Kinder der Bibergruppe zusammen bezahlen, wenn alle das Zeltlager besuchen würden? lösbar ☐ nicht lösbar ☐

**3** Maria braucht für den Weg von zu Hause bis zur Schule 13 Minuten. Bis zu den Osterferien sind es noch 5 Tage. Entscheide wie in Aufgabe 1 und 2.

a) Wie viele Minuten ist sie bis dahin auf ihrem Weg zur Schule und zurück noch unterwegs? lösbar ☐ nicht lösbar ☐

b) Wie viele Kilometer ist die Schule von Marias Haus entfernt? lösbar ☐ nicht lösbar ☐

**4** Rechne aus, wie viele Seiten das Buch von Gereon hat.
Findest du einen Aufgabentext, der zu dieser Aufgabenstellung passt? Kreuze an.

☐ Gereon hat ein spannendes Buch bekommen. 82 Seiten hat er schon gelesen. Morgen will er bis Seite 166 kommen.

☐ Gereon hat ein spannendes Buch bekommen. 82 Seiten hat er schon gelesen. Wenn er morgen ungefähr noch einmal so viele Seiten liest, hat er das Buch durch.

☐ Gereon hat ein spannendes Buch bekommen. 82 Seiten hat er schon gelesen. Für morgen hat er sich die restlichen 84 Seiten vorgenommen.

**5** Setze die folgenden Angaben so in die Lücken des Aufgabentextes, dass Text und Antwort zusammenpassen.

schenkt | nimmt | 60 | 50

Frank hat _________ Fußballbilder. Seinem besten Freund _________ er 17 Bilder.
Wie viel Fußballbilder hat Frank danach noch?

Antwort: Frank hat danach noch 33 Bilder.

## Bist du fit fürs Gymnasium?

**6** Ergänze die fehlenden Angaben so, dass Aufgabentext und Antwort sinnvoll zusammenpassen.

etwa 4 min

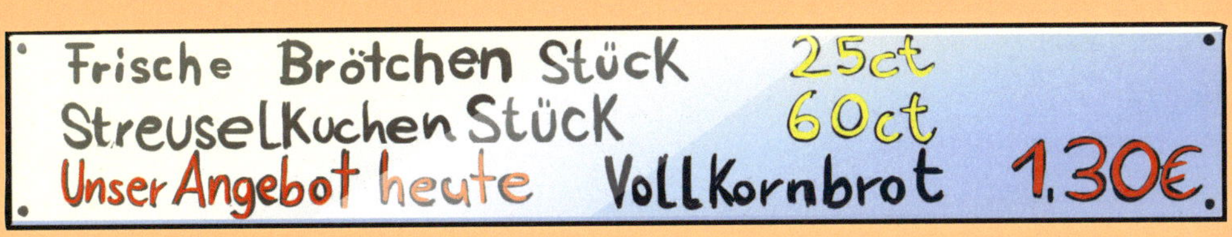


Tinas Mutter kauft beim Bäcker ____ Brötchen, 1 Vollkornbrot und ____ Stücke Streuselkuchen. Wie viel Euro bezahlt sie insgesamt?

Antwort: Tinas Mutter bezahlt insgesamt 4 ____.

**7** Kreise die passenden Angaben ein, und schreibe sie in die Lücken.

etwa 5 min

kauft verkauft Kino Supermarkt 100 6 Beutel Kasten 8 5 ct €

Klaus _________________ im _________________ 3 Kästen Apfelsaft mit je 8 Flaschen (der _________________ kostet 5,50 _________________) und _________________ Becher Joghurt zu je 40 ct. Er bezahlt insgesamt 18,50 _________________.

# Sachaufgaben: Passende Fragen finden

Um die passenden Fragen zu einer Sachaufgabe zu finden, musst du jedes Wort und jede Größenbezeichnung sehr genau lesen.

**1** Iris kauft von ihrem gesparten Geld ein neues Buch zu 6,95 €, eine Musik-CD zu 8,50 € und Süßigkeiten für 1,20 €. Welche Frage(n) könntest du beantworten? Kreuze an. Kontrolliere deine Antwort, indem du die Aufgabe(n) wirklich rechnest.

☐ Fragemöglichkeit 1:
Kommt Iris mit 20 € aus?

☐ Fragemöglichkeit 2:
Wie viel Euro gibt Iris aus?

☐ Fragemöglichkeit 3:
Wie viel Taschengeld bekommt Iris?

Rechnung:

Tipp: Reicht der Platz für dich nicht aus, rechne auf einem Rechenblatt.

**2** Ein Lieferwagen bringt jeweils 225 kg Steine von der Baustoffhandlung zur Baustelle in der Mozartstraße. Er muss 4 Lieferungen durchführen. Suche die passende(n) Frage(n), und kreuze sie an.

☐ Fragemöglichkeit 1:
Wie viele Kilometer legt der Wagen insgesamt zurück?

☐ Fragemöglichkeit 2:
Wie viele Steine transportiert der Lieferwagen insgesamt?

☐ Fragemöglichkeit 3:
Wie viel Kilogramm wiegen alle gelieferten Steine zusammen?

Rechnung:

**3** Tims Mutter hat im Obstladen Obst zu 6,40 € gekauft. Sie kann davon insgesamt an 4 Tagen Obstsalat machen, der aus einer Kiwi, einer Banane, einem Apfel, einer Birne und einer Orange besteht. Welche Frage(n) könntest du beantworten?

☐ Fragemöglichkeit 1:
Wie viel kostet eine Kiwi?

☐ Fragemöglichkeit 2:
Wie viel kostet der Obstsalat für einen Tag?

Rechnung:

**4** Katharina hat in 15 Minuten Klavierunterricht. Nach der Schule, die um 12.35 Uhr endete, ging sie sofort nach Hause und kam dort nach einer halben Stunde an. Ergänze die folgenden Fragen sinnvoll. Verwende dazu die passenden Wörter aus dem Kasten. Löse dann die Aufgaben.

| wie | Katharinas | Stunden | viel | endet | ist | sind | es | Uhr | beginnt | davor |
|---|---|---|---|---|---|---|---|---|---|---|

Frage 1:

Um ________ ________ Uhr ________ ________________ Klavierunterricht?

Frage 2:

Wie viel ________ ________ ________ jetzt?

Rechnung:

Deine Antworten:

1. ____________________________________________

2. ____________________________________________

## Bist du fit fürs Gymnasium?

**5** Carolin ist zwei Jahre jünger als ihr Bruder Max. Max' Freund Nick ist ein Jahr älter als Max. Nicks große Schwester Irma ist 12 und damit doppelt so alt wie Carolin. Formuliere in deinem Heft Fragen, die zum Text passen, und beantworte sie.

etwa 5 min

**6** Moritz schaut eine Woche lang jeden Tag um 15 Uhr aus seinem Fenster und zählt für jeweils 15 Minuten die Autos, die vorbeifahren. Seine Ergebnisse schreibt er so auf seinen Block:

etwa 3 min

Ergänze den Antworttext.
Formuliere dann eine Frage, die zur Antwort passt.

Antwort: An den Wochentagen außer ____________ zählte Moritz 49 Autos.

Frage: ____________________________________________

____________________________________________

Wenn eine Sachaufgabe eine Frage enthält oder du selbst eine Frage gefunden hast, beantwortest du sie am besten, indem du die gleichen Wörter der Frage verwendest und dabei nur das Fragewort durch deine Lösung ersetzt. Das Fragewort in der Mathematik heißt oft „wie viel".

**1** Ein Sonnenschirm kostet im Supermarkt 29,50 €. In einem anderen Laden wird er für 25,60 € angeboten. Wie viel Euro beträgt der Preisunterschied?

Bewerte die folgenden Antworten:

| | | |
|---|---|---|
| a) Der Preisunterschied beträgt 3,90 €. | richtig ☐ | falsch ☐ |
| b) Der Preisunterschied beträgt 55,10 €. | richtig ☐ | falsch ☐ |
| c) Im ersten Geschäft ist der Sonnenschirm 3,90 € teurer als im zweiten. | richtig ☐ | falsch ☐ |
| d) Im zweiten Geschäft ist der Sonnenschirm 3,90 € billiger als im ersten. | richtig ☐ | falsch ☐ |

**2** Nick will seinen Vorrat an Murmeln vergrößern und kauft sich ein Säckchen mit 25 Murmeln. Beim Spiel mit seinem Freund Marius gewinnt er noch 7 hinzu. Insgesamt hat er nun 43 Murmeln. Wie viele Murmeln hatte er vor dem Kauf?

Bewerte die folgenden Antworten:

| | | |
|---|---|---|
| a) Vor dem Kauf hatte Nick 32 Murmeln. | richtig ☐ | falsch ☐ |
| b) Nick hatte vor dem Kauf 11 Murmeln. | richtig ☐ | falsch ☐ |
| c) Nick hatte vor dem Kauf 18 Murmeln. | richtig ☐ | falsch ☐ |
| d) Vor dem Kauf hatte Nick 36 Murmeln. | richtig ☐ | falsch ☐ |

**3** Maren und Tom machen eine Radtour mit ihren Eltern. Nach 16 Kilometern haben sie die Hälfte geschafft und legen eine Rast ein. Nach weiteren 6 Kilometern stoppen sie kurz, um Toms Vorderreifen noch einmal aufzupumpen. Wie viele Kilometer haben sie nun noch vor sich? Wie viele Kilometer haben sie bereits geschafft?

Hier sind zwei Antworten. Beide musst du etwas ändern, damit sie richtig sind.

Antwort 1: Sie haben nun noch 10 m vor sich.

Verbesserung: ____________________

Antwort 2: Sie haben bereits 10 km geschafft.

Verbesserung: ____________________

**4** Bis zur Spitze des Leuchtturms muss man 224 Stufen steigen. Inga hat bis jetzt 188 Stufen geschafft. Ingas Freundin Ruth hat erst 145 Stufen geschafft. Wie viele Stufen braucht jedes Mädchen noch bis oben? Verfahre wie in Aufgabe 3.

Antwort 1: Bis oben braucht Inga noch 36 Minuten.

Verbesserung: ____________________

Antwort 2: Ruth braucht noch 79 m.

Verbesserung: ____________________

## Bist du fit fürs Gymnasium?

**5** Torsten baut einen Roboter aus 10 weißen und 7 gelben Steckwürfeln. Wie viele Steckwürfel bräuchte er, um 6 solcher Roboter herzustellen?

etwa 5 min

Benutze die Wortbausteine, um 2 richtige Antworten zu formulieren:

gelbe | insgesamt | 42 | 60 | weiße | 102

Antwort 1: Torsten bräuchte für sechs ____________________

____________________

Antwort 2: Torsten bräuchte für sechs ____________________

____________________

# Sachaufgaben: Rechenarten im Text aufspüren

In der Mathematik begegnest du oft den Fachwörtern Addition (Plusaufgabe), Subtraktion (Minusaufgabe), Multiplikation (Malaufgabe) und Division (Geteiltaufgabe). Ihre Bedeutung musst du kennen, damit du die geforderte Rechenart auch anwenden kannst.

**1** Im Supermarkt wurden bis zum Mittag 28 Kästen mit leeren Wasserflaschen abgegeben. Am Nachmittag kamen noch einmal 15 Kästen hinzu. Wie viele Wasserkästen wurden an diesem Tag insgesamt abgegeben?

Unterstreiche im Text die Stelle oder die Stellen, an denen du erkennst, welche Rechenart du zur Lösung verwenden musst.

Rechnung:

Antwort: ______________________________

______________________________

Tipp: Wörter in Aufgabentexten verraten dir oft, wie du rechnen musst, um die Aufgabe zu lösen. Neben den Fachbegriffen, die du oben gelernt hast, zählen dazu Wörter wie „hinzuzählen", „abziehen", „verdoppeln", „teilen" usw. Lege dir eine Sammlung an, und sortiere sie nach der Rechenart.

**2** Von den 314 €, die Marius gespart hat, hat er inzwischen 72 € für Computerspiele ausgegeben. Wie viel Erspartes hat er noch?

Unterstreiche im Text die Stelle oder die Stellen, an denen du erkennst, welche Rechenart du zur Lösung verwenden musst, und rechne aus.

Rechnung:

Antwort: ______________________________

______________________________

**3** Iris baute ein Haus mit 124 Bausteinen. Anschließend kam noch eine Garage aus 32 Steinen hinzu. Am Ende nahm sie aus einer Hauswand 16 Steine weg. Aus wie vielen Steinen bestehen das Haus und die Garage nun insgesamt?

Unterstreiche im Text die Stellen, an denen du erkennst, welche Rechenarten du zur Lösung verwenden musst, und rechne aus.

Rechnung:

Antwort: ______________________________

______________________________

**4**

Kai erzählt stolz, dass er 45 Fußballbilder hat. Ein Mitschüler behauptet, er hätte dreimal so viele Bilder wie Kai.

Unterstreiche im Text die Stelle oder die Stellen, an denen du erkennst, welche Rechenart du zur Lösung verwenden musst. Formuliere dann eine Frage, und rechne aus.

Frage: ______________________________

Rechnung:

Antwort: ______________________________

______________________________

**5**

Marita will ihre 48 Gummibärchen mit ihren beiden Freundinnen teilen. Wie viele Bärchen bekommt dann jedes Mädchen?

Unterstreiche im Text die Stelle oder die Stellen, an denen du erkennst, welche Rechenart du zur Lösung verwenden musst, und rechne aus.

Rechnung:

Antwort: ______________________________

______________________________

## Bist du fit fürs Gymnasium?

**6**

Herr Müller ist Schreiner und kauft im Baumarkt 56 große Holzschrauben. Von den mittelgroßen braucht er nur halb so viele. An kleinen Schrauben benötigt er so viele wie große und mittelgroße zusammen. Wie viele mittelgroße und wie viele kleine Schrauben kauft Herr Müller?

etwa 4 min

Unterstreiche im Text die Stelle oder die Stellen, an denen du erkennst, welche Rechenart du zur Lösung verwenden musst. Rechne dann aus, und formuliere eine Antwort.

**7**

Frank misst mit seinem Lineal vier seiner Buntstifte. Der grüne ist doppelt so lang wie der rote. Der rote ist 2 cm kürzer als der gelbe. Der gelbe ist 1 cm länger als der blaue. Der blaue ist 9 cm lang. Wie lang sind die anderen drei Stifte?

etwa 4 min

Unterstreiche im Text die Stellen, an denen du erkennst, welche Rechenarten du zur Lösung verwenden musst. Rechne dann aus, und formuliere eine Antwort.

Es gibt Aufgaben, von denen du dir zuerst einmal ein Bild machen solltest, um genau zu verstehen, was zu tun ist. Solche Bilder nennt man **Skizzen**. Skizzen zeichnest du aus der Hand. Sie müssen nicht genau sein, sondern nur wichtige Informationen enthalten, die du zur Lösung der Aufgabe brauchst.

**1** Katrin zeichnet eine 16 cm lange Linie auf ein Blatt Papier. Darunter will sie weitere Linien zeichnen, die immer halb so lang sind wie die darüberliegende. Vervollständige die Skizze, und rechne aus:

a) Wie viele Linien kann sie zeichnen, wenn sie nur mit ganzen Zentimetern arbeitet?
b) Wie lang sind alle Linien zusammen?

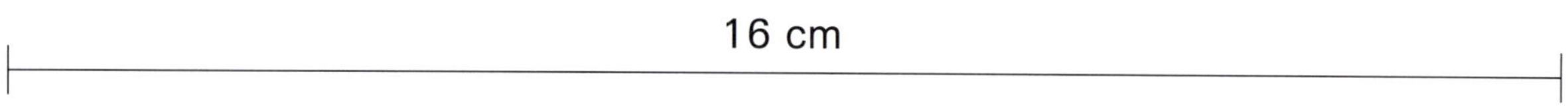


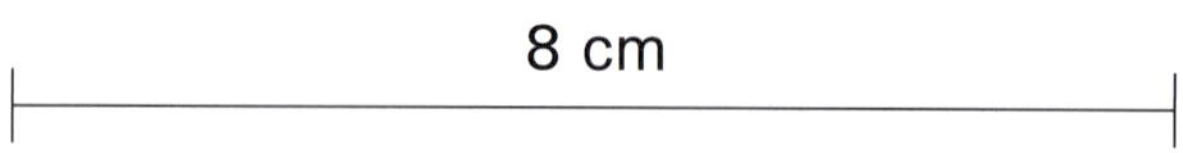


Rechnung:

Antwort a): ______________________________

Antwort b): ______________________________

**2** Markus baut Türme mit seinen Bausteinen. Jeder Turm wird um einen Stein höher als der vorige. Insgesamt hat Markus 49 Steine. Er beginnt mit einem Viererturm. Vervollständige die Skizze, und beantworte die Fragen:

a) Wie viele Türme kann er bauen?
b) Aus wie vielen Steinen besteht der letzte Turm?

Vervollständige die Skizze:

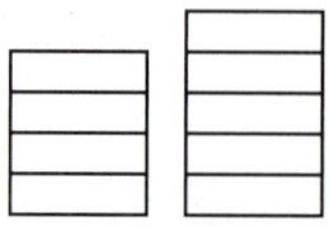

Antwort a): ______________________________

Antwort b): ______________________________

**3** Im Sportunterricht sollen die 22 Kinder der 3b eine lange Kette bilden. Immer abwechselnd ein Kind, ein Gymnastikreifen, ein Kind usw. Das erste und das letzte Kind sollen jeweils in ihrer freien Hand noch einen Reifen tragen, die den Kopf und den Schwanz der „Schlange“ bilden. Wie viele Reifen werden benötigt? Fertige eine Skizze an.

Vorschlag für deine Skizze:

○ | ○ |

Antwort: ______________________________

**4** Klaas hat einen kleinen Geburtstagskuchen bekommen. Er möchte ihn so aufteilen, dass er sieben Stücke daraus bekommt.

a) Wie viele Schnitte sind nötig?

b) Nachdem er das erledigt hat, hätte er doch lieber 14 Stücke. Wie viele weitere Schnitte sind mindestens nötig?

Vorschlag für deine Skizze:

Antwort a): ______________________________

Antwort b): ______________________________

______________________________

## Bist du fit fürs Gymnasium?

**5** Marc, Sigi und Carsten haben Holzstäbe zum Schnitzen gekauft. Marcs Stab ist 2 cm kürzer als Sigis, aber 5 cm länger als Carstens. Zeichne eine Skizze, und rechne aus:

etwa 5 min

a) Wer hat den längsten Stab?

b) Um wie viele Zentimeter unterscheiden sich Sigis und Carstens Stab?

c) Wie lang sind die Stäbe der anderen, wenn Carstens Stab 12 cm lang ist?

**6** Rias Vater schlägt hintereinander Nägel in eine Holzlatte. Die ersten beiden Nägel sind 8 cm weit auseinander. Der nächste folgt nach 4 cm. Der vierte kommt 2 cm nach dem dritten und der letzte 1 cm nach dem vierten. Wie lang muss eine Schnur sein, die du vom ersten Nagel bis zum letzten leiten willst? Zum Verknoten der beiden Enden musst du jeweils 2 cm einrechnen. Zeichne eine Skizze, und rechne aus.

etwa 4 min

Aufgaben lassen sich manchmal auch gut in **Tabellen** lösen. Die Tabellenwerte können übereinander- oder nebeneinanderstehen. In beiden Fällen musst du beim Rechnen eine Regel beachten: Stehen die Werte in einer Tabelle untereinander, musst du die Rechenart, die du auf der linken Seite durchführst, auch auf der rechten Seite durchführen. Ist die Tabelle mit nebeneinanderstehenden Tabellenwerten aufgebaut, führst du die Rechenart der oberen Reihe auch in der unteren durch.

**1** Iris verkauft beim Schulfest Eis. Vervollständige ihre Preisliste, und schreibe die Rechenregel an die Pfeile.

| Eiskugeln | Preis (€) |
|---|---|
| 1 | 0,70 |
| 2 | 1,40 |
| 3 | 2,10 |
| 4 | |
| 5 | |
| 6 | |
| 7 | |
| 8 | |
| 9 | |
| 10 | |

b) Schau dir die Tabelle nun genau an, und vervollständige den Satz:

Wenn ich doppelt so viel kaufen möchte, muss ich auch ______________

so viel ______________.

**2** Kai steht vor einem Süßigkeitenregal und rechnet. Wie geht es hier wohl weiter? Führe die Preisliste fort.

| Schokoriegel | 1 | 2 | 4 | 8 | | | |
|---|---|---|---|---|---|---|---|
| Preis (€) | 0,40 | | | | | | |

**3** Du möchtest auf dem Schulfest Limonade verkaufen und sollst eine Preisliste für 1, 2, 3 und 5 Becher Limo herstellen. Der Becher soll 0,30 Euro kosten. Zeichne eine Tabelle mit 2 Spalten wie in Aufgabe 1 in dein Heft.

**4** Sebastian legt mit seinem Fahrrad 2 km zurück. Ingo fährt 4 km weit. Marie radelt 6 km und Johannes sogar 8 km. Jedes Kind benötigt für einen Kilometer immer 3 Minuten.

a) Fülle die folgende Tabelle aus:

| | km | Zeit (min) |
|---|---|---|
| **Sebastian** | | |
| **Ingo** | | |
| **Marie** | | |
| **Johannes** | | |
| | | 60 |

b) Wie weit kämen die Kinder, wenn sie 60 Minuten lang fahren würden? Sieh dir die umrandete letzte Reihe der Tabelle an, und trage den fehlenden Wert ein.

## Bist du fit fürs Gymnasium?

**5** Auf dem Flohmarkt bietet Willi seine alten Comics an. Für 5 Hefte will er 1 € haben. Bei seiner Preisliste sind ihm aber einige Fehler unterlaufen. Finde sie, und berichtige die Preisliste im Heft.

etwa 4 min

| Heft | Preis (€) |
|---|---|
| 1 | 0,20 |
| 2 | 0,40 |
| 3 | 0,50 |
| 4 | 0,80 |
| 5 | 1,00 |
| 6 | 1,25 |
| 7 | 1,30 |
| 8 | 1,60 |

**6** In der Klasse werden die Bilder, die die Kinder gemalt haben, nebeneinander an den Wänden aufgehängt. Jedes Bild ist 30 cm breit. An der einen Wand sind 120 cm Platz. An der zweiten Wand sind es 180 cm, und an der dritten 270 cm.

etwa 6 min

a) Wie viele Bilder passen jeweils auf die Wände?

| | | | | | | | | | |
|---|---|---|---|---|---|---|---|---|---|
| **Bild** | | | | | | | | | |
| **cm** | | | | | | | | | |

b) Die restlichen 5 Bilder hängt die Lehrerin in den Flur vor die Klasse. Wie viele Bilder haben die Kinder insgesamt gemalt?

Achte beim Rechnen mit Geld immer auf die Größenbezeichnung (€ oder ct), und wandle bei gemischten Bezeichnungen entweder in € oder ct um. Beim schriftlichen Addieren und Subtrahieren von Kommazahlen achte darauf, dass die Kommas untereinander stehen.

**1** Marco kauft sich beim Bäcker ein belegtes Brötchen für 1,70 € und ein Hörnchen für 45 ct. Am Kiosk kauft er dann noch für 65 ct Kaugummi und ein Comicheft zu 2,15 €. Wie viel Euro (Kommazahl) hat Marco ausgegeben?

Rechnung:

Antwort: ______________________________________________

**2** Simon interessiert sich für ein ferngesteuertes Auto. Es kostet 69,50 €. Seine Schwester Lea wünscht sich schon lange einen Lerncomputer. Er kostet aber doppelt so viel. Wie viel Euro kostet der Computer?

Rechnung:

Antwort: ______________________________________________

______________________________________________

**3** Hans rechnet: Ich habe so viel gespart, dass ich mir eine neue Schreibtischlampe zu 12,40 €, eine DVD zu 8,90 € und einen Ball zu 3 € kaufen kann. Dann habe ich immer noch 5,70 € übrig. Wie viel Euro hat Hans gespart?

Rechnung:

Antwort: ______________________________________________

**4** Am Ende des Schulfestes hat Pierre am Limostand 6 5-€-Scheine, 8 2-€-Stücke, 23 1-€-Stücke und 7 20-ct-Stücke. Wie viel Euro hat Pierre insgesamt in seiner Kasse?

Rechnung:

| 10 € | 1 € | 10 ct | 1 ct |
|---|---|---|---|
| 3 | 0 | 0 | 0 |
| 1 | 6 | 0 | 0 |
| | | | |
| | | | |

Tipp: Du kannst die angefangene Stellenwerttafel fortführen und die Beträge einsortieren. Das erleichtert dir die Übersicht über die Kommastellen.

Antwort: ____________________

**5** Marias Tante findet in ihrer Schublade noch 4,20 €. Ihre drei Nichten sollen das Geld unter sich aufteilen. Wie viel bekommt jedes Mädchen?

Rechnung:

Tipp: Überlege zuerst, welchen Betrag du leicht teilen kannst.

Antwort: ____________________

## Bist du fit fürs Gymnasium?

**6** Mutter kauft für ihre Zwillinge 8 Buntstifte zu je 95 ct, 4 kleine Schreibhefte zu je 55 ct, 2 große Rechenhefte zu je 1,05 € und 2 Spitzer zu je 1,70 €. Sie teilt die Sachen genau auf ihre Kinder auf.

etwa 6 min

a) Wie viel Euro gibt sie für jedes Kind aus?

b) Wie viel Euro gibt sie insgesamt aus?

**7** Bei der Spendenaktion für den neuen Schulhof kamen 770 € und 66 ct zusammen. Für die Hälfte des Geldes soll ein Sandkasten angelegt werden. Wie viel Euro (Kommazahl) werden für den Sandkasten ausgegeben?

etwa 4 min

# Sachaufgaben: Rechnen mit Längen

Meterangaben als Kommazahlen haben 2 Stellen hinter dem Komma.

Beispiel: 3 m und 25 cm = 3,25 m

Es gilt: 100 cm = 1 m
1 000 m = 1 km

Achte bei den Lösungen auf die gefragte Größeneinheit. Ist nach keiner bestimmten gefragt, wähle eine sinnvolle. Beispiel: Länge eines Bleistifts 12 cm anstatt 0,12 m.

**1** Sabine fährt mit dem Fahrrad einkaufen. Zum Bäcker sind es 1 km und 300 m. Anschließend fährt sie 460 m bis zum Supermarkt. Der Rückweg nach Hause ist 1 km und 250 m lang. Wie viel km und m hat sie insgesamt zurückgelegt? Berechne, und nutze die Stellenwerttafel.

Rechnung:

| 1 km | 100 m | 10 m | 1 m |
|---|---|---|---|
| | | | |
| | | | |
| | | | |

Antwort: ______________________________

**2** Die Kinder der 3a haben Spitzer geschenkt bekommen. Achim und seine Freunde legen 7 Spitzer nebeneinander und entdecken, dass sie eine Strecke von 14 cm belegen.

Rechnung:

a) Wie viele cm misst ein Spitzer?

Antwort: ______________________________

b) Wie viele cm fehlen bis zu einem Meter?

Antwort: ______________________________

c) Wie viele Spitzer braucht man für 1 m?

Antwort: ______________________________

**3** Die Hand eines Kindes wie die von Pauline ist im Durchschnitt 7 cm breit. Die 11 Mädchen in ihrer Klasse legen alle ihre Hände nebeneinander und überlegen, wie viele cm sie nun bedecken. Findest du es heraus?

Rechnung:

Antwort: ______________________________

**4** Der Kirchturm in Weiler ist 86 m hoch. Der in Wiesendorf misst 102 m und der Kirchturm in Rasenstadt ist sogar 112 m hoch. Wenn du die Summe der 3 Kirchtürme berechnest, weißt du, wie hoch der Eiffelturm in Paris ist.

Rechnung:

Antwort: ____________________________________________

____________________________________________

**5**

Tipp: Schreibe entweder alle Angaben als m (Kommazahl), als cm oder als m und cm getrennt auf. Dann lassen sie sich leichter vergleichen.

Isa, Maren und Frank stecken Strohhalme ineinander. Isa schafft 2,15 m, Marens Halme sind insgesamt 2 m und 5 cm lang und Frank schafft es auf 210 cm.
Ordne die zusammengesteckten Halme der Größe nach. Beginne mit dem kleinsten.
Wer hat den längsten Halm gesteckt und wer den kürzesten?

__________ < __________ < __________

Antwort: ____________________________________________

____________________________________________

## Bist du fit fürs Gymnasium?

**6** Auf einer Schneckentour haben die Schnecken schon 14 m geschafft. Die Entfernung bis zu ihrem Ziel lässt sich als Kommazahl mit 4 gleichen Ziffern auf die Linien schreiben, die du unten siehst. Die Quersumme der Ziffern kann man durch 3 teilen und sie ist kleiner als 15.

etwa 4 min

Tipp: Die Quersumme einer Zahl ist die Summe der einzelnen Ziffern dieser Zahl.
Beispiel: die Zahl 432 hat die Quersumme 4 + 3 + 2 = 9

___ ___, ___ ___ m

Wie viel m haben die Schnecken noch vor sich?

**7** Von Dorf A nach Dorf B sind es 6 km. Von Dorf B nach Dorf C sind es 4 km. Von Dorf C nach Dorf D sind es 7 km und von Dorf D nach Dorf E sind es 21 km. Durch jedes Dorf führt nur eine Straße. Tobias fährt zuerst von B nach E, von dort nach A und schließlich von A nach B. Wie viele km legt er zurück?

etwa 4 min

Gewichte misst man in Gramm (g), Kilogramm (kg) und Tonne (t).

1 000 g = 1 kg
1 000 kg = 1 t

In Texten, die mit Gewichten zu tun haben, findest du hinweisende Wörter wie „wiegen“, „Waage“ manchmal aber auch „schwerer“ oder „leichter“.

**1** Die Briefe mit den Geburtstagseinladungen von Ina wiegen pro Stück 25 g. Als sie alle Einladungsbriefe auf die Küchenwaage legt, zeigt diese 225 g an.

Frage: ______________________________

Rechnung:

Antwort: ______________________________

______________________________

**2** Der Briefträger bringt in die Steinstraße 1a 13 Briefe zu je 20 g, 8 Postkarten zu je 15 g und 2 Zeitschriften zu je 260 g.

a) Wie viel g wiegen alle Postsachen für die Steinstraße 1a?

Rechnung:

Antwort: ______________________________

b) Wie viel g fehlen noch bis zu 1 kg?

Rechnung:

Antwort: ______________________________

______________________________

**3** Die 25 Kinder der 3b wiegen zusammen 870 kg. Wenn jedes Kind noch eine kleine Tafel Schokolade (40 g) als Geschenk vom Schokoladenmuseum in die Hand nimmt, erhöht sich das Gesamtgewicht der Klasse um wie viel kg?

Rechnung:

Antwort: ______________________________

______________________________

**4** Max steht im Supermarkt vor dem Regal mit seinem Lieblingsjoghurt. Er zählt 42 Becher zu je 125 g Joghurt. Zu Hause hat er einmal einen leeren Becher gewogen. Er wiegt 5 g.

a) Er überlegt nun, wie viel Gramm 42 leere Becher wohl wiegen. Hilf ihm.

Rechnung:

Antwort: ______________________________

b) Max' Mutter kauft 8 Becher Joghurt. Max schätzt das Gesamtgewicht (Joghurt und Verpackung) auf über 1 kg. Wie viel kg und wie viel g ist der Einkauf schwer?

Rechnung:

| 1 kg | 100 g | 10 g | 1 g |
|---|---|---|---|
| | | | |

Antwort: ______________________________

## Bist du fit fürs Gymnasium?

**5** Ein Kran darf 4 t heben. Es liegen 3 Stapel Baumaterial zum Verladen auf einem LKW bereit. Der 1. Stapel wiegt 1 t und 300 kg. Der 2. Stapel wiegt 2 t und 400 kg. Der 3. Stapel wiegt 500 kg. Darf der Kran alle 3 Stapel auf einmal heben?

etwa 2 min

**6** Herr Schmitz soll Steinblöcke auf einer Palette so zusammenstellen, dass sie genau mit 1 t belastet wird. Es gibt 2 Blöcke zu 550 kg, 1 Block zu 240 kg, 3 Blöcke zu 300 kg und 2 Blöcke zu 80 kg. Welche Blöcke muss Herr Schmitz wählen?

etwa 4 min

Die Abkürzungen, die du für das Rechnen mit Zeit und Zeitspannen benötigst, sind:

h für Stunde, min für Minute und s für Sekunde.

Es gilt: 1 h = 60 min
1 min = 60 s

Bei Aufgaben mit Zeit werden als Lösungen oft Zeitpunkte (Uhrzeiten) oder Zeitspannen (Anzahl von h, min, s) verlangt. Achte auf die jeweiligen Fragestellungen.

**1** „Wenn ich alle 5 Minuten ein Haus auf das Bild male, habe ich in 1 Stunde und 30 Minuten ein Dorf mit 20 Häusern geschafft!“, behauptet Maria. Hat sie Recht?

Rechnung:

Ja, sie hat Recht, weil ______

Nein, sie hat nicht Recht, weil ______

**2** Auf dem Fahrplan steht, dass alle 6 Minuten ein Bus kommt. Wie viele Busse halten innerhalb einer Stunde an dieser Haltestelle?

Rechnung:

Antwort: ______

**3** Karin und Ingo warten seit 5 Minuten auf die Straßenbahn. Jetzt ist es 14.57 Uhr. Die Bahn wird in 6 Minuten kommen.

a) Wie viele Minuten werden die beiden insgesamt warten müssen?

Antwort: ______

b) Um wie viel Uhr wird die Straßenbahn kommen?

Rechnung:

Antwort: ______

**4** Tine geht ins Kino. Der Film beginnt um 15.20 Uhr. Um 16.45 Uhr wird er zu Ende sein. Wie lange dauert der Film? Führe die Überlegung am Zahlenstrich weiter.

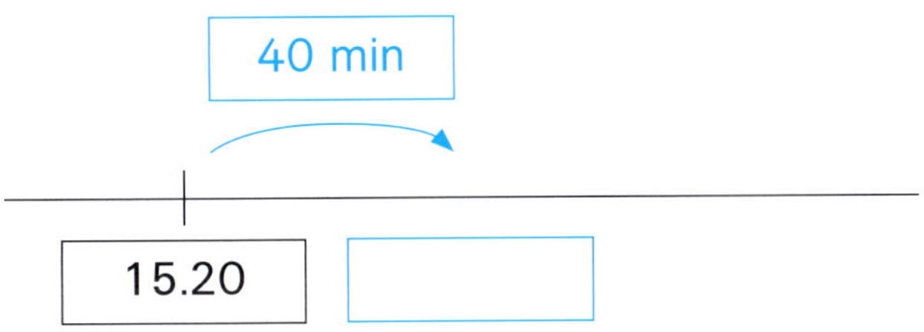


Rechnung:

Antwort: ______________________________

**5** Um 17.05 Uhr kommt Mutter vom Einkaufen zurück. Sie ist um 15.25 Uhr losgegangen. Wie lange war sie unterwegs?

Deine Überlegung:

Antwort: ______________________________

## Bist du fit fürs Gymnasium?

**6** Robert schaut auf den Wasserhahn. Im selben Moment fällt ein Tropfen. Nach 7 Sekunden fällt wieder ein Tropfen. Alle 7 Sekunden fällt ein neuer Tropfen. Genau nach dem 10. Tropfen dreht er den Hahn fester zu. Er tropft nicht mehr. Wie viele Sekunden hat Robert dem tropfenden Wasserhahn zugeschaut?

etwa 4 min

**7** Carla sagt: „Ich habe für meine Arbeit 4 min und 26 s gebraucht."
Mario meint: „Ich habe die gleiche Arbeit in 276 s geschafft."

etwa 3 min

a) Wer hat die Arbeit schneller geschafft?

b) Um wie viel Sekunden war der oder die Schnellere früher fertig?

Bei der schriftlichen Addition schreibst du die Stellenwerte immer passend untereinander (Einer unter Einer, Zehner unter Zehner usw.).

Die Summanden (die Zahlen, die du addieren sollst) darfst du untereinander vertauschen, ohne dass sich das Ergebnis ändert. Beim genauen Lesen der Texte und Fragen erhältst du Informationen darüber, was du genau tun sollst.

**1** Wenn du zu 409 zuerst 28, dann 49 und schließlich 217 addierst, liegt das Ergebnis unter 700. Ist diese Behauptung richtig? Überprüfe.

Rechnung:

Antwort: ______________________________

______________________________

**2** Marco überprüft den Kassenbon, den Mama aus dem Supermarkt mitgebracht hat. Er addiert: 7,19 € + 2,05 € + 0,45 € + 16,79 € + 0,25 € + 0,25 € + 0,25 € + 3,22 €. Wie viel Euro musste Marcos Mutter für den Einkauf zahlen?

Rechnung:

Antwort: ______________________________

______________________________

**3** Wenn du zu 386 zweimal die gleiche Zahl addierst, erhältst du 814. Wie heißt die gesuchte Zahl? Überprüfe dein Ergebnis, indem du schriftlich addierst.

Rechnung:

Antwort: ______________________________

**4** Vater sagt: „Gestern habe ich Sachen für 2,59 €, 1,50 €, 1,50 €, 1,50 €, 1,50 €, 0,26 €, 11,11 € und 0,30 € in den Einkaufskorb gelegt. An der Kasse merkte ich, dass ich nur 20 € dabei hatte. Einen Artikel habe ich zurückgebracht, dann reichte das Geld genau." Welchen Artikel meint er? Rechne in mehreren Schritten.

Rechnung:

Antwort: ____________________

**5** Achim beginnt zu rechnen: 46 + 51 + 56 + 61 + ... Bei dem Ergebnis 685 hört er auf. Welche Zahlen muss er noch hinzuaddieren? Rechne in mehreren Schritten.

Rechnung:

Tipp:
Finde zuerst die Bildungsregel für die Zahlenfolge.

Antwort: ____________________

____________________

## Bist du fit fürs Gymnasium?

**6** Max hilft seiner Mutter, die Spenden für ein neues Spielgerät für den Schulhof zu addieren. Es sind 12 10-€-Scheine, 17 5-€-Scheine, 9 2-€-Stücke, 4 1-€-Stücke, 38 20-Cent Stücke und 59 2-Cent Stücke. Wie viel kam an Spenden zusammen?

etwa 4 min

**7** Sarah weiß von den beiden zu ergänzenden dreistelligen Zahlen, dass ihre Quersumme jeweils 9 ist und sie jeweils die gleichen Ziffern enthalten, von denen eine die Null ist. Welche Zahlen sucht Sarah?

etwa 6 min

|   |   |   |   |
|---|---|---|---|
|   |   | 1 | 3 |
|   |   | 5 | 2 |
|   | □ | □ | □ |
| + | □ | □ | □ |
| 1 | 0 | 0 | 1 |

# Sachaufgaben: schriftliche Subtraktion

Auch bei der schriftlichen Subtraktion schreibst du die Stellenwerte immer passend untereinander (Einer unter Einer, Zehner unter Zehner, usw.).

Die Zahlen, die du voneinander subtrahieren sollst, darfst du nicht miteinander vertauschen. Überlege warum!
Wie bei der Addition kannst du aus Aufgabentexten und Fragen deine genauen Arbeitsaufträge erfahren. Signalwörter, die auf Subtraktionsaufgaben hinweisen, sind z. B. „abziehen“, „abheben“, „wegnehmen“ und „verschenken“.

**1**

Wenn du von 987 eine dreistellige Zahl subtrahierst, die die Ziffern 3, 4 und 5 enthält, erhältst du als Ergebnis eine Zahl, die 3 gleiche Ziffern enthält.

a) Wie heißt die dreistellige Zahl mit den Ziffern 3, 4 und 5?

b) Wie heißt das dreistellige Ergebnis, das aus 3 gleichen Ziffern besteht?

Rechnung:

Antwort a): ____________________

Antwort b): ____________________

**2**

Marcus hat insgesamt 417 Autobilder gesammelt. Viele davon sind doppelt. Deshalb verschenkt er 67 Bilder an seinen Freund Pierre und 58 an Ingo. Wie viele Bilder hat Marcus jetzt noch?

Rechnung:

Antwort: ____________________

**3**

Lena hat auf ihrem Sparbuch ein Guthaben von 259,40 €. Sie wünscht sich ein neues Fahrrad und will 160 € selbst davon bezahlen. Wie viel Euro hat sie nach dem Fahrradkauf noch auf ihrem Sparbuch?

Rechnung:

Tipp: Achte beim Untereinanderschreiben von Geldbeträgen darauf, dass die Kommas genau untereinanderstehen. Wenn du dir nicht sicher bist, lege eine Stellenwerttafel an.

Antwort: ____________________

**4** Carla hatte am Anfang 436 € auf ihrem Sparbuch. Sie weiß noch, dass sie danach einen dreistelligen Betrag abgehoben hat, der aus den Ziffern 1, 1 und 4 bestand.

a) Welche Beträge können das gewesen sein?

Antwort: ______________________________________________

______________________________________________

b) Wie viel Geld könnte Carla nun noch auf dem Sparbuch haben?

Rechnung:

Antwort: ______________________________________________

______________________________________________

## Bist du fit fürs Gymnasium?

**5** Anna subtrahiert von 789 die Zahl 76 und vom Ergebnis wieder die 76 und so weiter, bis sie eine dreistellige Zahl mit 3 gleichen Ziffern erreicht hat.

etwa 5 min

a) Wie oft subtrahiert sie die Zahl 76?

b) Welche dreistellige Zahl erhält Anna?

**6** Martin hat die Ziffernkarten 5, 3, 6, 7, 4 und 8. Daraus bildet er die größte dreistellige Zahl. Die restlichen Ziffern stellt er dann zu einer weiteren dreistelligen Zahl zusammen. Zieht er diese Zahl von der ersten ab, so erhält er als Ergebnis eine Zahl mit drei gleichen Ziffern.

etwa 5 min

a) Wie heißen die Zahlen, die Martin mit den Ziffernkarten bildet?

b) Wie heißt die Zahl mit den drei gleichen Ziffern?

- Im dritten Schuljahr wirst du im Kopf oder halbschriftlich multiplizieren. Dabei multiplizierst du die einzelnen Stellenwerte und addierst die Zwischenergebnisse zum Gesamtergebnis, wie du es gelernt hast.
- Multiplikationsaufgaben erkennst du oft an der Aufforderung, ein Vielfaches von Werten oder Zahlen zu bilden.

**1** Für eine Geburtstagsfeier belegen Hannah und ihre Mutter für insgesamt 18 Leute je 3 Brötchenhälften mit Aufschnitt. Wie viele Brötchenhälften sind das insgesamt?

Rechnung:

Antwort: ______________________________

**2** Vor Ostern sortiert Herr Fink im Supermarkt 8 große Schachteln mit Pralinen ins Regal. In jeder Schachtel sind 16 Pralinen. Wie viele Pralinen sind das insgesamt?

Rechnung:

Antwort: ______________________________

**3** Eine Dosenverpackungsmaschine ist so eingestellt, dass sie in 15 Minuten 95 Pakete mit je 6 Konservendosen packen kann.

a) Wie viele Dosen sind das in 15 Minuten?

Rechnung:

Antwort: ______________________________

b) Wie viele Dosen schafft die Maschine in einer halben Stunde?

Rechnung:

Antwort: ______________________________

**4** Finde selbst die passenden Fragen, und rechne aus.

a) Maria kauft zum Frühstück 4 normale Brötchen und 2 Mohnbrötchen.

Frage: ______________________________

Rechnung:

Antwort: ______________________________

b) Herr Müller kauft 3 normale und 4 Körnerbrötchen.

Frage: ______________________________

Rechnung:

Antwort: ______________________________

## Bist du fit fürs Gymnasium?

**5** Auf dem Flohmarkt rechnet Miriam: „Das wären also 6 Comichefte zu je 1,30 € und 5 Spielfiguren zu je 85 ct. Zusammen macht das …" Finde eine Frage, und rechne aus.

etwa 4 min

**6** Timos Oma hat in einem Glas Kleingeld gesammelt. Timo möchte es zählen.
Er sortiert: 127 5-ct-Münzen und 89 2-ct-Münzen. Wie viel Euro sind das zusammen?

etwa 4 min

- Auch beim Dividieren gehst du in kleineren Schritten voran, indem du die Zahl, die du dividieren sollst, so zerlegst, dass du die einzelnen Teile leicht teilen kannst. Rechne schrittweise im Kopf oder halbschriftlich, wie du es gelernt hast.
- Achte auf Schlüsselwörter wie „aufteilen“, „verteilen“, „teilen“. Ein weiterer Hinweis auf die Rechenart ist die Aufforderung, von einer größeren Menge auf nur einen Teil der Menge zu kommen.

**1** Ein Kran hebt eine Palette mit Dachziegeln auf ein Dach. Die Ziegel wiegen insgesamt 384 kg. Dennis überlegt, wie viele Arbeiter nötig wären, um die Last in einem Durchgang nach oben zu bringen, wenn jeder 8 kg tragen würde.

Rechnung:

Antwort: ______________________________

______________________________

**2** Sabrina weiß, dass Muttis neues Buch für den Urlaub 1 001 Seiten hat. Wie viel Seiten muss sie wohl täglich lesen, wenn sie 7 Tage Urlaub hat?

Rechnung:

Antwort: ______________________________

Tipp: Verwende das Bild als Skizze, um dir die Aufgabe deutlicher zu machen.

**3** Das Theater hat 243 Sitzplätze, verteilt auf drei gleichgroße Blöcke. In jedem Block gibt es in jeder Reihe 9 Sitzplätze nebeneinander. Wie viele Sitzreihen hat jeder Block?

Rechnung:

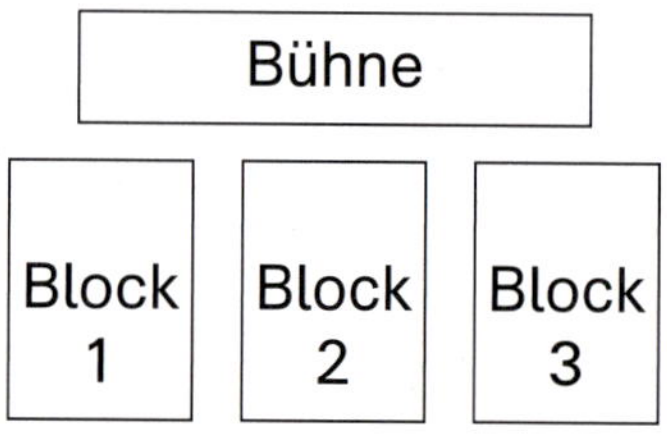


Antwort: ______________________________

**4** Finde die passenden Fragen, und rechne aus.

a) Bei einer Lotterie haben viele Leute die richtigen Zahlen getippt. Die Summe von 948 € wurde so aufgeteilt, dass jeder 6 € bekam.

Frage: ______________________________

Rechnung:

Antwort: ______________________________

b) Eine Woche später gab es bei der gleichen Gesamtsumme sogar nur 4 € für jeden Gewinner.

Frage: ______________________________

Rechnung:

Antwort: ______________________________

## Bist du fit fürs Gymnasium?

**5** Der Waldschule wurden von einer Firma 500 Ostereier spendiert. Die Lehrerin Frau Klein spendierte noch zusätzlich ein Ei. Für jedes Kind werden jeweils 3 Eier in ein Nest gelegt.

etwa 3 min

a) Wie viele Kinder sind an der Schule?

b) Warum spendierte Frau Klein noch ein Ei?

**6** Zu Ostern hat die Gärtnerei Meier in nur 1 Stunde für 8 gleiche Ostersträuße 176 € eingenommen. Wie viel kostet jeder Strauß?

etwa 3 min

# Sachaufgaben: Division mit Rest

– Wenn Divisionsaufgaben nicht aufgehen, bleibt ein Rest, den du aufschreiben musst. Ergebnisse mit Rest lassen sich wie folgt notieren:

120 : 7 = ?
70 : 7 = 10
49 : 7 = 7
1 kannst du nicht mehr durch 7 teilen. Die 1 bleibt als Rest.
Du schreibst: 120 : 7 = 17 Rest 1 oder 120 : 7 = 17 + 1 : 7

– Hinweise auf Reste könnten Zusätze wie „gerecht“, „gleichmäßig“ oder ähnliche sein.

**1** Katrin hat 1-ct-Stücke gesammelt. 100 Stück sind es nun. Sie will sie an ihre 3 Freundinnen als Glückscents verteilen. Finde zwei Fragen, und rechne aus.

Frage a): ______________________________

Frage b): ______________________________

Rechnung:

Antwort a): ______________________________

Antwort b): ______________________________

**2** In Sebastians Klasse gibt es 300 Steckwürfel. Sieben Kinder wollen in der Freiarbeit daraus Würfelkörper bilden. Jedes Kind soll gleich viele Steckwürfel erhalten. Finde die Frage, und berechne.

Frage: ______________________________

Rechnung:

Antwort: ______________________________

**3** Frau Schiller kauft für die Geburtstagsfeier ihrer Tochter Melanie 500 g Schokolade. Das sind 5 Tafeln zu je 100 g. Sie will sie an die 9 kleinen Gäste gleichmäßig verteilen. Wie viel Gramm Schokolade bekommt dann jedes Kind?

Rechnung:

Antwort: ____________________

**4** Eine Tafel Schokolade zu 100 g besteht aus 25 Stückchen.

a) Wie viel wiegt ein Stückchen?

Rechnung:

Antwort: ____________________

b) Wie viele Stückchen bekommt jedes von 6 Kindern?

Rechnung:

Antwort: ____________________

## Bist du fit fürs Gymnasium?

**5** Ein Handwerker verlegt Fliesen. Das Stück, das er fliesen muss, ist 6 m lang und 3 m breit. Jede Fliese ist 30 cm lang und 30 cm breit. Im Karton sind je 6 Fliesen. Wie viele Kartons mit Fliesen werden benötigt?

etwa 5 min

**6** Bauer Heinrich hat in seinem Milchtank 196 l Milch. Die will er in Kannen zu 20 l, 10 l und 5 l abfüllen. Wie viele Kannen von jeder Sorte kann er füllen, wenn er zuerst die 20-l-Kannen füllt, dann die 10-l-Kannen und dann die 5-l-Kannen?

etwa 5 min

# Komplexe Sachaufgaben

Bei Sachaufgaben, die umfangreiche Angaben enthalten, musst du sehr genau lesen und nach Textstellen forschen, die dir etwas über die anzuwendenden Rechenarten verraten. Hier geht es dann nicht nur um Addition, Subtraktion, Multiplikation oder Division, sondern um eine Verbindung mehrerer Rechenarten.

Tipp: Ein kleiner Plan für komplexe Sachaufgaben kann dir die Übersicht erleichtern. Unterstreiche zunächst alle Schlüsselwörter, die auf die zu verwendenden Rechenarten hindeuten, und fülle den Plan dann so aus:

| Aufgabe | Hinweise für | | | |
|---|---|---|---|---|
| Nr. | + | – | · | : |
| 1 | nein | nein | ja | ja |
| 2 | | | | |
| 3 | | | | |

**1** Marion bekommt von ihren 4 Tanten jeweils 3 € geschenkt. Anschließend kauft sie von dem Geld für sich und ihre 2 Freundinnen Eintrittskarten für den kleinen Zirkus auf der Dorfwiese. Das Geld reicht genau. Was kostet 1 Eintrittskarte?

Rechnung:

Antwort: ______________________________

**2** Anton gibt auf der Kirmes für das Riesenrad 2,50 € aus, für den Autoscooter 1,50 € und für das Kettenkarussel 1,20 €. Insgesamt will er das an allen 3 Tagen machen, an denen die Kirmes ist. Wie viel Euro muss er dafür ausgeben?

Rechnung:

Antwort: ______________________________

**3** Die Klasse 3b wandert vom Schullandheim zum Forsthaus. Nach 4 km und 200 m stellt die Lehrerin fest, dass sie vor 900 m schon auf einen anderen Weg hätten abbiegen müssen. Von dort wären es noch 1 km und 700 m bis zum Forsthaus gewesen. Wie weit ist es vom Schullandheim bis zum Forsthaus?

Rechnung:

Tipp: Rechne alle Wegstrecken in Meter um!

Antwort: ______________________________

**4** In einer Viertelstunde zählt Florian 58 Autos, die an seinem Fenster vorbeigefahren sind. Er rechnet aus, wie viele Autos es wohl in 1 Stunde wären, wenn es viertelstündlich immer gleich viele wären.

Frage: ______________________________

Rechnung:

Antwort: ______________________________

## Bist du fit fürs Gymnasium?

**5** Welche Zahl erhalte ich, wenn ich 712 durch 8 teile, zum Ergebnis 1 addiere und das neue Ergebnis durch 2 dividiere?

etwa 3 min

**6** Das Kindertheaterstück dauert 2 Stunden und 10 Minuten. Ines' Bus hat leider Verspätung, und so kommt sie erst um 15.35 Uhr am Theater an. Da ist aber die Hälfte des Stückes schon vorbei. Um wie viel Uhr hat das Theater angefangen?

etwa 4 min

**7** Carstens Kilometerzähler am Fahrrad zeigt 879 km. Heute hat er drei Strecken zu 5 km, 18 km und 11 km zurückgelegt. Gestern fuhr er genau die Hälfte von heute. Wie viel km zeigte der Kilometerzähler vor der gestrigen Fahrt?

etwa 4 min

- Zählergebnisse können auf unterschiedliche Weise dargestellt werden. Du kannst sie in Tabellen festhalten oder sie in Diagrammen oder Schaubildern aufzeichnen. Dadurch lassen sie sich leichter erfassen und vergleichen.
- Manche Aufgaben kannst du nicht rechnen. Bei diesen Aufgaben sollst du feststellen, ob diese sicher, wahrscheinlich oder unmöglich sind.

**1** In der großen Pause sieht Anna beim Hausmeister folgende Tabelle hängen:

**Schulmilch 4. Schuljahr**

| **4a** | | **4b** | | **4c** | |
|---|---|---|---|---|---|
| Kakao | Milch | Kakao | Milch | Kakao | Milch |
| 𝍸 \|\|\| | \|\| | 𝍸 𝍸 | | 𝍸 \|\|\|\| | 𝍸 \| |

a) Wie viele Flaschen Milch muss der Hausmeister insgesamt für alle Klassen des 4. Schuljahres bestellen?

Antwort: ______________________________

b) Welche Klasse erhält insgesamt die meisten Flaschen?

Antwort: ______________________________

c) Kann Anna an der Tabelle erkennen, wie viele Kinder in jeder Klasse sind? Begründe deine Antwort.

Antwort: ______________________________

______________________________

______________________________

**2** Die Klasse 3a veranstaltet während einer Projektwoche zum Thema Tierschutz eine Sammelaktion in der Fußgängerzone. Wie viel Euro haben Sie jeden Tag eingenommen?

1 Kästchen = 20 €

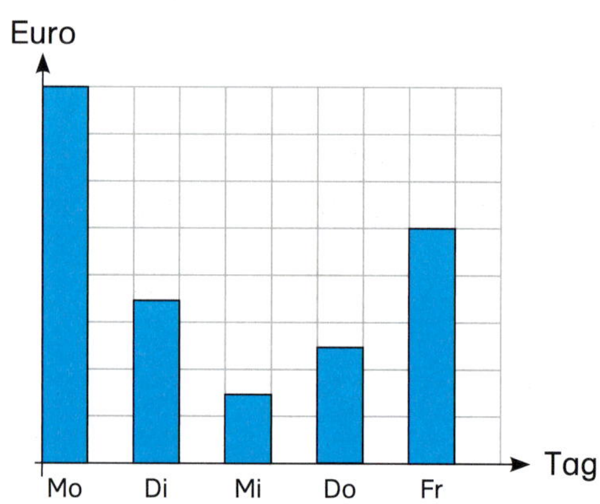


Montag: ____________ Dienstag: ____________ Mittwoch: ____________

Donnerstag: ____________ Freitag: ____________

**3** Ina, Luis und Anna hängen ihre Jacken nebeneinander auf Kleiderhaken.
Überlege, und kreuze die zutreffende Aussage an:

☐ Es ist nicht möglich, dass die Jacken von Luis und Ina nebeneinanderhängen.

☐ Es ist sicher, dass die Jacken von Ina und Anna nebeneinanderhängen.

☐ Es ist möglich, dass die Jacken von Anna und Luis nebeneinanderhängen.

Tipp: Eine Zeichnung hilft dir diese Aufgaben zu lösen.

**4** In einem Säckchen sind 2 grüne und 2 rote Murmeln. Du darfst dreimal jeweils eine herausnehmen. Kreuze an.

| | unmöglich | wahrscheinlich | sicher |
|---|---|---|---|
| Beim ersten Zug ziehe ich eine grüne Murmel. | ☐ | ☐ | ☐ |
| Beim zweiten Zug ziehe ich eine rote Murmel. | ☐ | ☐ | ☐ |
| Beim dritten Zug ist eine der drei gezogenen Murmeln rot. | ☐ | ☐ | ☐ |

## Bist du fit fürs Gymnasium?

**5** Bewerte die folgenden Aussagen, und kreuze an.

etwa 3 min

| | wahr | falsch |
|---|---|---|
| a) Die nächst höhere Cent-Münze nach 10 ct ist die 50 ct-Münze. | ☐ | ☐ |
| b) Wenn der Tag heute ein sonniger war, ist der Tag morgen vielleicht auch sonnig. | ☐ | ☐ |
| c) Wenn der letzte Tag im Januar ein Dienstag ist, ist es nicht sicher, dass der erste Tag im Februar ein Mittwoch ist. | ☐ | ☐ |

**6** Das Säulendiagramm zeigt dir, wie viele Brötchen von jeder Sorte innerhalb einer viertel Stunde verkauft wurden. Ein Kästchen steht für 2 Brötchen.

etwa 5 min

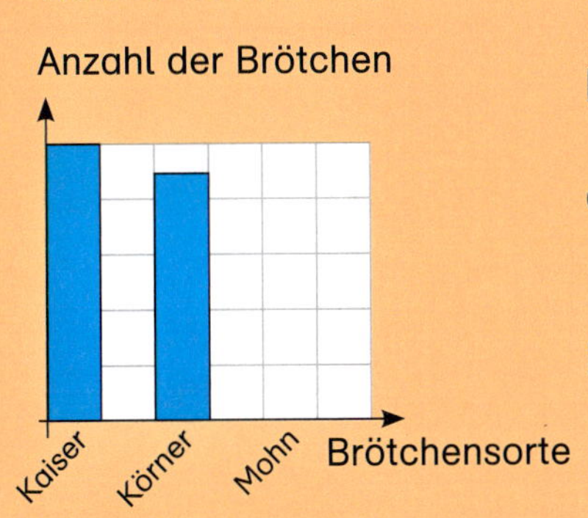


Kreuze an:

| | richtig | falsch |
|---|---|---|
| a) Es wurden zwei Körnerbrötchen weniger verkauft als Kaiser! | ☐ | ☐ |
| b) Wenn halb so viele Mohnbrötchen wie normale verkauft wurden, wurden insgesamt 24 Brötchen verkauft. | ☐ | ☐ |

c) Zeichne die Säule für die verkauften Mohnbrötchen ein!

| Name: | Klasse: | Datum: |
|---|---|---|

**1**

Die folgende Aufgabe ist nicht lösbar, weil eine wichtige Angabe fehlt:
Die Klasse 3a bekam 2 volle Kästen Wasser. Nach 2 Tagen gab es noch 18 volle Flaschen. Wie viele Flaschen Wasser wurden in der 3a getrunken?

Um die Aufgabe lösen zu können, muss ich wissen, wie viele ____________________

______________________________________________

**1 P.**

**2**

Tina hat 12 Cent mehr als Maya. Maya hat 7 Cent weniger als Robert. Robert hat 25 Cent und Pierre hat doppelt so viel wie Robert.

a) Ergänze die Frage: Wie viel Cent haben ______________________________ ?

b) Rechne im Heft aus, und formuliere eine Antwort.

**5 P.**

**3**

Die 3a macht einen Wandertag. Die erste Gruppe braucht noch 850 m bis zum Ziel. Die 2. Gruppe ist 1 km und 300 m hinter der ersten und 400 m vor der letzten Gruppe. Die letzte Gruppe ist erst 2 km und 400 m weit gekommen.

Verbessere die Antworten in deinem Heft:

a) Der Wanderweg ist 3 km und 700 m lang.

b) Gruppe 3 braucht noch 400 m bis sie 3 km geschafft hat.

c) Gruppe 2 hat bis jetzt 3 km geschafft.

**3 P.**

**4**

Karin hat auf ihrem Sparkonto 83 €. Sie geht mit ihrer Mutter zur Bank, um das Geldgeschenk von Tante Frieda von 125 € auf ihr Konto einzuzahlen. Wie viel Euro sind es nun insgesamt?

a) Unterstreiche die Stellen im Text, die verraten, welche Rechenart du wählen sollst.

b) Rechne dann in deinem Heft, und formuliere eine Antwort.

**3 P.**

**5**

Nina hat einen Papierstreifen von 8 cm Länge. Sie schneidet ihn genau in der Mitte durch, nimmt eines der beiden übrigen Stücke und schneidet es wieder genau in der Mitte durch, usw. Das letzte Stück ist 1 cm lang. Wie viele Schnitte waren nötig? Zeichne in deinem Heft eine Skizze. Schreibe dann einen Antwortsatz.

**2 P.**

**6**

Herr Krause fertigt eine Preistabelle für seine Regalbretter an. Vervollständige sie.
Wie viel Euro kosten wohl 240 cm? Formuliere eine Antwort in deinem Heft.

| **Regalbrett (cm)** | 30 | 60 | 90 | | 240 |
|---|---|---|---|---|---|
| **Preis (€)** | | | 6,30 | 14,70 | |

**5 P.**

**7**

Beim Theaterstück auf der Weihnachtsfeier wurden 248 € und 56 ct eingenommen.
Ein Viertel davon soll für neue Bühnenbilder ausgegeben werden.
Finde eine passende Frage, rechne aus, und schreibe einen Antwortsatz.

**5 P.**

**8**

Siggi will es wissen. Er bittet seine Mutter, Zeiten zu stoppen.
Hier die Ergebnisse: Zähneputzen: 2 min 45 s; Anziehen: 3 min 28 s;
Frühstück: 6 min 37 s; Schulweg: 9 min 10 s. Die Schule beginnt um 8.10 Uhr.
Wann muss Siggi aufstehen? Rechne im Heft.

**3 P.**

**9**

Frau Schneider spendet 15 € für die Klassenkasse. Dieses Geld will die Klasse für Eis ausgeben. Jedes Kind soll ein Bällchen zu je 60 ct bekommen. Wie viele Kinder sind in der Klasse? Löse die Aufgabe mit einer Tabelle in deinem Heft.

**4 P.**

**10**

Auf einer Baustelle werden große Steinblöcke transportiert. Am Morgen hebt der Kranfahrer einen 250 kg schweren Block, danach einen 300 kg schweren Block. Am Nachmittag hebt er noch je einen Steinblock mit 50 kg, 125 kg und 200 kg. Am Abend muss der Kranfahrer die Steinblöcke in ein Säulendiagramm übertragen. Hilf ihm dabei. Vergiss nicht, das Diagramm richtig zu bezeichnen.

1 Kästchen = 50 kg

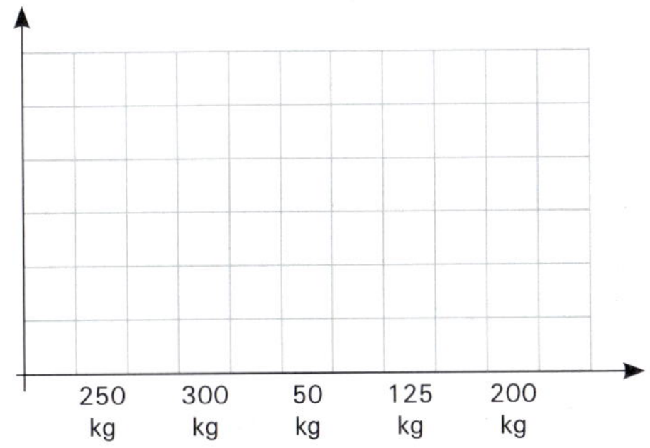


**5 P.**

In diesem Test habe ich ☐ Punkte von insgesamt 36 Punkten erreicht.

Das entspricht der Note ☐. (Schau in den Lösungen auf Seite 62 nach.)

Teste dich online!

# Symmetrieachsen

Ein Gegenstand (Figur, Körper) ist dann symmetrisch, wenn seine eine Hälfte das genaue Spiegelbild der anderen bildet. Die Linie, mit der der Gegenstand in der Mitte geteilt wird, heißt Spiegelachse. Die Spiegelachse wird auch Symmetrieachse genannt.

Dieses Rechteck hat zum Beispiel zwei Symmetrieachsen. Auf jeder Seite, ob rechts oder links der Symmetrieachse, befindet sich das Gleiche.

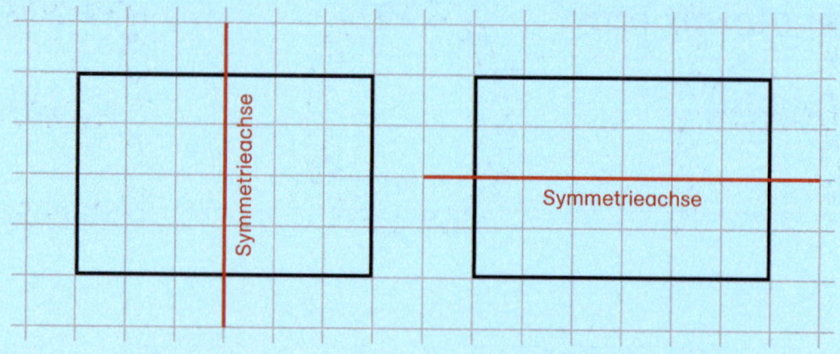


Tipp: Nimm einen flachen Taschenspiegel, und halte ihn an die Symmetrieachsen im Regelkasten. Jetzt siehst du die vollständigen Rechtecke.

**1** Nimm ein DIN A4-Blatt. Falte es genau in der Mitte, egal ob längs oder quer. Wenn du es wieder auffaltest, hast du durch den Knick die Symmetrieachse gefunden.

**2** Zeichne mit Lineal und rotem Stift in die folgenden Figuren je eine Symmetrieachse ein.

a)

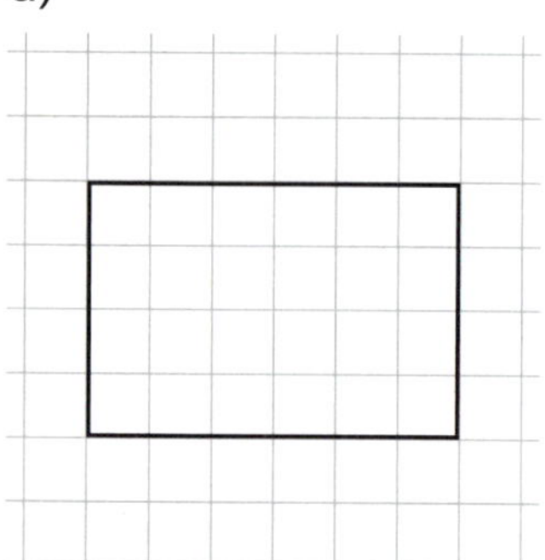

b)

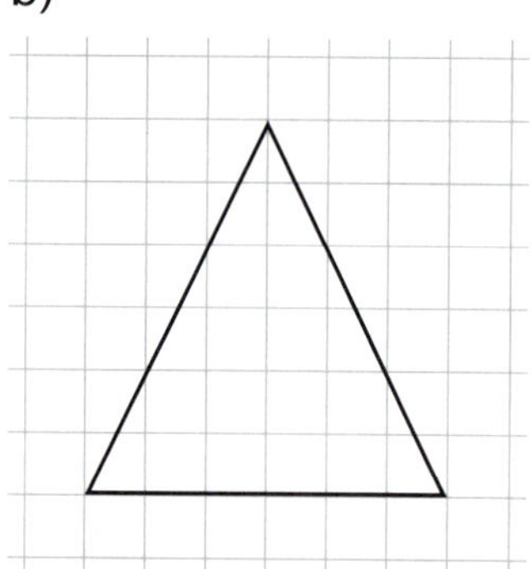

c)

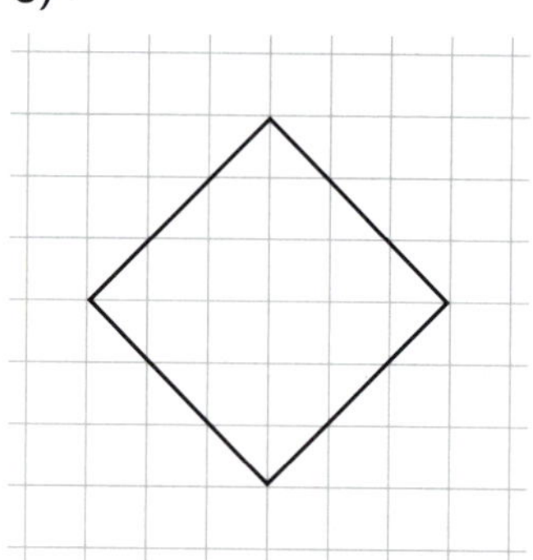

**3** Es gibt auch Symmetrie bei Menschen und Tieren. Zeichne in die folgenden Darstellungen die Symmetrieachse ein.

**4** Auch Buchstaben können symmetrisch sein. Finde je Buchstabe eine Symmetrieachse, und zeichne sie rot ein.

# H O E B

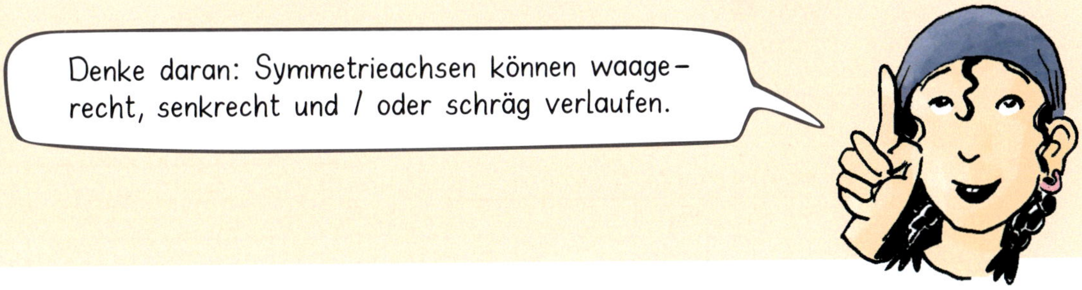


**5** Nun etwas schwieriger. Zeichne in jede Figur 2 Symmetrieachsen ein.

a)

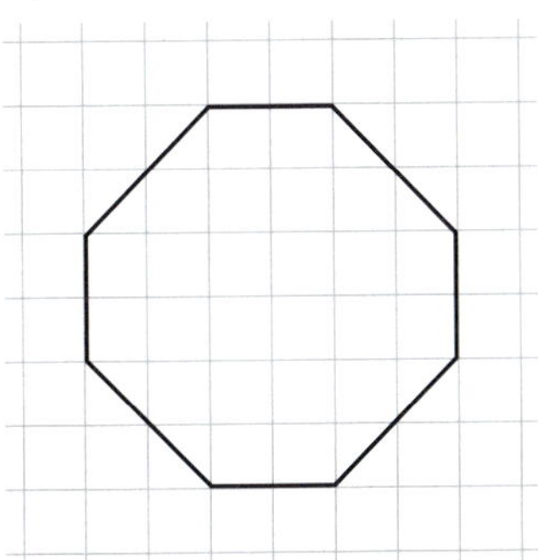

b)

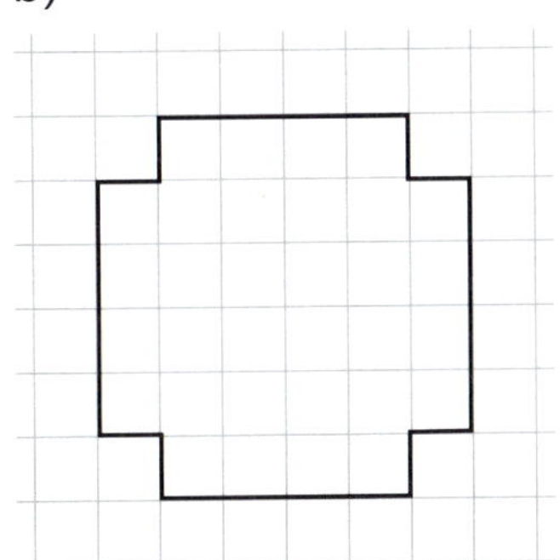

c)

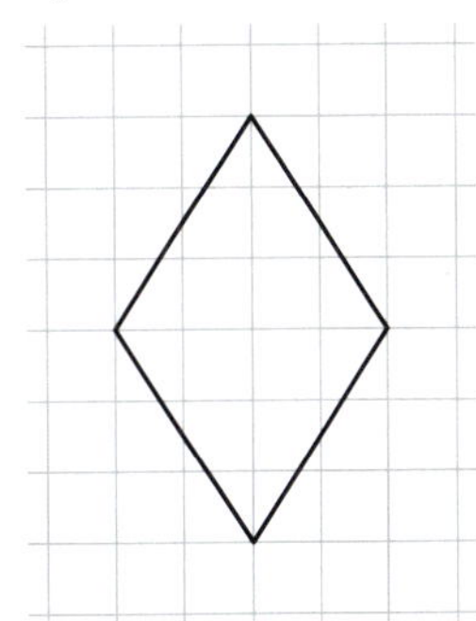

**Bist du fit fürs Gymnasium?**

**6** Auch Wörter können symmetrisch sein. Finde die symmetrischen Wörter, und zeichne ihre Symmetrieachsen ein.

etwa 6 min

# OTTO LAGERREGAL BODO ANNA

**7** Zeichne in jede abgebildete Figur 3 Symmetrieachsen ein.

etwa 5 min

a)

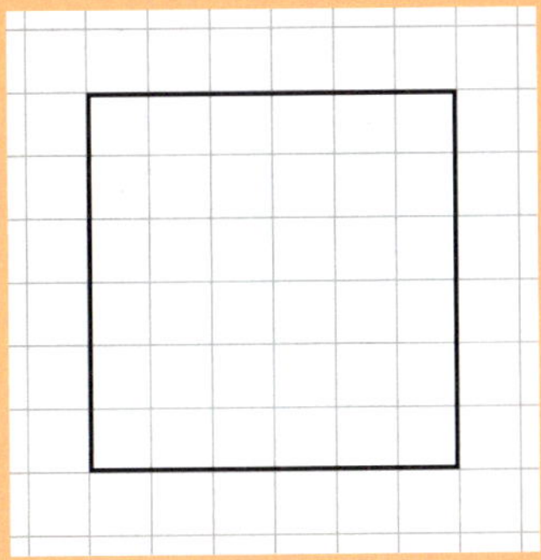

b)

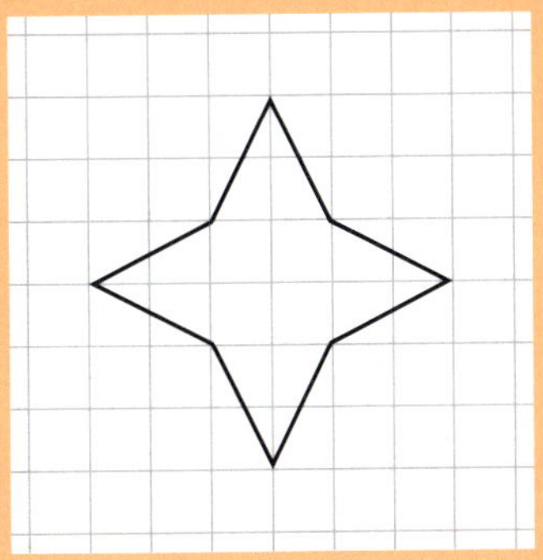

c)

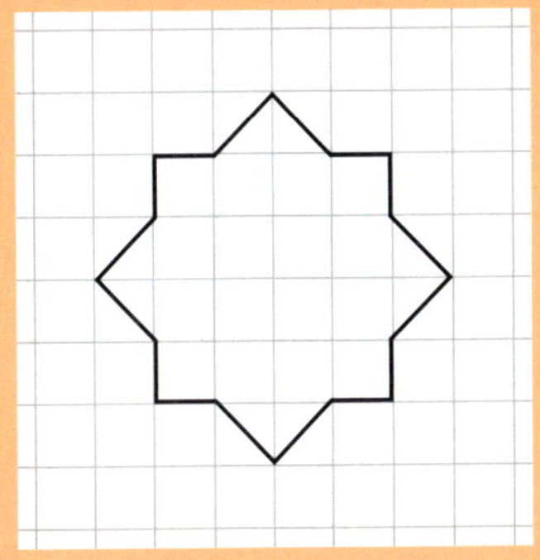

# Spiegelfiguren zeichnen

Figuren, die symmetrisch sind, heißen auch Spiegelfiguren. Auf beiden Seiten der Symmetrieachse ist dasselbe Bild zu sehen.
Beim Zeichnen hilft es dir, wenn du dich an den Rechenkästchen orientierst oder die Längen mit dem Lineal abmisst.

**1** Vervollständige die Figuren so, dass sie symmetrisch sind.

a)

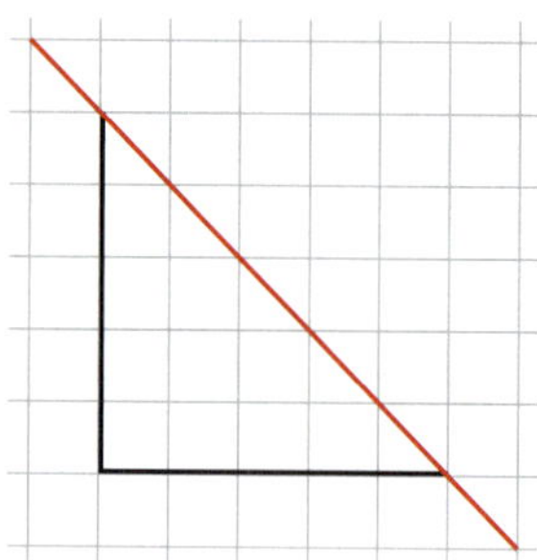

b)

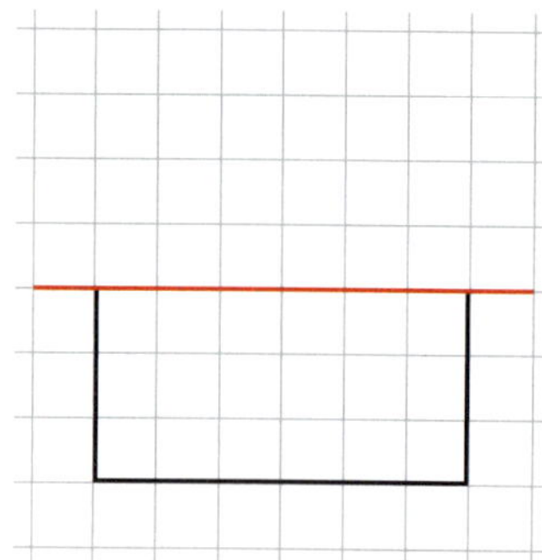

c)

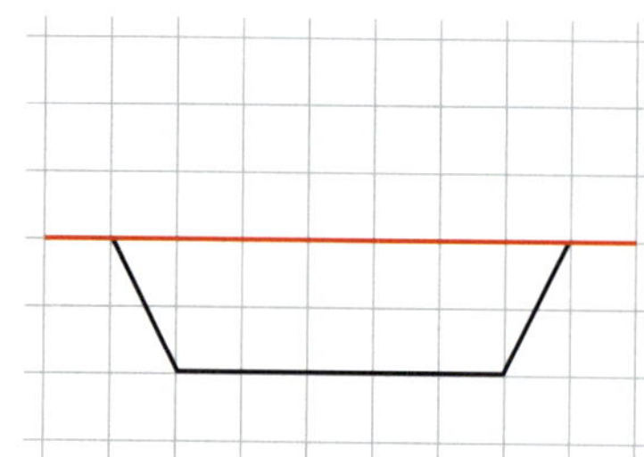

**2** Zeichne das Spiegelbild. Achte dabei auf den Abstand zur Symmetrieachse.

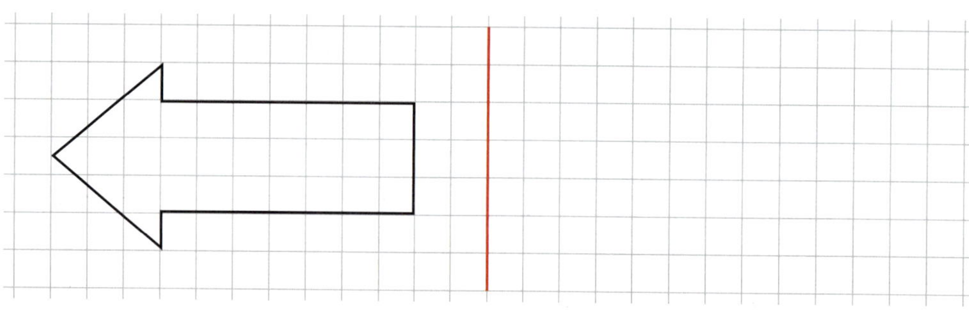

Tipp: Übertrage durch Zählen zunächst die Eckpunkte, dann ist es einfacher.

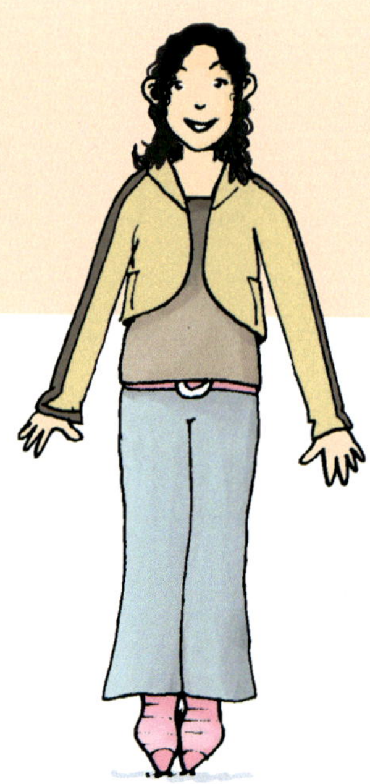

**3** Zeichne das Spiegelbild. Achte auf die Schräge.

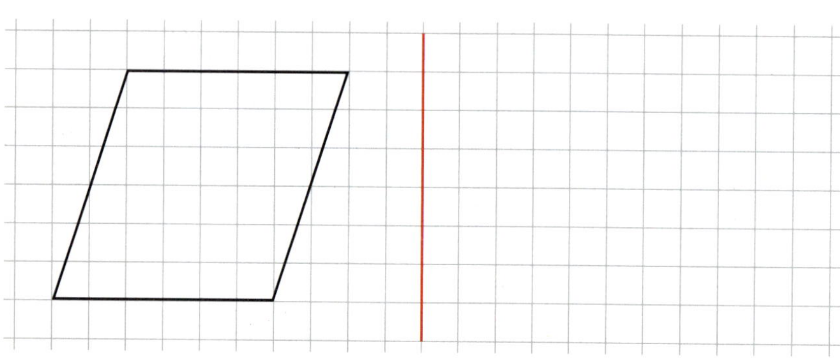

**4** Vervollständige das Spiegelbild. Erleichtere dir die Arbeit, indem du wichtige Punkte durch Zählen der Rechenkästchen auf die andere Seite überträgst.

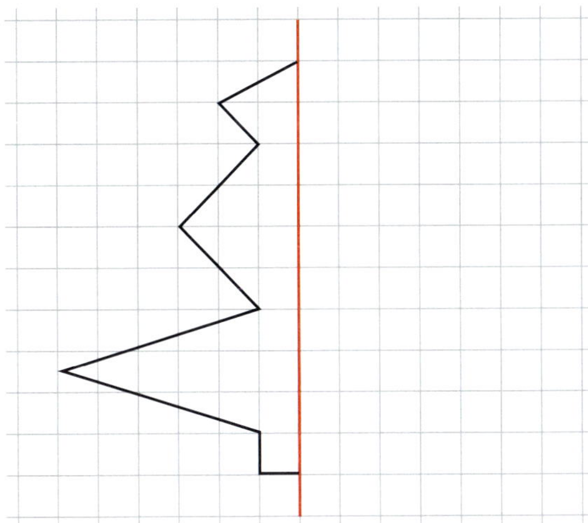

## Bist du fit fürs Gymnasium?

**5** Bei manchen Spiegelfiguren haben sich Fehler eingeschlichen. Findest du sie? Kreuze die falschen Spiegelfiguren an, und zeichne sie richtig in dein Heft.

etwa 12 min

a) ☐

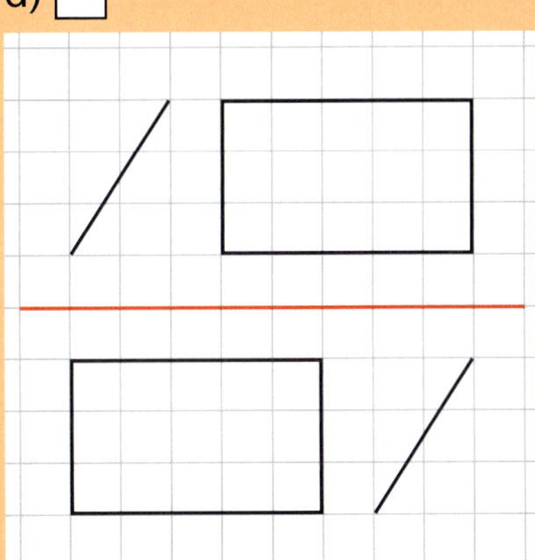

b) ☐

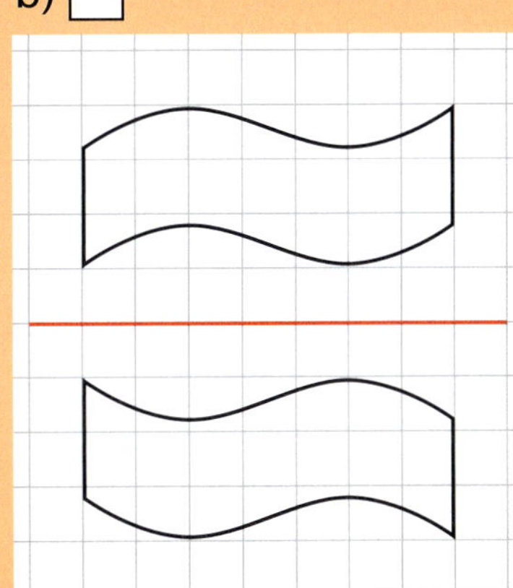

c) ☐

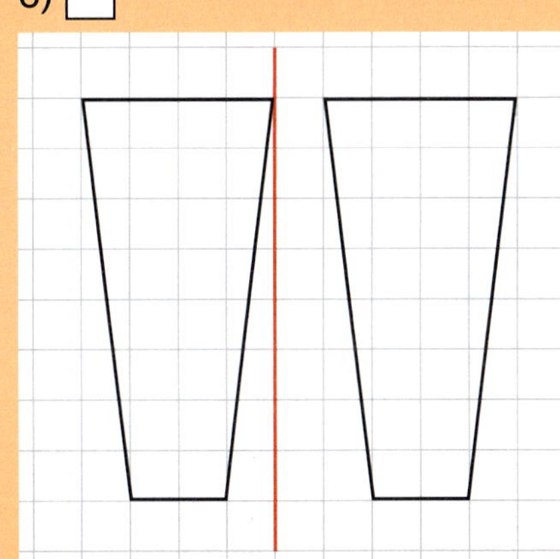

d) ☐

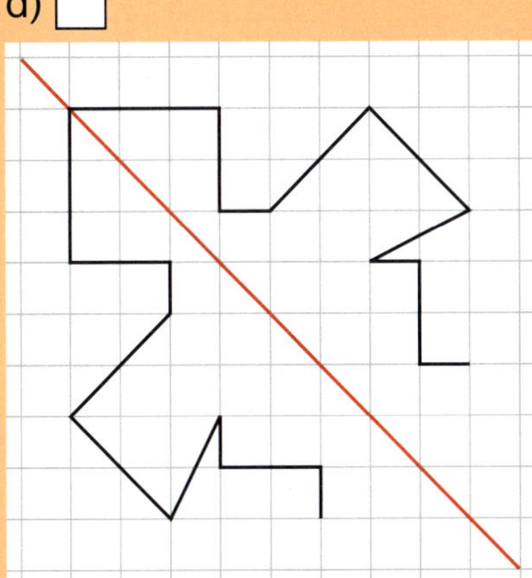

e) ☐

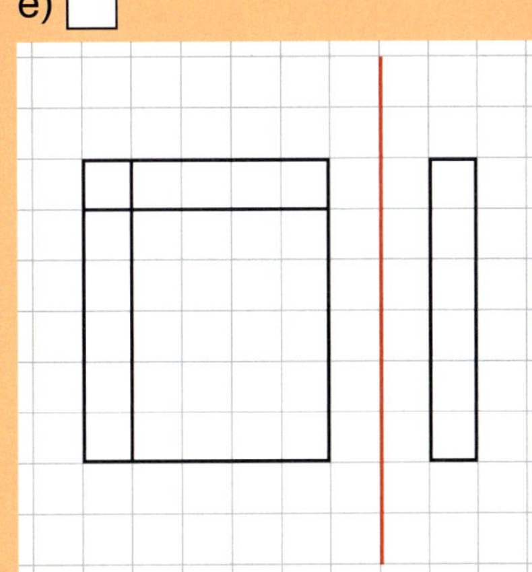

f) ☐

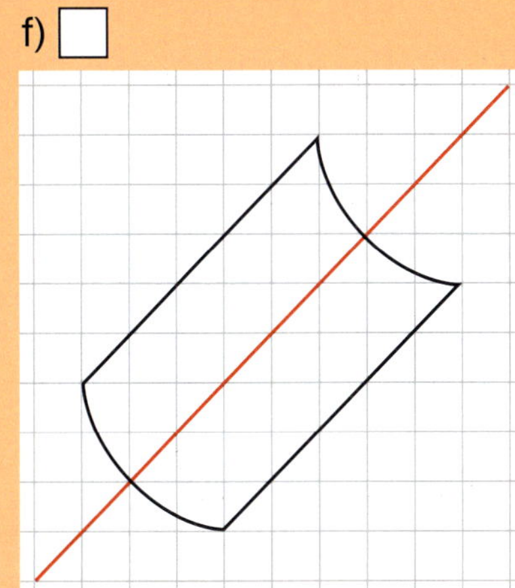

# Parkette

Um Flächen zu bilden, kannst du gleiche Figuren verwenden, die du aneinanderlegst. Das regelmäßige Auslegen von Flächen mit bestimmten Formen nennt man auch Parkettieren. Dies brauchst du zum Beispiel, um zu berechnen, wie viele Fliesen man benötigt, um einen Fußboden auszulegen.

**1** Überlege, welche Formen du mit den 4 Quadraten noch legen könntest. Zeichne 4 weitere Figuren mit Lineal in das große Rechenfeld.

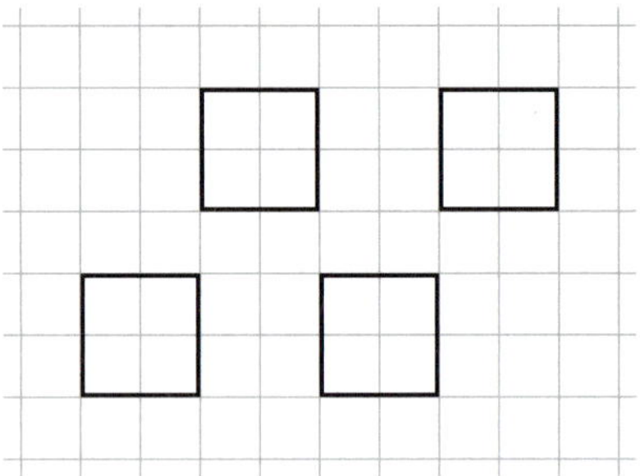

Beispiel:

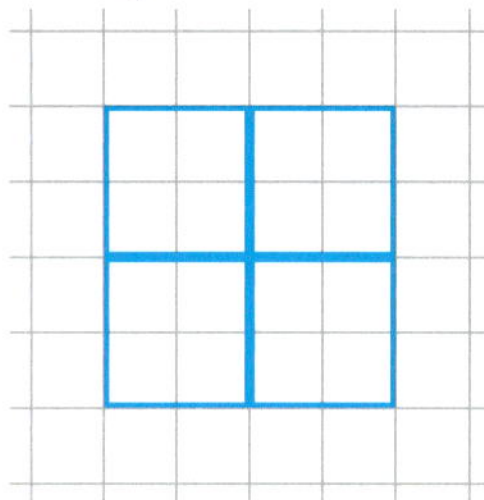

**2** Hier siehst du einen Fußboden, der mit Platten ausgelegt werden soll. Zeichne mit Lineal und Stift die fehlenden Platten ein. Berechne, wie viele Platten du brauchst.

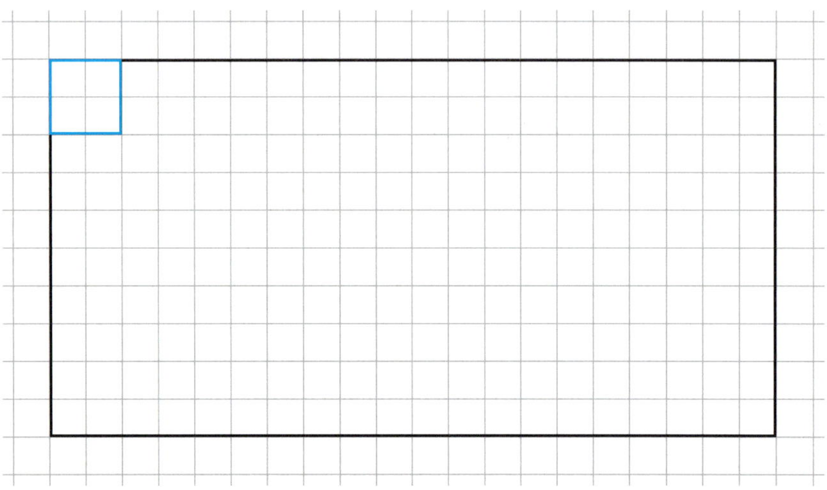

Antwort: Ich brauche insgesamt _____ Platten.

**3** Ein Fliesenleger verlegt im Bad Fliesen. Wie viele ganze Fliesen muss der Fliesenleger verlegen? Zeichne zuerst alle Fliesen mit deinem Lineal ein, und berechne dann. Die Größe einer Fliese entspricht 3 mal 3 Rechenkästchen.

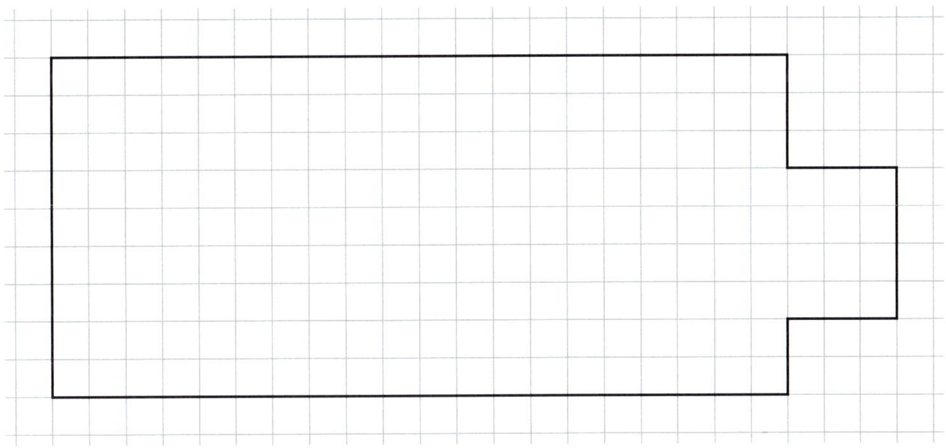

Antwort: Der Fliesenleger muss _____ ganze Fliesen verlegen.

**4** Fülle die Fläche mit den vorgegebenen Dreiecken, und male sie farbig aus. Wie viele ganze Dreiecke kannst du verwenden?

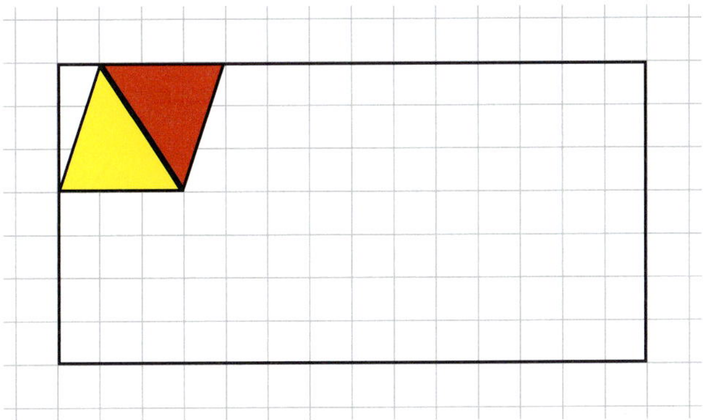

Antwort: Ich kann die Fläche mit _____ Dreiecken füllen.

## Bist du fit fürs Gymnasium?

**5** Lege die Fläche mit den vorgegebenen Formen aus. Wie viele ganze Formen brauchst du?

etwa 10 min

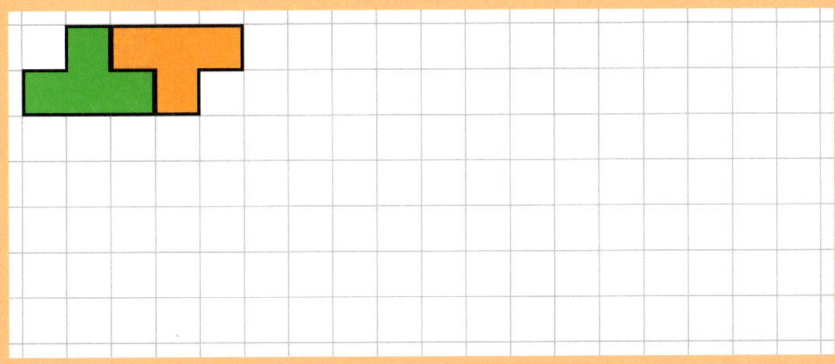

Ich brauche _____ grüne Platten und _____ orangefarbene Platten.

# Würfelbaupläne

Für Figuren oder Gebilde aus Würfeln gibt es Baupläne, die ihren genauen Aufbau beschreiben. Ein Bauplan besteht aus einem Feld mit quadratischen Kästchen. Stelle dir vor, dein Würfelgebilde steht auf dem Bauplan und du siehst es von oben. Jedes Feld, auf dem dann ein Würfel liegt, markierst du mit einer Zahl: Liegen auf dem Feld mehrere Würfel übereinander, so schreibst du die entsprechende Würfelanzahl in das Feld. In Felder, auf denen kein Würfel liegt, schreibst du eine Null.

Beispiel 1:

| | | |
|---|---|---|
| 0 | 0 | 1 |
| 2 | 1 | 0 |
| 1 | 0 | 0 |

Die Würfel der untersten Schicht sind hier in Orange dargestellt. Jedes Feld, auf dem nur ein Würfel liegt, markierst du mit einer 1. Der grüne Würfel bildet die zweite Schicht: Du musst dir vorstellen, dass dieser sichtbare grüne Würfel ja nicht in der Luft hängen kann, sondern auf einem weiteren Würfel steht. Auf diesem Feld müssen also zwei Würfel liegen – unten ein orangefarbener, darauf der grüne. Darum steht in diesem Feld des Bauplans eine 2. Die anderen Felder sind leer, deshalb steht hier eine 0.

Beispiel 2:

| | | | |
|---|---|---|---|
| 3 | 2 | 1 | 1 |
| 2 | 1 | 1 | 0 |
| 1 | 0 | 0 | 0 |
| 1 | 0 | 0 | 0 |

Die orangefarbenen Würfel sind nur je einmal vorhanden. Sie bilden die erste Schicht des Würfelgebäudes.
Die grünen müssen wieder einen Würfel unter sich haben, auf dem sie stehen, daher die Zahl 2 im Bauplan.
Der braune Würfel muss noch zwei weitere unter sich haben, einen grünen und einen orangefarbenen, sonst würde er nicht über die anderen herausragen, deshalb steht hier im Bauplan die Zahl 3.

Tipps:
- Je mehr Reihen und je mehr Schichten übereinanderliegen, desto schwieriger wird es. Du brauchst ein gutes räumliches Vorstellungsvermögen, um zu erkennen, wie viele Würfel verdeckt sind.
- Am besten verwendest du für jede Lage der Würfel eine eigene Farbe.

**1** Vervollständige den Bauplan für dieses Würfelgebilde.

| | | |
|---|---|---|
| | | 1 |
| | | |

**2** Tom baut ein Würfelgebilde nach einem Bauplan. Er ist schon fast fertig, es fehlt nur noch die Spitze. Welche Steine muss Tom noch hinzufügen? Kreuze an.

| | | |
|---|---|---|
| 5 | 2 | 1 |
| 2 | 1 | 0 |
| 1 | 0 | 0 |

a) ☐ 

b) ☐ 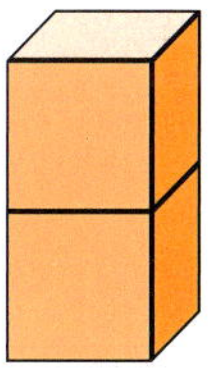

**3** Welcher Bauplan gehört zu welchem Würfelgebilde? Verbinde mit Pfeilen.

a)

| | | | |
|---|---|---|---|
| 3 | 4 | 2 | 1 |
| 2 | 1 | 1 | 0 |
| 1 | 1 | 1 | 0 |
| 1 | 0 | 0 | 0 |

1

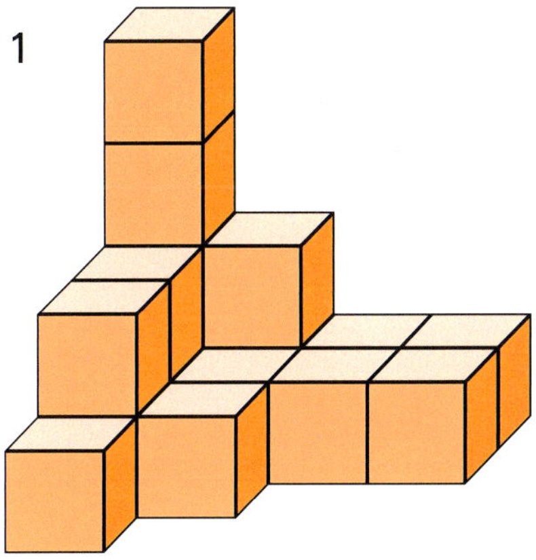

b)

| | | | |
|---|---|---|---|
| 3 | 2 | 4 | 1 |
| 2 | 1 | 1 | 0 |
| 1 | 0 | 0 | 0 |
| 1 | 0 | 0 | 0 |

2

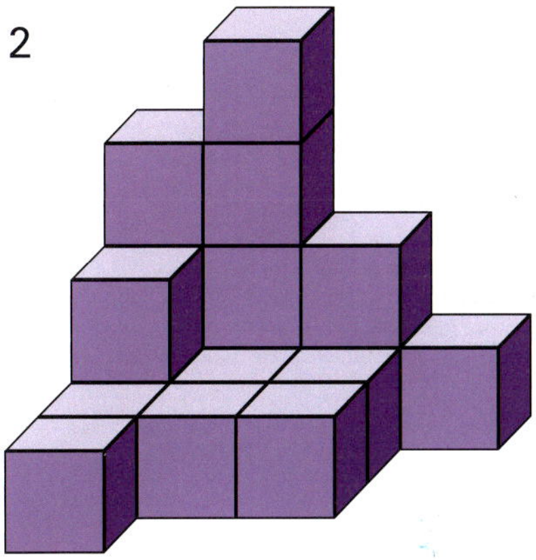

c)

| | | | |
|---|---|---|---|
| 4 | 2 | 1 | 1 |
| 2 | 1 | 1 | 1 |
| 2 | 1 | 0 | 0 |
| 1 | 0 | 0 | 0 |

3

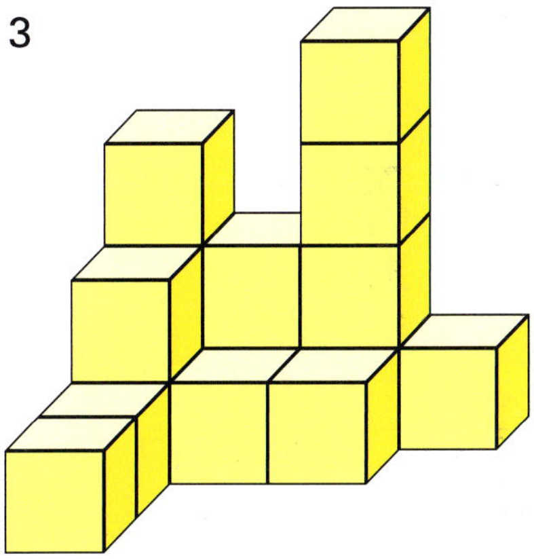

**4** Schreibe den Bauplan zu dem Würfelgebäude.

| | | | |
|---|---|---|---|
| | | | |
| | | | |
| | | | |

## Bist du fit fürs Gymnasium?

**5** Welcher Bauplan gehört zu welchem Würfelgebilde? Schreibe die richtigen Buchstaben in die Kästchen, und ergänze dann die Baupläne.

etwa 10 r

a)

| | | |
|---|---|---|
| 3 | 1 | 1 |
| 2 | 2 | 0 |
| | 0 | 0 |

b)

| | | |
|---|---|---|
| 0 | 0 | 3 |
| 2 | 1 | 1 |
| 1 | | 0 |

c)

| | | | |
|---|---|---|---|
| 1 | 3 | 1 | 2 |
| 1 | 0 | 1 | 0 |
| 1 | 0 | 1 | 0 |
| | 0 | 1 | 1 |

d)

| | | | |
|---|---|---|---|
| 3 | 1 | 2 | 1 |
| 1 | 1 | 0 | |
| 1 | 1 | 0 | 0 |
| 2 | 0 | 0 | 0 |

1 ☐

3 ☐

2 ☐

4 ☐

Wenn du die Menge der Würfel in einem Würfelgebilde angeben möchtest, ist es wichtig, dass du dir das Gebilde räumlich vorstellen kannst. Du musst dir also die Länge, Breite und Höhe vorstellen.

Beispiel:

Du siehst, dass in der ersten Lage 3 Würfel farbig markiert sind. Dahinter verbergen sich noch weitere 3 Würfel, sodass in der ersten Lage 6 Würfel sind.
In der zweiten Lage darüber sind 2 Würfel farbig markiert. Dahinter verbirgt sich noch 1 Würfel, sodass in der zweiten Lage 3 Würfel vorhanden sind.
In der obersten Lage ist 1 Würfel, sodass sich ergibt:
6 + 3 + 1 = 10. Das ganze Würfelgebäude besteht also aus 10 Würfeln.

**1** Aus wie vielen Würfeln bestehen diese Gebilde?

a)

_____ Würfel

b)

_____ Würfel

**2** Versuche, aus dem folgenden Würfelgebäude die Anzahl der Würfel zu bestimmen.

In der 1. Lage sind _____ Würfel.
In der 2. Lage sind _____ Würfel.
In der 3. Lage sind _____ Würfel.
In der 4. Lage ist _____ Würfel.

Antwort: Das Würfelgebäude besteht aus insgesamt _____ Würfeln.

# Würfelmengen

Tipp: Um die Menge der Würfel in einem Würfelgebilde zu bestimmen, kann es dir helfen, einen Bauplan zu erstellen und die Mengen dann zusammenzurechnen.

**3** Fülle den Bauplan aus.

**4** Sieh dir die Würfeltreppe genau an. Fülle den Bauplan aus. Zähle dann zusammen, aus wie vielen Würfeln die Treppe besteht.

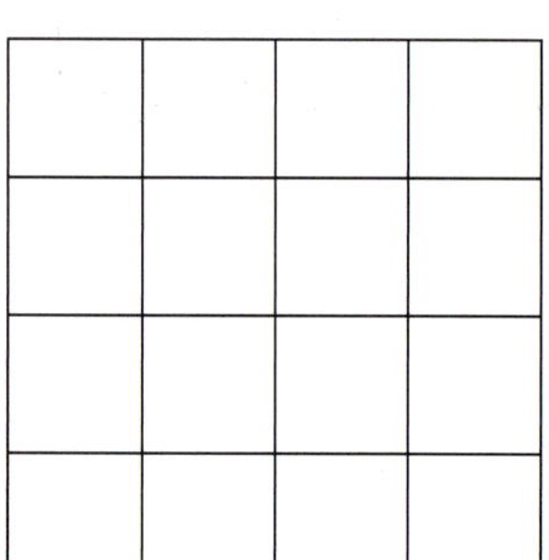

Antwort: Die Treppe besteht aus _____ Würfeln.

**5** Wie viele Würfel fehlen noch zu einem kompletten Würfelgebilde?
Schreibe in den Bauplan die Zahl der Würfel, und überlege. Mache dir Notizen.

| | | | |
|---|---|---|---|
| | | | |
| | | | |
| | | | |
| | | | |

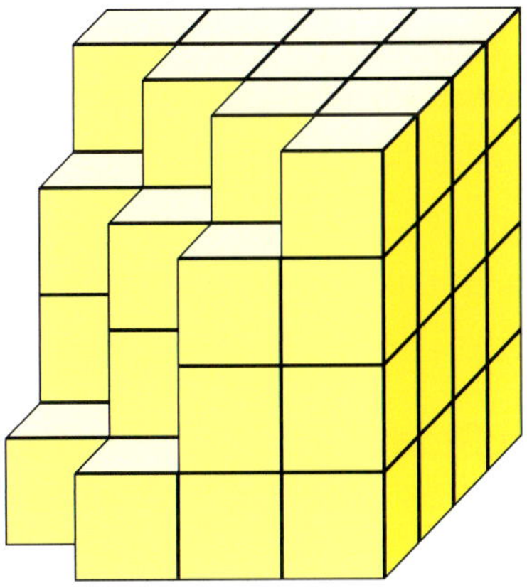

Antwort: Es fehlen _____ Würfel.

## Bist du fit fürs Gymnasium?

**6** Finde heraus, wie viele Würfel noch fehlen, um den großen Würfel zu vervollständigen.
Fülle dafür zunächst den Bauplan aus.

etwa 6 min

| | | | | |
|---|---|---|---|---|
| | | | | |
| | | | | |
| | | | | |
| | | | | |
| | | | | |

**7** Schau dir diesen Bauplan für ein Quadergebäude genau an, und überlege: Wie viele Würfel müsste man dem Gebäude hinzufügen, um einen vollen Quader zu erhalten?

etwa 6 min

| | | | | | |
|---|---|---|---|---|---|
| 6 | 6 | 6 | 6 | 3 | 1 |
| 6 | 5 | 5 | 4 | 3 | 1 |
| 6 | 5 | 4 | 3 | 2 | 0 |
| 5 | 4 | 3 | 2 | 1 | 1 |
| 3 | 3 | 2 | 2 | 1 | 1 |

Antwort: Man müsste _____ Würfel hinzufügen.

- Um dich in einer Umgebung zurechtfinden zu können, musst du Stadtpläne und Gebäudegrundrisse lesen können. Häufig sind solche Pläne mit einem Gitternetz versehen, das sie in mehrere Planquadrate aufteilt. Sie helfen dir dabei, einen Überblick über den Plan zu bekommen.
- Wenn du selbst einen Weg beschreiben willst, solltest du folgende Begriffe verwenden: *rechts oder links abbiegen, geradeaus, zurück* und *überqueren, Kreuzung, Einmündung, Weggabelung, erste Möglichkeit rechts oder links.*
- Manchmal ist es hilfreich, markante Punkte in die Wegbeschreibung mit aufzunehmen, zum Beispiel eine Kirche oder eine Schule.

**1** Sieh dir den Stadtplan an. Finde die gesuchten Gebäude und benenne das Planquadrat, in dem du es gefunden hast.

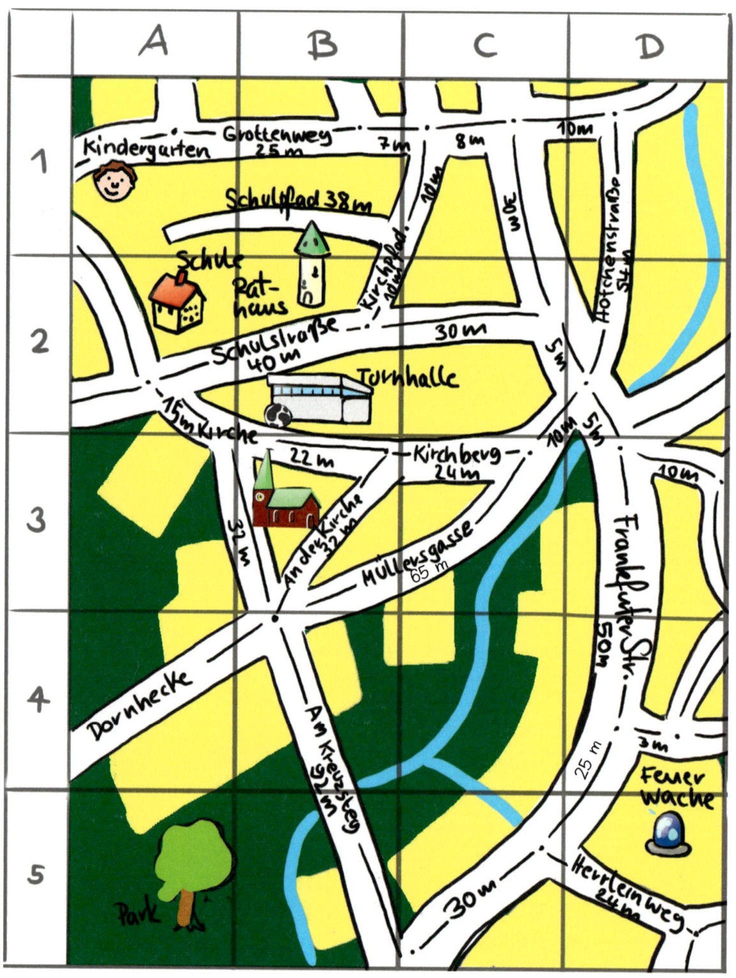

a) Die Kirche befindet sich im Quadrat B 3.

b) Die Schule befindet sich im Quadrat _____.

c) Die Turnhalle befindet sich im Quadrat _____.

d) Die Feuerwehr befindet sich im Quadrat _____.

e) Der Kindergarten befindet sich im Quadrat _____.

f) Der Schulpfad verläuft durch die Quadrate _____ und _____.

**2** Romy besucht nach der Schule ihre Oma. Es ist schönes Wetter, und sie läuft einen Umweg. Sie startet an der Kreuzung Schulstraße/Kirchberg, lässt die Schule zu ihrer Linken liegen, und läuft die Schulstraße entlang. Bei der ersten Möglichkeit biegt sie rechts ab. An der Kreuzung läuft sie nochmals nach rechts. Bei der Weggabelung biegt sie nach links ab, und läuft die Straße hinunter bis zur Kreuzung. Hier biegt sie links ab. Bei der nächsten Möglichkeit biegt sie nochmals links ab. An der nächsten Straßenecke rechts wohnt ihre Oma.

a) Wo wohnt Romys Oma? Gib zu der Straßenecke beide Straßennamen an.

Antwort: ______________________________

______________________________

b) Wie lang ist der Weg, den Romy bis zu ihrer Oma läuft? Rechne im Heft.

Antwort: Der Weg ist __________ m lang.

**3** Du fährst mit dem Rad von der Ecke Am Kreuzsteg/Frankfurter Straße zur Kreuzung Kirchpfad/Schulpfad. Beschreibe den kürzesten Weg. Nenne die Straßennamen, und orientiere dich an den wichtigsten Begriffen von Aufgabe 2. Schreibe in dein Heft.

**4** Berechne in deinem Heft den Weg, den du in Aufgabe 3 zurückgelegt hast. Gib das Ergebnis in Kommaschreibweise an.

Länge des Weges: __________

## Bist du fit fürs Gymnasium?

**7** Sieh dir den Stadplan auf der linken Seite an. Du gehst von der Schule (Ecke Schulstraße/Kirchberg) über den Kirchpfad, über die Höfchenstraße und die Müllersgasse zur Kirche (Ecke An der Kirche/Am Kreuzsteg).

etwa 7 min

a) Zeichne mit einem Filzstift den Weg in den Stadtplan ein.

b) Berechne den Weg in Metern.

c) Wandle die Strecke in km um.

d) Später gehst du den gleichen Weg wieder zurück. Welche Strecke (in km) hast du insgesamt zurückgelegt?

e) Von der Schule bis zur Kirche gibt es einen viel kürzeren Weg. Um wie viel Meter ist er kürzer?

– Jeder Gegenstand (Körper) hat verschiedene Ansichtsseiten, je nachdem aus welcher Blickrichtung man ihn sieht: von oben, unten, links, rechts, vorne oder hinten. Die verschiedenen Blickrichtungen nennt man auch Perspektiven.

– Wenn du ein Gebäude beschreibst, gibst du die Perspektive häufig in den Himmelsrichtungen Norden, Süden, Osten und Westen an. Dabei ist es hilfreich, wenn du dir eine Windrose zeichnest. So kannst du die Himmelsrichtungen leichter bestimmen.

**1** Hier siehst du verschiedene geometrische Körper. Unten sind die Körper von oben abgebildet. Welche Ansicht gehört zu welchem Köper? Verbinde mit Pfeilen.

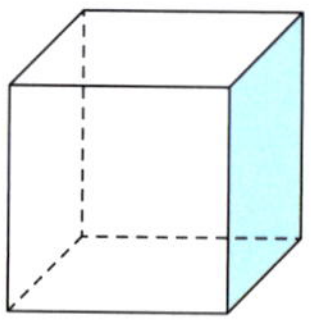
A

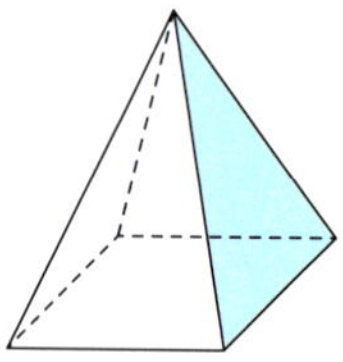
B

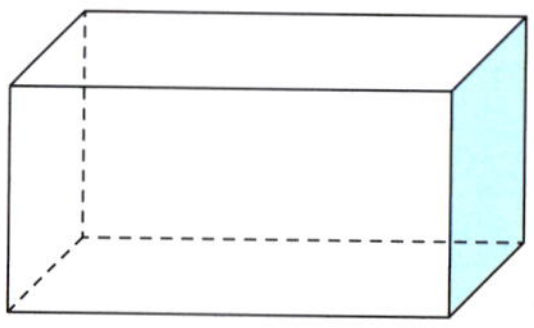
C

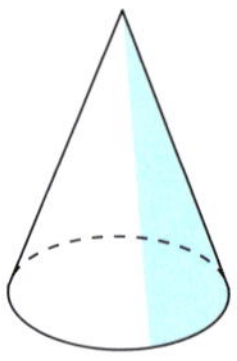
D

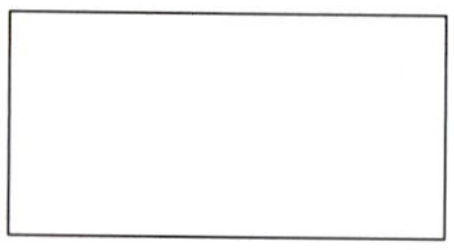
1

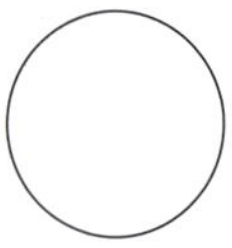
2

3

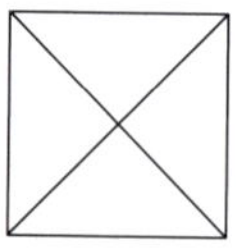
4

**2** Schau dir das Würfelgebäude an.
Entscheide: Welche Ansichten sind unten zu sehen?

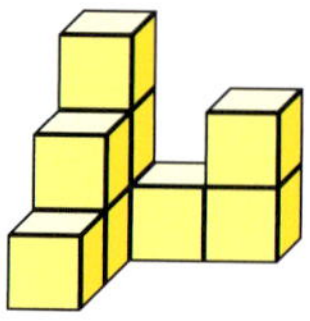

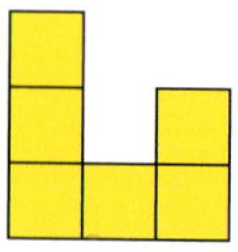
a) Ansicht von vorn

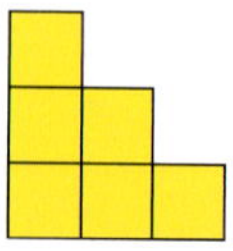
b) Ansicht von ____________

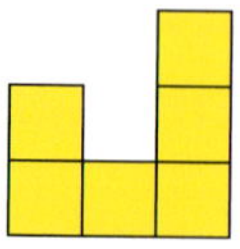
c) Ansicht von ____________

**3** Stell dir vor, du stehst vor diesem Würfelturm und gehst einmal um ihn herum.
Welche Ansichten zeigen die folgenden Darstellungen?

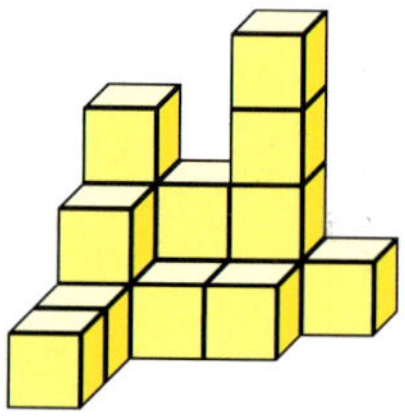

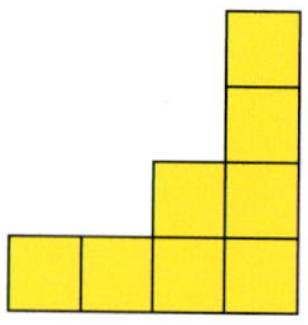
a) Ansicht von ____________

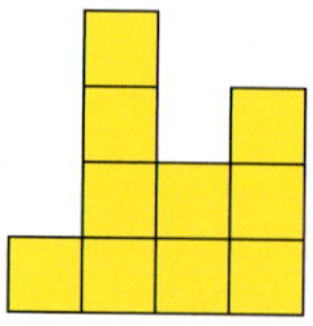
b) Ansicht von ____________

**4** Aus welchen Himmelsrichtungen siehst du das Gebäude in den folgenden Darstellungen?

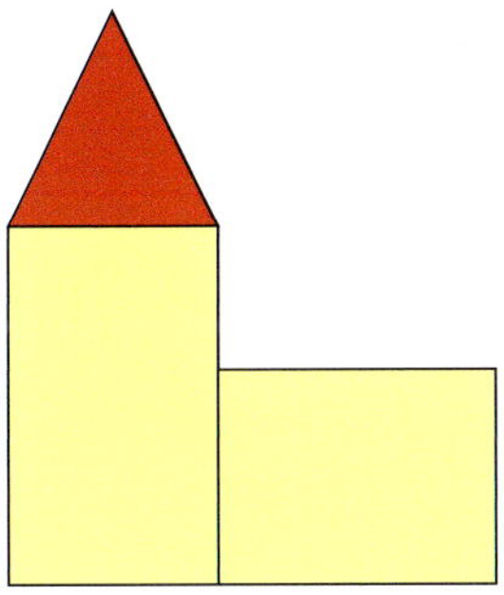

Ansicht von Süden

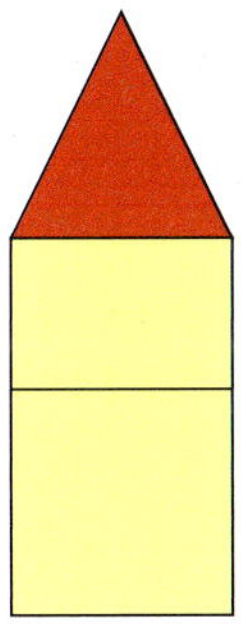

a) Ansicht von ___________

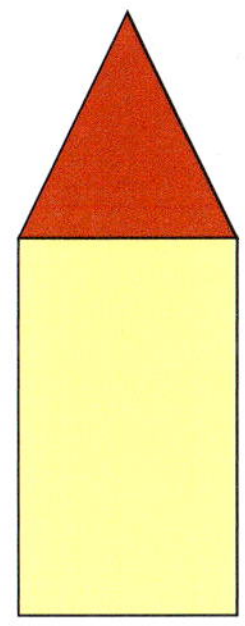

b) Ansicht von ___________

**5** Gib die Himmelsrichtungen für folgende Ansichten an.

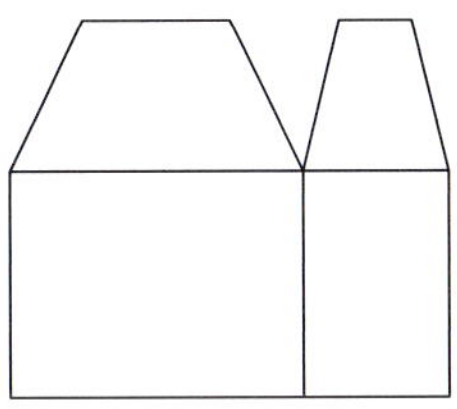

Ansicht von Osten

a) Ansicht von ___________

b) Ansicht von ___________

## Bist du fit fürs Gymnasium?

**6** Schau dir das Gebäude genau an. Aus welchen Himmelsrichtungen siehst du es in folgenden Darstellungen?

etwa 3 min

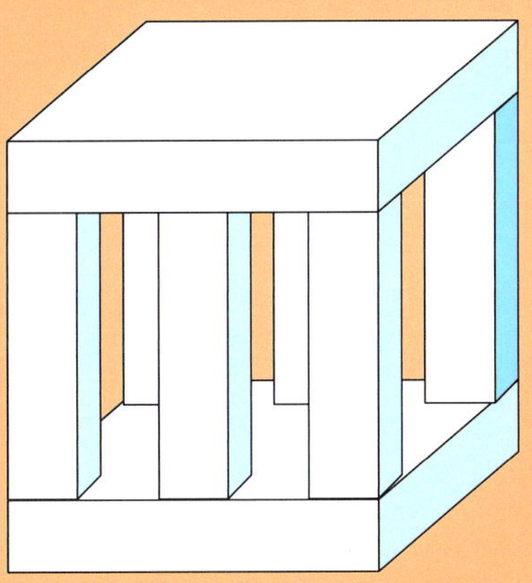

Ansicht von Westen

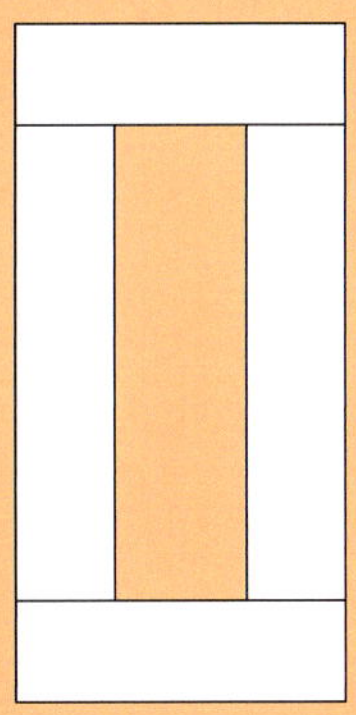

a) Ansicht von ___________

b) Ansicht von ___________

**7** Welche Ansichten von diesem Gebäude sind hier dargestellt?

etwa 3 min

a) 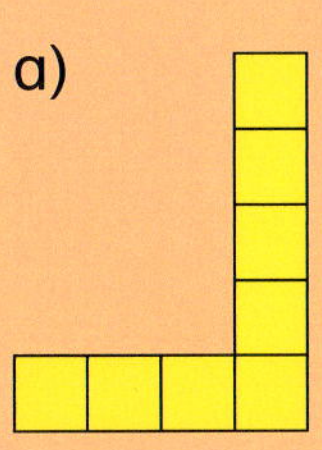

b) 

c) 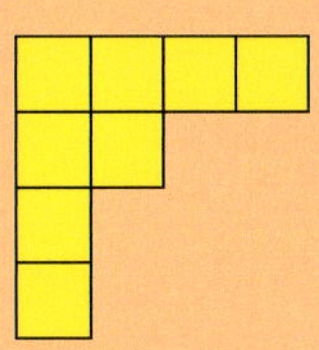

a) Ansicht von _________ b) Ansicht von _________ c) Ansicht von _________

# Würfelnetze

Die Flächen eines Würfels kann man auseinanderschneiden oder auseinanderfalten. Es entsteht ein Würfelnetz. Umgekehrt kann man ein solches Würfelnetz aufzeichnen, ausschneiden und zusammenkleben, um einen Würfel zu bauen.

Beispiel:

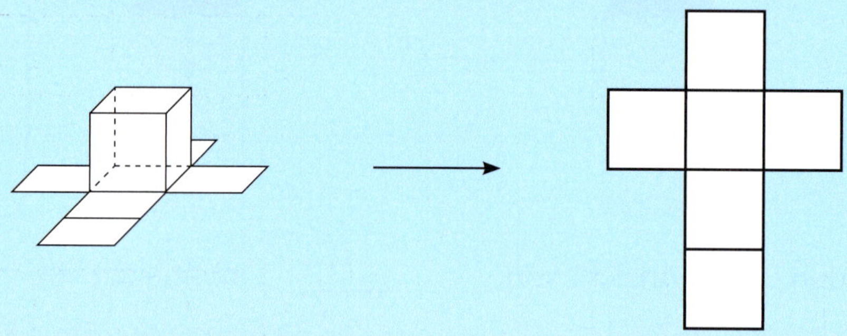

**1** Hier siehst du einen Würfel und das dazugehörige Würfelnetz. Stelle die sechs Flächen des Würfelnetzes so zusammen, dass zwei neue Würfelnetze entstehen. Wähle als Kantenlänge je 1 cm.

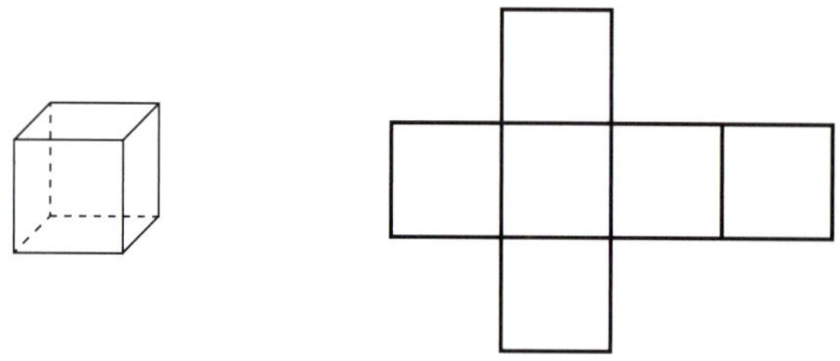

**2** Aus welchen dieser Figuren kannst du einen Würfel bauen? Kreuze an.

a) ☐

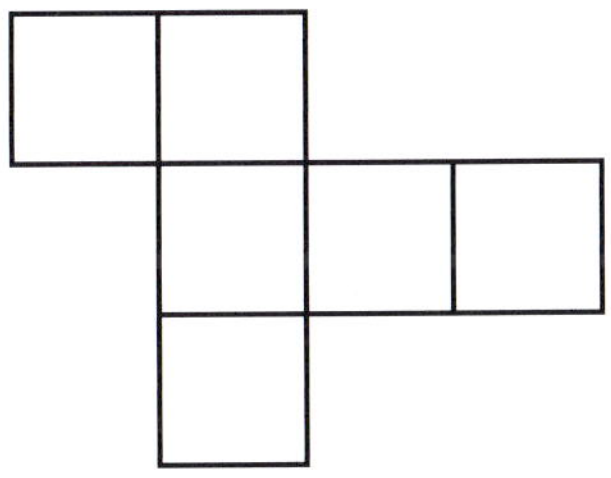

c) ☐

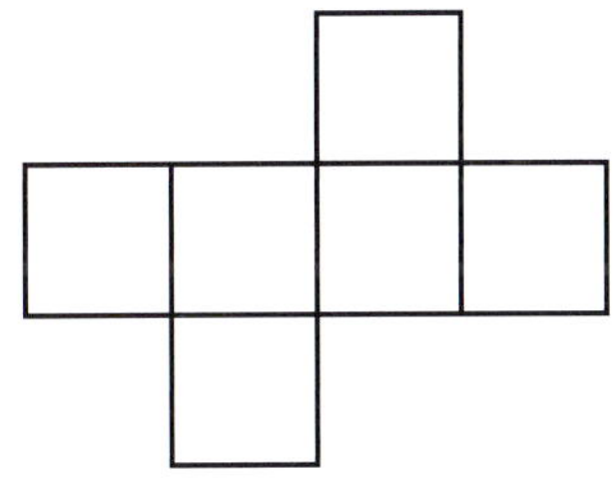

b) ☐

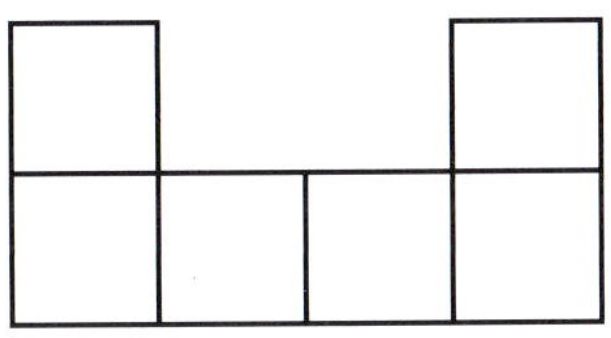

d) ☐

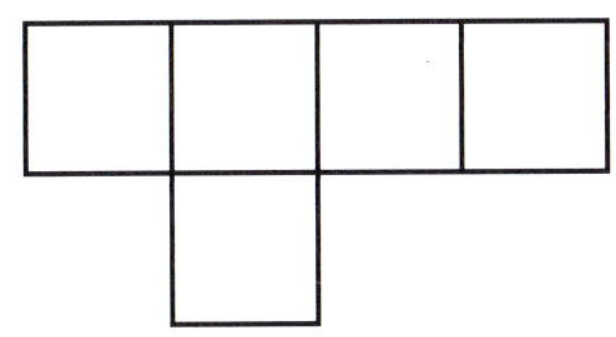

**3** Übertrage dieses Würfelnetz mit Klebefalzen auf ein Rechenblatt, und bastle einen Würfel. Verwende für jede Würfelnetzfläche 2 mal 2 Rechenkästchen. Schneide das Würfelnetz aus, und klebe es an den Falzen zusammen.

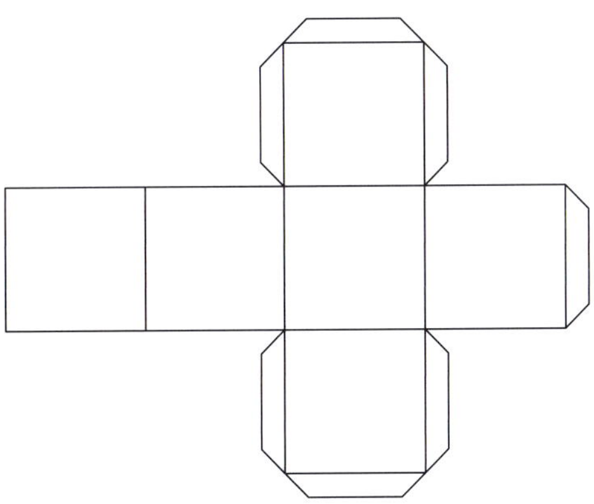

## Bist du fit fürs Gymnasium?

**4** Die folgenden Würfelnetze haben eine Fläche zu viel. Überlege, welche Flächen weggelassen werden können, und male in jedem Würfelnetz jeweils eine davon rot an. Pro Würfelnetz hast du zwei Möglichkeiten.

etwa 3 min

a)

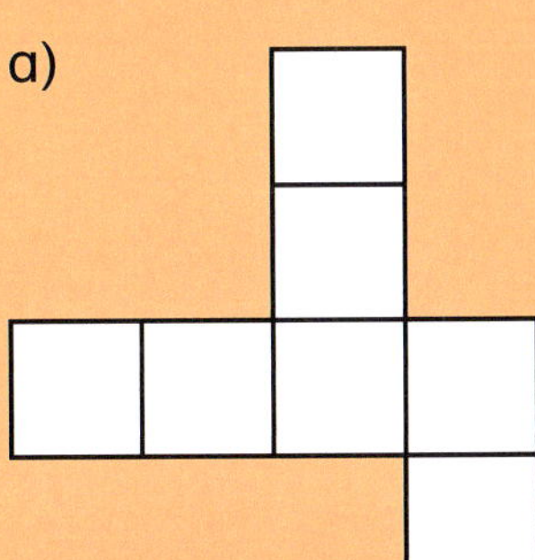

b)

c)

# Muster fortführen

Manche Muster bestehen aus regelmäßigen Anordnungen von einzelnen oder mehreren Formen. Du kannst sie leicht fortführen, indem du die Regelmäßigkeit erkennst und sorgfältig nachzeichnest.

Tipp: Beim Erstellen und Ausmalen fortlaufender Muster kommt es auf große Genauigkeit an. Verwende Lineal und Geodreieck. Da manche Muster recht schwierig sind, musst du dich ganz schön konzentrieren.

**1** Male die Felder so aus, dass ein Wechselmuster entsteht.

Tipp: Die Form, aus der dieses Muster besteht, nennt man Raute.

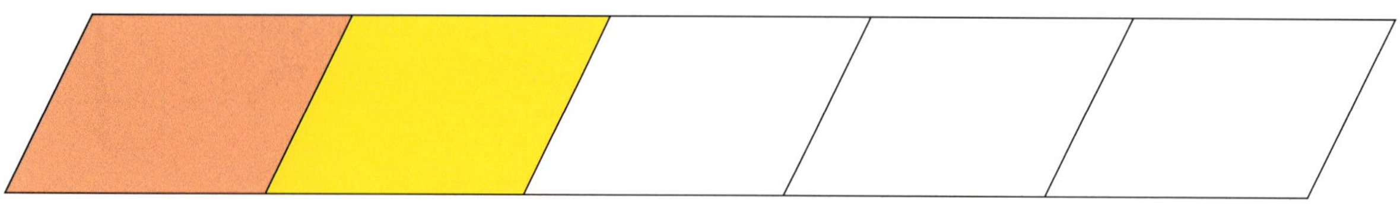

**2** Jetzt wurden die Rauten halbiert. Es sind Dreiecke entstanden. Male sie sorgfältig aus, so dass auch hier ein Wechselmuster entsteht.

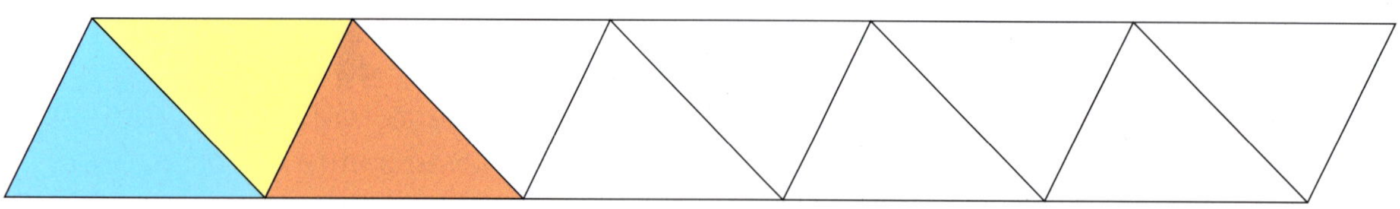

**3** Das Grundmuster besteht nun aus Fünfecken. Vervollständige das Muster, indem du die freien Flächen richtig ausmalst.

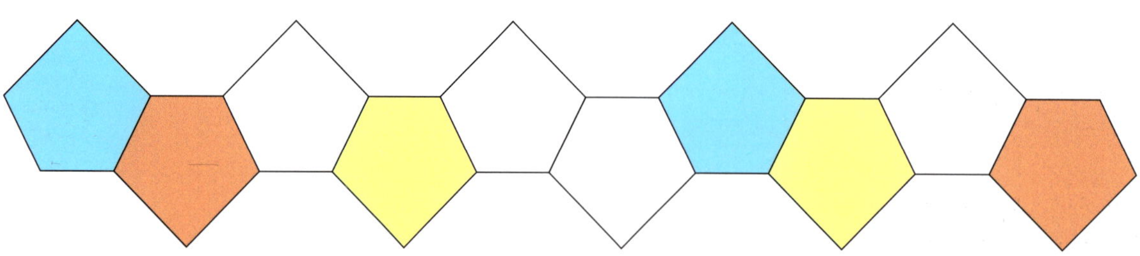

**4** Bei diesem Muster haben sich zwei Fehler eingeschlichen. Welche Felder musst du ändern, damit das Muster stimmt? Gib die richtigen Farben an.

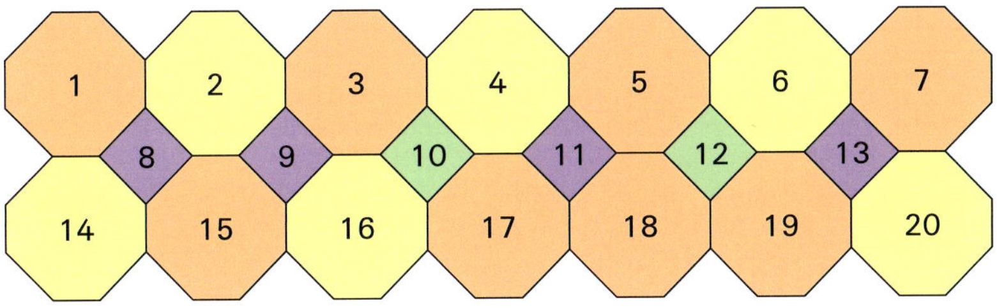

Feld _____ muss die Farbe __________ bekommen.

Feld _____ muss die Farbe __________ bekommen.

**5** Auch hier haben sich Fehler eingeschlichen. Es fehlen insgesamt drei Linien. Zeichne die Linien ein, und male in jeder Reihe jedes zweite Kreuz rot aus.

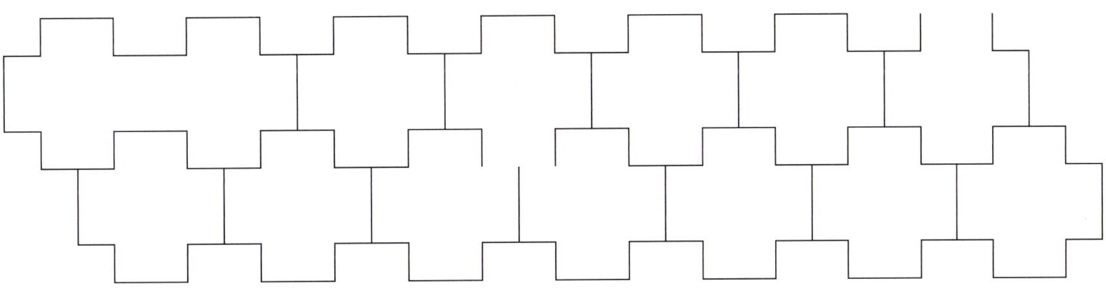

## Bist du fit fürs Gymnasium?

**6** Ergänze das begonnene Muster, und male es richtig aus.

etwa 5 min

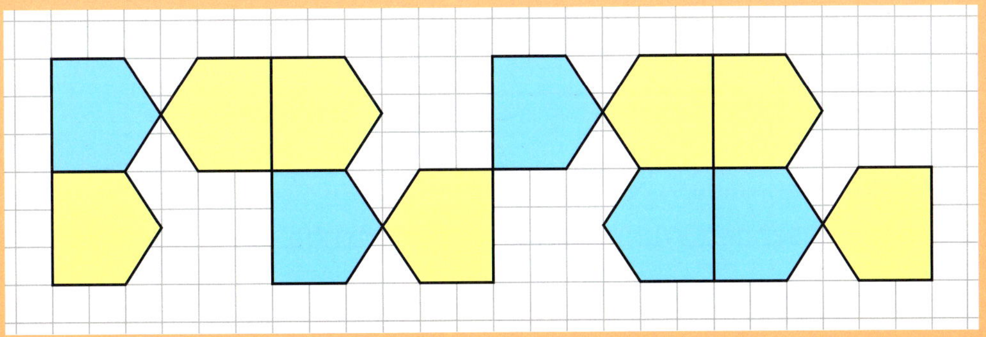

**7** Übertrage das Muster in dein Heft, und führe es über die gesamte Seitenbreite fort. Orientiere dich dabei an den Rechenkästchen. Male dann jedes zweite kleine Quadrat blau aus.

etwa 6 min

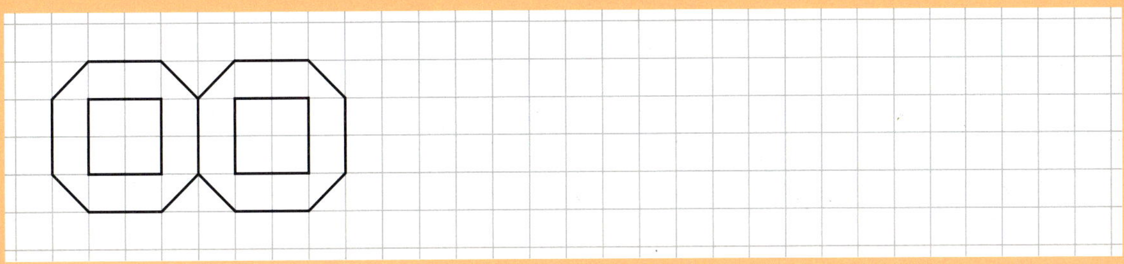

| Name: | Klasse: | Datum: |
|---|---|---|

**1** Zeichne in die Figuren alle Symmetrieachsen ein, die du finden kannst.

a) 

b) 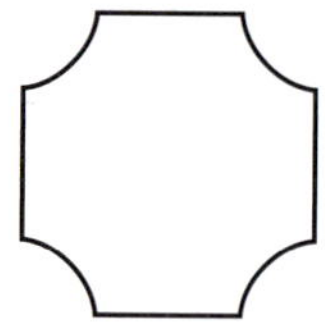

c) 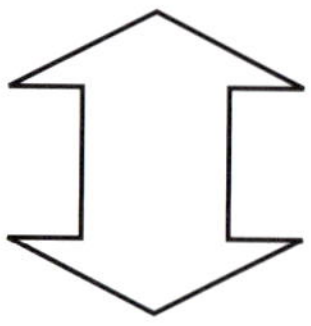

| | 7 P. |
|---|---|

**2** Spiegle die Figuren an der jeweiligen Symmetrieachse.

a) 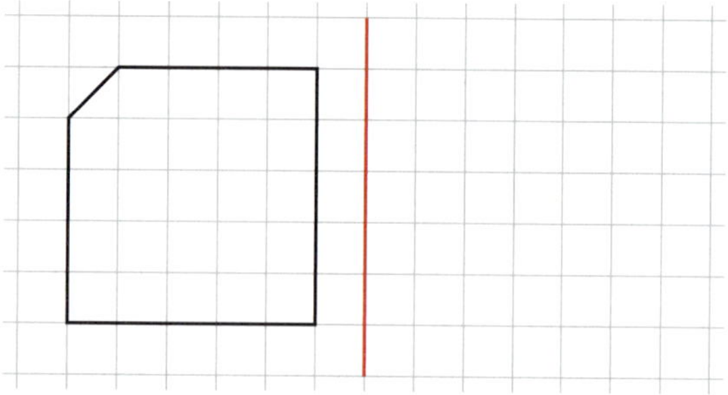

b) 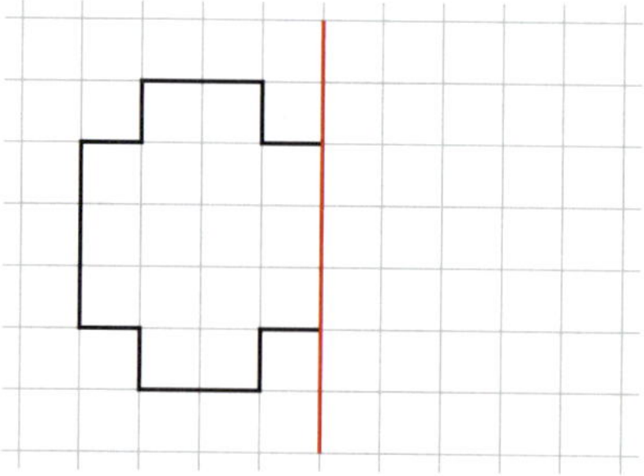

| | 4 P. |
|---|---|

**3** Lege die Fläche so mit Fliesen aus, dass möglichst viele nebeneinander passen. Wie viele ganze Fliesen kannst du unterbringen?

Antwort: Ich kann _____ ganze Fliesen unterbringen.

| | 4 P. |
|---|---|

**4** Ordne die Baupläne dem passenden Würfelgebäude zu. Verbinde mit einer Linie.

a)

| | | | |
|---|---|---|---|
| 2 | 1 | 4 | 1 |
| 1 | 1 | 0 | 0 |
| 1 | 0 | 0 | 0 |
| 4 | 0 | 0 | 0 |

b)

| | | | |
|---|---|---|---|
| 3 | 3 | 1 | 1 |
| 2 | 2 | 1 | 0 |
| 1 | 0 | 0 | 0 |
| 1 | 0 | 0 | 0 |

1

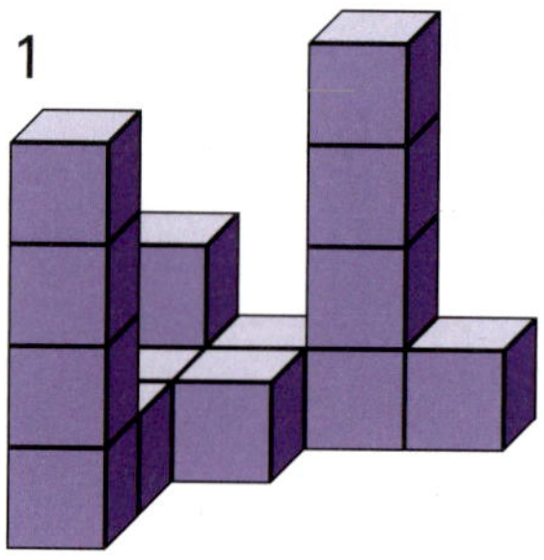

2

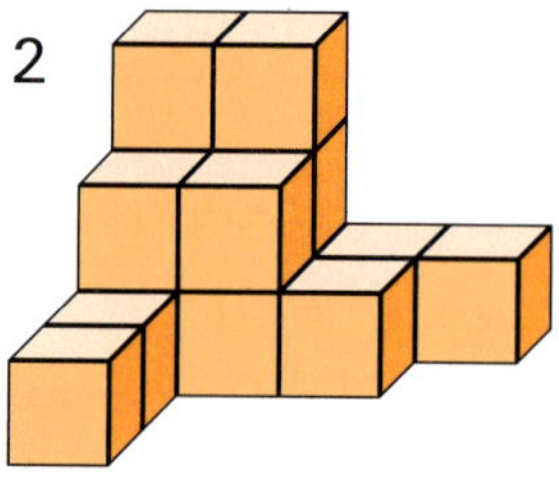

| | 4 P. |
|---|---|

**5** Fülle den Bauplan aus. Berechne dann, wie viele Würfel das Würfelgebäude enthält.

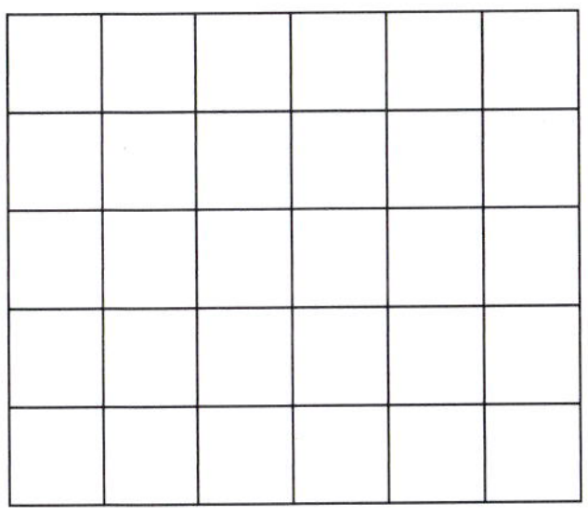

Das Gebäude enthält _____ Würfel.

4 P.

**6** Ordne die Ansichten den beiden Gebäuden zu. Verbinde mit einer Linie.

a)

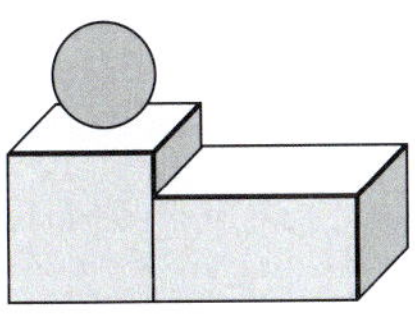

1

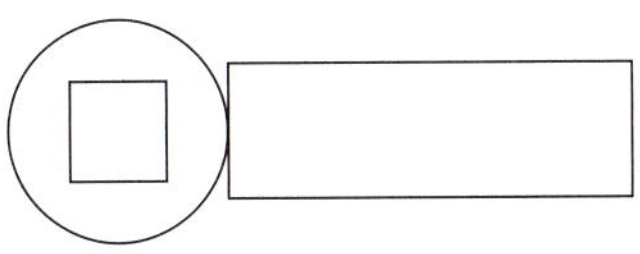

b)

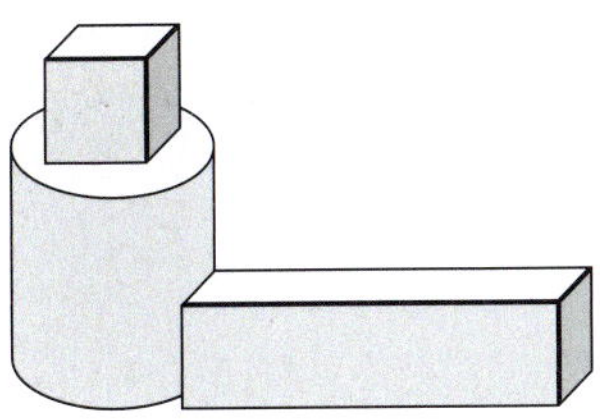

2

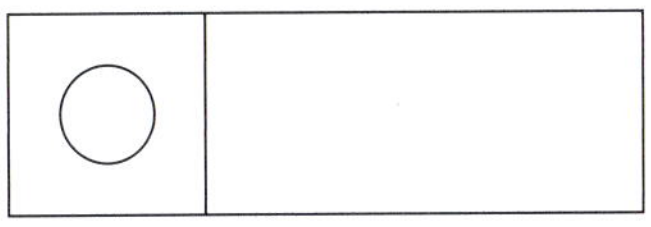

4 P.

**7** Die jeweils gegenüberliegenden Seiten dieses Quaders sind gleichfarbig. Male das Quadernetz mit den richtigen Farben aus.

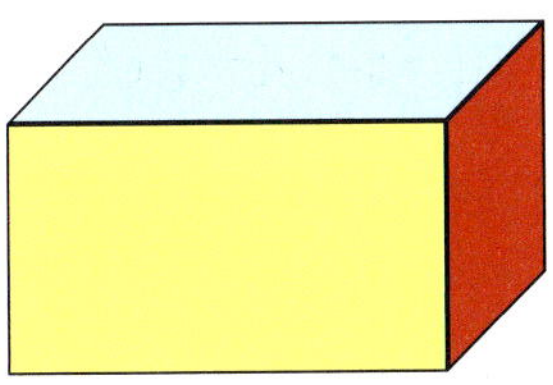

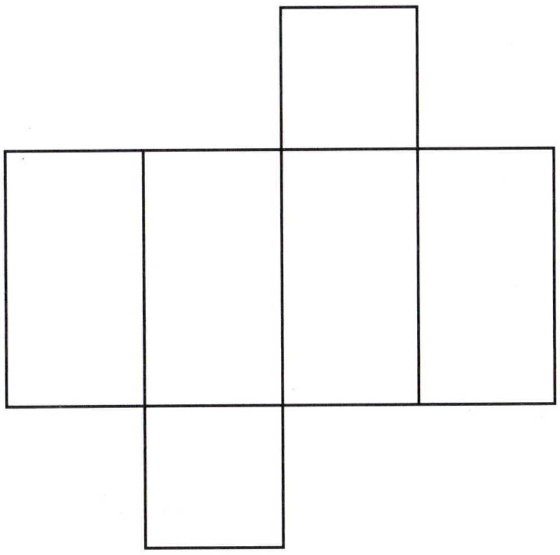

6 P.

In diesem Test habe ich ☐ Punkte von insgesamt 33 Punkten erreicht.

Das entspricht der Note ☐. (Schau in den Lösungen auf Seite 69 nach.)

Teste dich online!

# So funktioniert dein Online-Diagnosetest:

1. **Gehe gemeinsam mit deinen Eltern auf www.ikig-onlinediagnose.de**, und melde dich mit ihrer Hilfe kostenlos mit einer E-Mail-Adresse und einem Passwort an.

2. **Wähle auf der nächsten Seite deine Klassenstufe aus.** Klickst du deine Klassenstufe an, erhältst du eine Übersicht über alle Tests in Deutsch und Mathematik für dein Schuljahr.

3. **Gib nun deinen Online-Buch-Code DS7RB33 ein**, und die Tests sind für dich freigeschaltet.

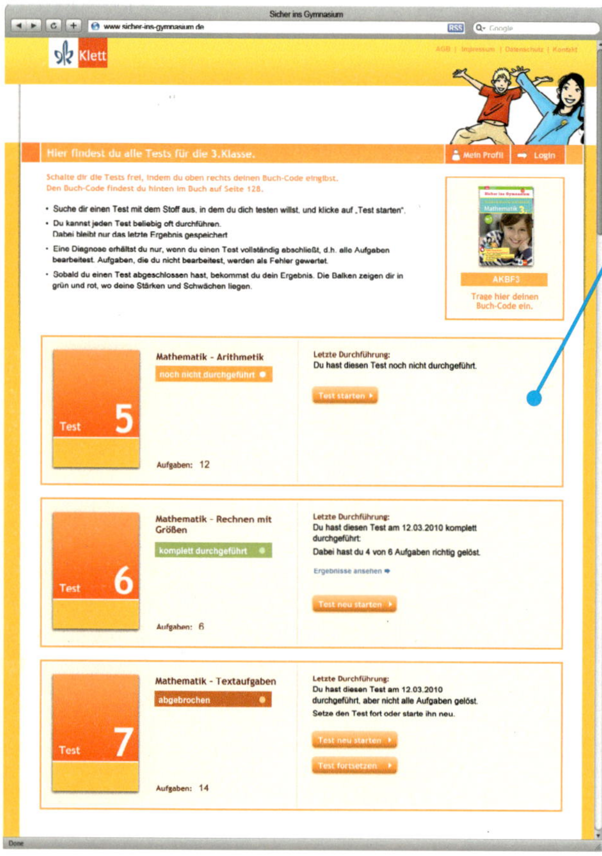


4. **So testest du dich:** Wenn du die Tests freigeschaltet hast, suche dir einen Test aus. Du kannst jeden Test beliebig oft wiederholen oder abbrechen und später beenden.

5. **Löse nun die Testaufgaben.** Lies dabei zuerst ganz genau die Aufgabenstellung. Du kannst Aufgaben überspringen, und auch zu einer Aufgabe zurückklicken.

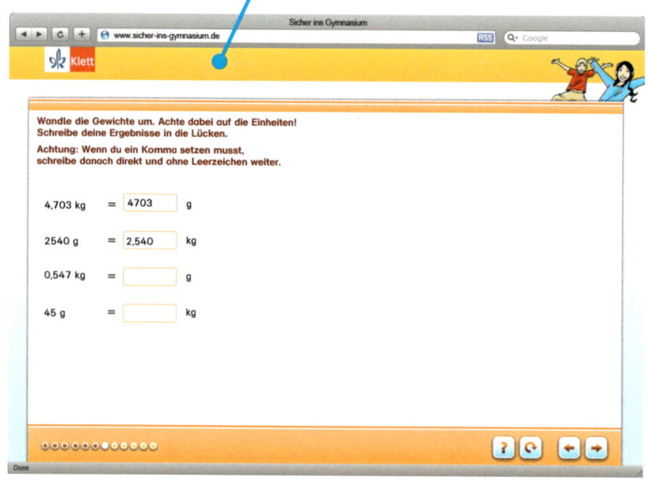


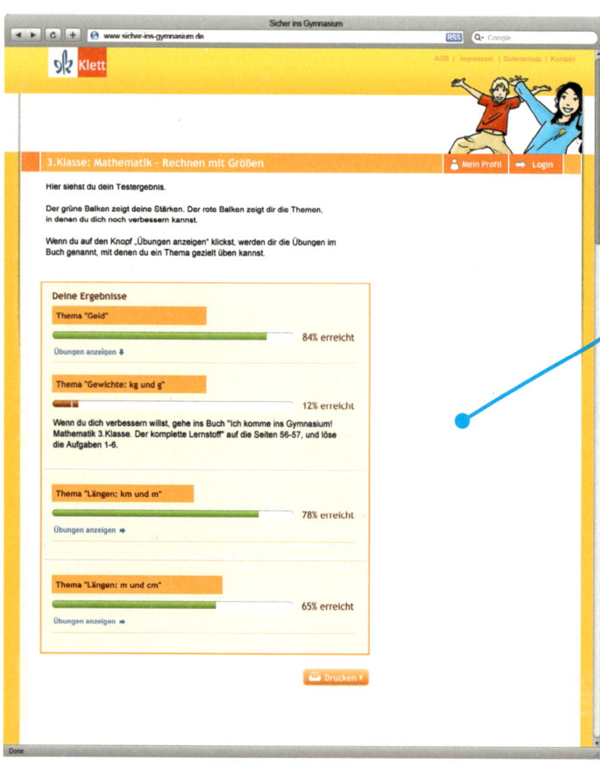


6. **So sieht die Auswertung aus:** Die Auswertungsbalken zeigen dir deine Stärken und Schwächen an. Passend dazu bekommst du dein eigenes Lernprogramm mit Übungen aus dem Buch angezeigt, die du bearbeiten kannst, wenn du dich noch verbessern möchtest. So kannst du ganz gezielt das üben, was du noch nicht kannst.